CÁLCULO DIFERENCIAL E INTEGRAL PASO A PASO

CÁLCULO DIFERENCIAL E INTEGRAL PASO A PASO

Prof. Vitaliano Acevedo Silva

Número de Control de la Biblioteca del Congreso de EE. UU.:   2013901738
ISBN: Tapa Dura   978-1-4633-4617-1
                   Tapa Blanda   978-1-4633-4616-4
                   Libro Electrónico   978-1-4633-4618-8

Para realizar pedidos de este libro, contacte con:
Palibrio
1663 Liberty Drive
Suite 200
Bloomington, IN 47403
Gratis desde EE. UU. al 877.407.5847
Gratis desde México al 01.800.288.2243
Gratis desde España al 900.866.949
Desde otro país al +1.812.671.9757
Fax: 01.812.355.1576
ventas@palibrio.com
433297

ÍNDICE

CÁLCULO DIFERENCIAL

CÁLCULO INTEGRAL

CÁLCULO

DIFERENCIAL

INTRODUCCIÓN

El presente trabajo está diseñado en unidades, en cada una de ellas se cubren los contenidos temáticos en relación al bachillerato, he seleccionado el material considerado la dificultad de los ejercicios, considerado los procesos algebraicos y matemáticos necesarios para su solución.

En la primera unidad se trabaja lo relacionado con las desigualdades, de primer grado

$3x + 6 > 0$, valor absoluto en notación simbólica $\mid 3x - 4 \mid \leq 12$, el valor absoluto de un número cualquiera a se representa $\mid a \mid$ y queda definido así: el valor absoluto de a es a si a es positivo, y el valor absoluto de a es -a si a es negativo, se realizan una serie de ejercicios graduados y resueltos paso a paso, indicando en cada paso el proceso algebraico realizado, se presenta la solución en forma grafica, en conjunto e intervalo para finalizar con una serie de ejercicios propuestos en los cuales se indica la solución.

La segunda unidad se refiere a las funciones, se inicia con el concepto de función, clasificación de funciones; se continúa con una serie de ejercicios resueltos paso a paso para culminar con ejercicios propuestos con su solución.

En la tercera unidad se trata lo referentes a los límites, iniciándose con el concepto, de límite de forma intuitiva, los teoremas de límites, con una serie de ejercicios resueltos paso a paso, para terminar con ejercicios propuestos, también se tratan los trigonométricos y se culmina con continuidad

La cuarta unidad se refiere a la derivada, se establece la interpretación geométrica, se aplica la regla de los cuatro pasos y el cociente de Newton para demostrar las formulas de derivación de funciones algebraicas, trigonométricas logarítmicas y exponenciales, se resuelven ejercicios paso a paso, de derivadas algebraicas, trigonométricas, inversas logarítmicas, exponenciales para terminar subtema con ejercicios propuestos.

En la quinta unidad se tratara lo relacionado con la aplicación de la derivada: Tangente a una curva, razón de cambio o física, máximo y mínimo, puntos de inflexión, se resuelven ejercicios paso a paso y se termina con una serie de ejercicios propuestos.

La finalidad de realizar el presente material de cálculo diferencial es con el objeto de proporcionar un apoyo a los alumnos y profesores van a desarrollar el programa a nivel bachillerato.

El presente material se recomienda a los alumnos que adeudan la materia, a través del cual se podrán preparar de manera personal y así lograr presentar su examen de regularización con bastante éxito.

También es de gran utilidad para los alumnos que por primera vez cursan la materia, ya que se realiza un buen número de ejercicios didácticamente; procurando no brincar ningún paso.

Se puede considerar como un material de apoyo o complementario debido que por el tiempo, en la clase generalmente se realizan pocos ejercicios en ciertos casos son fáciles; de la misma manera que los textos también resuelven pocos ejercicios y en muchas ocasiones omiten muchos pasos que el alumno no los domina.

Para el profesor se considera como un material fundamental en el desarrollo de su programa, por la serie de ejercicios resueltos y propuestos los cuales se encuentran en forma gradual partiendo del más sencillo al más complejo.

Se agradece las sugerencias con la finalidad de mejorar el presente material, los cuales se tomarán muy en cuenta con el fin de mejorarlos. Sean bien recibidas.

El autor

DESIGUALDADES

1.1.- Antecedentes

1.2.- Intervalos

1.3.- Ejercicios resueltos

1.4.- Ejercicios propuestos

1.1.- Antecedentes.- Conceptos Importantes.

1.1.0.- Antecedente

1.1.1.- Ecuación.- Es una igualdad que se cumple para un solo valor de la variable o incógnita

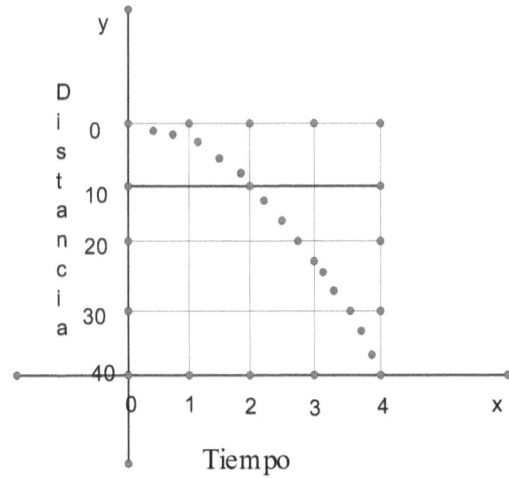

Caída de un objeto

Los ejes de la gráfica representan la distancia al punto inicial y el tiempo transcurrido desde que se deja caer un objeto cerca de la superficie terrestre. La gravedad acelera el objeto, que sólo cae unos 20 metros en los primeros dos segundos, pero casi 60 metros en los dos segundos siguientes.

Elementos de una ecuación.

Primer miembro.- Todos los términos que se encuentran a la izquierda del signo igual

Signo igual.- =

Segundo miembro. Todos los términos que se encuentran a la derecha del signo igual

1.1.2.- Tipos de ecuaciones.

Primer grado.- Cuando la incógnita tiene como exponente máximo la unidad
$$2x + 1 = 5$$
Segundo grado.- Cuando la incógnita tiene como exponente máximo el dos
$$2x^2 + x - 1 = 5$$

1.1.3.- Propiedades de la Igualdad.

Si a los dos miembros de una igualdad se le suma, resta, multiplica, divide, se eleva a una potencia o se extrae raíz enésima, la igualdad sigue existiendo, es decir, no se altera.

1.1.4.- Desigualdad.

Relación matemática en la que se tiene en cuenta el orden de los números, a través de los signos.
$\leq$ menor o igual a = igual $\geq$ mayor o igual a.

Valor absoluto.- Dado un número cualquiera, positivo o negativo, el valor absoluto de dicho número es su valor sin el signo. Así, el valor absoluto de +5 es 5, y el valor absoluto de -5 es también 5. En notación simbólica, el valor absoluto de un número cualquiera a se representa $|a|$ y queda definido así: el valor absoluto de a es a si a es positivo, y el valor absoluto de a es -a si a es negativo.

Elementos de una desigualdad

Primer miembro.- Todo lo que encuentra a la izquierda del signo de la desigualdad
Signo de la desigualdad.- $\prec \; = \; \succ$
Segundo miembro.- Todo lo que se encuentra a la derecha del signo de la desigualdad

Solución de una desigualdad
Las soluciones de una desigualdad como $2x - 6 > 0$ son aquellos valores de la x para los que la expresión $2x - 6$ es mayor que cero y puede ser:
En forma gráfica
A través de conjuntos
Por intervalos

Clases de desigualdad

Simple	$2x - 6 > 4$
Doble	$2x - 6 > x + 2 \geq 0$

1.1.5.- Identidad.- Concepto lógica, muy empleada en filosofía, que designa el carácter de todo aquello que permanece único e idéntico a sí mismo, pese a que tenga diferentes apariencias o pueda ser percibido de distinta forma. Desde Parménides, que ya afirma el carácter idéntico, del ser es el caso de Heráclito y de las filosofías que admiten el cambio y el devenir como rasgos esenciales de la realidad). Una de las aplicaciones más empleadas del concepto de identidad se encuentra en la lógica, que emplea el llamado 'principio de no contradicción'

Identidad (matemáticas),- Igualdad entre expresiones algebraicas que se verifica numéricamente para cualesquiera valores de las variables que intervienen.

Por ejemplo, $x^m \cdot x^n = x^{m+n}$,- Es una identidad porque cualesquiera que sean los valores que se le asignen a las variables x, m y n, se cumple la igualdad numérica.

Así, para $x = 2$, $m = 5$, $n = 3$,
$x^m \cdot x^n = 2^5 \cdot 2^3 = 32 \cdot 8 = 256 \quad x^{m+n} = 2^{5+3} = 2^8 = 256$

Es decir, $2^5 \cdot 2^3 = 2^{5+3}$. La igualdad numérica se cumple para estos valores. También se cumpliría para otros valores.

Las identidades algebraicas son útiles para transformar una expresión algebraica en otra más sencilla o más adecuada a la finalidad que se pretende.

Identidades notables.- Se denominan así algunas identidades muy utilizadas como son los productos notables, un binomio $\pm$ elevados al cuadrado, el producto de dos binomios conjugados y los productos de dos binomios con un término común.

$(a \pm b)^2 = a^2 \pm 2ab + b^2$
$(a + b)\cdot(a - b) = a^2 - b^2$

$$\sqrt[3]{x} = x^{\frac{1}{3}=.0.3333} \quad , \quad \sqrt[7]{x^{12}} = x^{\frac{12}{7}=1.7143}$$

$\rightarrow$

$$(x + 4)(x - 1) = x^2 + 3x - 4$$

$$\theta_1 = \theta$$

$$\tan\theta = \frac{cateto\ opuesto}{cateto\ adyacente}\}$$

$$m_{\overline{AB}} = \frac{y_2 - y_1}{x_2 - x_1}$$

Consideraciones:

1^a. Para resolver una desigualdad, se emplea el mismo procedimiento algebraico que por una ecuación lineal.
2^a. Cuando se multiplica o se divide por una cantidad negativa se invierte el sentido de la desigualdad
3^a. Cuando se tenga una doble desigualdad, se separa en dos desigualdades

$$4x - 2 \succ 5x + 3 \succ 4x - 4$$
$$4x - 2 \succ 5x + 3 \qquad 5x + 3 \succ 4x - 4$$

4ª. Para el valor absoluto se tiene si $\qquad |x| = \begin{cases} x \text{ si } x \geq 0 \\ x = 0 \\ -x \text{ si } \leq 0 \end{cases}$

1.2.- Intervalo,. Sean a y b dos números tales que $a < b$. El conjunto de todos los números x comprendidos entre a y b recibe el nombre de *intervalo abierto* de a a b y se escribe $a < x < b$. Los puntos a y b reciben el nombre de *extremos* del intervalo. Un intervalo abierto no contiene a sus extremos y se denota $(a, b) = \{ x \mid a < x < b \}$

El intervalo abierto $a < x < b$ junto con sus extremos a y b recibe el nombre de *intervalo cerrado, por los tanto el intervalo contiene a los extremos a a b* y se escribe $a \leq x \leq b$, el cual se denota $[a, b] = \{ x \mid a \leq x \leq b \}$

Sea a un número cualquiera. El conjunto de todos los números x tales que $x < a$ recibe el nombre de *intervalo infinito*. Otros intervalos infinitos son los definidos por $x \leq a$, $x > a$ y $x \geq a$, el cual se denota $[a, +\infty) = \{x \mid x \geq a\}$

Segmento.- Porción de recta limitada en sus dos extremos, sus elementos son:
Magnitud.- Es aquella que nos indica la medida
Dirección.- La cual puede ser horizontal vertical o inclinada
Sentido.- El cual puede ser hacia arriba o abajo a la derecha o izquierda.

Para denotar un segmento lo expresaremos con letras mayúsculas la primera indica en donde inicia y la segunda en donde termina y se escribe. $\overline{AB}$

Los intervalos se determinan sobre la recta real y por tanto, se corresponden con conjuntos de números. Pueden ser abiertos, cerrados o semiabiertos como se indica a continuación.

Tipos de intervalos

1. Abierto $(a, b) = \{ x \mid a < x < b \}$

2. Cerrado $[a, b] = \{ x \mid a \leq x \leq b \}$

3. Semi-abierto $[a, b) = \{ x \mid a \leq x < b \}$

4. Semi-abierto $(a, b] = \{ x \mid a < x \leq b \}$

5. Infinitos $[a, +\infty) = \{ x \mid x \geq a \}$

6. $(-\infty, a] = \{ x \mid x \leq a \}$

7. $(-\infty, b) = \{ x \mid x < b \}$

8. $(b, +\infty) = \{ x \mid x > b \}$

Aplicaciones de las desigualdades.

A la producción, a la administración y problemas de la vida real.

A la matemática: En álgebra matricial y cálculo diferencial e integral.

1.3.- EJERCICIOS RESUELTOS

1. - 2x – 3 > 5 – 4x

$2x + 4x > 5 + 3$	Despejando x
$6x > 5 + 3$	Reducción de términos semejantes
$6x > 8$	Simplificando ambos miembros
$6x > \dfrac{8}{6}$	Despejando x
$x > \dfrac{4}{3}$	Simplificando

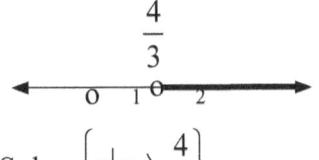

	Solución gráfica
$\text{Sol} = \left\{ x \middle| x > \dfrac{4}{3} \right\}$	A través de conjuntos
$\left(\dfrac{4}{3}, \infty \right)$	Por intervalos

2.- $2x - 1 \rangle 4x + 3$

$2x - 4x \rangle 3 + 1$	Despejando x
$-2x \rangle 4$	Reducción de términos semejantes
$x \langle -\dfrac{4}{2}$	Despejando x, se invierte el sentido
$x \langle -2$	Simplificando

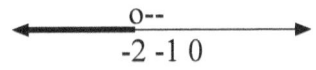

	Solución gráfica
$\text{Sol} = \left\{ x \middle| x \langle -2 \right\}$	A través de conjuntos
$\left(-\infty, -2 \right)$	Por intervalos

3.- $2(4x - 3) \prec 4 + 3x$

$8x - 6 \prec 4 + 3x$	Realizando la operación indicada
$8x - 3x \prec 4 + 6$	Despejando x
$5x \prec 10$	Reducción de términos semejantes
$x \prec \dfrac{10}{5}$	Despejando x
$x \prec 2$	Simplificando

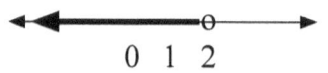

0　1　2	Solución gráfica
$\text{Sol} = \{x \mid x \prec 2\}$	A través de conjuntos
$(-\infty, 2)$	Por intervalos

4.- $\dfrac{1}{2}\left(\dfrac{4}{3} - 2x\right) \prec \dfrac{2}{3} - 3x + \dfrac{1}{2}x$

$\dfrac{4}{6} - x \prec \dfrac{2}{3} - \dfrac{5}{2}x$	Realizando la operación indicada
$\dfrac{5}{2}x - x \prec \dfrac{2}{3} - \dfrac{2}{2}$	Despejando x
$\dfrac{2}{3}x \prec 0$	Reducción de términos semejantes
$x \prec \dfrac{0(3)}{2}$	Despejando x
$x \prec 0$	

o	Solución gráfica
$\text{Sol} = \{x \mid x \prec 0\}$	A través de conjuntos
$(-\infty, 0)$	Por intervalos

5.- $4 - 2x \leq 12$

$\qquad -2x \leq 12 - 4$ Despejando x

$\qquad -2x \leq 8$ Reducción de términos semejantes

$\qquad x \geq -\dfrac{8}{2}$ Despejando x, se invierte el sentido

$\qquad x \geq -4$ Simplificando

         Solución gráfica

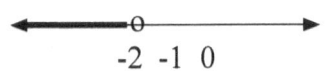
$\qquad$ -4 -3 -2 -1 0

$\qquad \text{Sol} = \left\{ x \mid x \geq -4 \right\}$ A través de conjuntos

$\qquad [-4, \infty)$ Por intervalos

6.- $-2 - 3x \geq 8 + 2x$

$\qquad -3x - 2x \geq 8 + 2$ Despejando x

$\qquad -5x \geq 10$ Reducción de términos semejantes

$\qquad x \leq \dfrac{10}{-5}$ Despejando x, se invierte el sentido

$\qquad x \leq -2$ Simplificando

         Solución grafica

$\qquad$ -2 -1 0

$\qquad \text{Sol} = \left\{ x \mid x \leq -2 \right\}$ A través de conjuntos

$\qquad (-\infty, -2]$ Por intervalos

7.- $2(2x-4) \prec \langle 4 - 2(1+3x)\rangle$

$4x - 8 \prec 4 - 2 - 6x$ Realizando la operación indicada

$4x + 6x \prec 2 + 8$ Despejando x

$10x \prec 10$ Reducción de términos semejantes

$x \prec \dfrac{10}{10}$ Despejando x

$x \prec 1$ Simplificando

Solución gráfica

$\text{Sol} = \{x \mid x \prec 1\}$ A través de conjuntos

$(-\infty, 1)$ Por intervalos

8.- $x - 3 \leq \dfrac{x}{2} + \dfrac{x-10}{5}$

$10x - 30 \leq 5x + 2x - 20$ Quitando los denominadores

$10x - 7x \leq -20 + 30$ Despejando x

$3x \leq 10$ Reducción de términos semejantes

$x \leq \dfrac{10}{3}$ Despejando x

Solución gráfica

$\text{Sol} = \left\{x \mid x \leq \dfrac{10}{3}\right\}$ A través de conjuntos

$\left(-\infty, \dfrac{10}{3}\right]$ Por intervalos

9.- $4x - 2 \succ 5x + 3 \succ 4x - 4$

$4x - 2 \succ 5x + 3 \qquad 5x + 3 \succ 4x - 4$	Formando dos desigualdad
$4x - 5x \succ 3 + 2 \qquad 5x - 4x \succ -4 -3$	Despejando x
$-x \succ 5 \qquad x \succ -7$	Reducción de términos semejantes
$x \prec -5 \qquad x \succ -7$	Despejando x

	Solución gráfica
$Sol = \left\{ x \mid -7 \prec x \prec -5 \right\}$	A través de conjuntos
$(-7, \ -5)$	Por intervalos

10.- $5x - 2 \leq 10x + 8 \leq 2x - 8$

$5x - 2 \leq 10x + 8 \qquad 10x + 8 \leq 2x - 8$	Formando dos desigualdad
$5x - 10x \leq 8 + 2 \qquad 10x - 2x \leq -8 - 8$	Despejando x
$-5x \leq 10 \qquad 8x \leq -16$	Reducción de términos semejantes
$x \geq -\dfrac{10}{5} \qquad x \leq -\dfrac{16}{8}$	Despejando x
$x \geq -2 \qquad x \leq -2$	Valor de x

	Solución gráfica
$Sol = \left\{ x \mid -2 \leq x \geq -2 \right\} \Rightarrow \left\{ -2 \right\}$	A través de conjuntos
$[-2]$	Por intervalos

11.- $\dfrac{2x}{x-1} \prec 3 \Rightarrow x \neq 1$ La división entre cero no esta definida

Primer caso   Segundo caso

Primer caso	Segundo caso	
$x \succ 0$	$x \prec 0$	Como $x \neq 1$ se presentan dos casos
$2x \prec 3(x-1)$	$2x \succ 3(x-1)$	Quitando el denominador
$2x \prec 3x\text{-}3$	$2x \succ 3x\text{-}3$	Realizando operaciones indicadas
$2x - 3x \prec \text{-}3$	$2x - 3x \succ \text{-}3$	Despejando x
$-x \prec \text{-}3$	$-x \succ \text{-}3$	Reducción de términos semejantes
$x \succ \dfrac{-3}{-1}$	$x \prec \dfrac{-3}{-1}$	Se invierte el sentido de la desigualdad
$x \succ 3$	$x \prec 3$	Valor de x

Solución gráfica

$$\text{Sol} = \{x \mid 3 \succ x \succ 3\}$$

A través de conjuntos

$$(-\infty,\ 3) \cup (3,\ \infty)$$

Por intervalos

12.- $\dfrac{6}{2-x} \prec \dfrac{3}{3+x}$

Si $2\text{-}x \succ 0 \Rightarrow x \prec 2$ y $3\text{+}x \succ 0 \Rightarrow x \succ \text{-}3$ Se presentan cuatro casos

Primer Caso

$6(3+x) \prec 3(2-x)$ Quitando los denominadores

$18 + 6x \prec 6 - 3x$	Realizando operaciones
$6x + 3x \prec 6 - 18$	Despejando x
$9x2\text{-}12$ en lugar $y = f(x) = 9x2\text{-}12$	Reducción de términos semejantes
$x \prec \dfrac{-12}{9}$	Valor de x
$x \prec -\dfrac{4}{3}$	Simplificando

$$-\dfrac{4}{3}$$

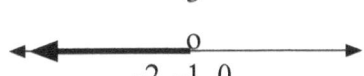

-2 -1 0

Solución gráfica

$$(-\infty,\ 2) \cap (-3,\ \infty) = (-3,\ 2)$$

$$(-3,\ 2) \cap \left(-\infty, -\dfrac{4}{3}\right) = \left(-3,\ -\dfrac{4}{3}\right) \qquad \text{Solución Subtotal}$$

Sol total $= \left\{ x \Big| -\dfrac{4}{3} \succ x \succ -3 \right\}$ A través de conjuntos

$\left(-3,\ -\dfrac{4}{3}\right)$ 1   Por intervalos..........1

Segundo caso

Si $2\text{-}x \succ 0 \Rightarrow x \prec 2$ y $3 + x \prec 0 \Rightarrow x \prec -3$

$6(3+x) \succ 3(2-x)$	Quitando los denominadores
$18 + 6x \succ 6 - 3x$	Realizando operaciones
$6x + 3x \succ 6 - 18$	Despejando x
$9x \succ -12$	Reducción de términos semejantes

$$x \succ \frac{-12}{9}$$ Valor de x

$$x \succ -\frac{4}{3}$$ Simplificando

$$-\frac{4}{3}$$

Solución gráfica

$$\xleftarrow{\hspace{2cm}} \overset{\text{o}}{\underset{-2 \ -1 \ \ 0}{\rule{3cm}{0.8pt}}} \xrightarrow{\hspace{2cm}}$$

$$(-\infty, \ 2) \cap (\infty, \ -3) = (-\infty, \ -3)\ldots\ldots.2 \quad \text{Tomando en cuenta las}$$

$$(-\infty, \ -3) \cap \left(-\frac{4}{3}, \ -\infty\right) = \varnothing \qquad \text{condiciones}$$

Tercer Caso

$$2 - x \prec 0 \ ; \quad 3 + x \succ 0 \ ; \quad x \succ 2 \ ; \quad x \succ \text{-3}$$

$$\xleftarrow{\hspace{2cm}} \overset{\textbf{2}}{\underset{0 \ \ 1 \ \ 2}{\rule{3cm}{0.8pt}\,\text{o}}} \xrightarrow{\hspace{2cm}}$$

Solución gráfica

$$(2, \ \infty) \cap (-3, \ \infty) = (2, \ \infty)\ldots.3 \qquad \text{Por intervalos}\ldots\ldots\ldots.3$$

Cuarto Caso

Si $2\text{-}x \prec 0 \ \Rightarrow x \succ 2$ y $3 + x \prec 0 \Rightarrow x \prec \text{-3}$

$$6(3 + x) \prec 3(2 - x) \qquad \text{Quitando los denominadores}$$

$$18 + 6x \prec 6 - 3x \qquad \text{Realizando operaciones}$$

$$6x + 3x \prec 6 - 18 \qquad \text{Despejando x}$$

$$9x \prec -12 \qquad \text{Reducción de términos}$$
$$ \qquad \text{semejantes}$$

$$x \prec \frac{-12}{9} \qquad \text{Valor de x}$$

$x \prec -\dfrac{4}{3}$ 4   Simplificando

$$-\dfrac{4}{3}$$

   -2 -1 0   Solución gráfica

$(2, \infty) \cap (-\infty, -3) = \varnothing$ No hay intersección

$\left(-\infty, -\dfrac{4}{3}\right) \cap \varnothing = \varnothing$

    0   Solución gráfica

$\left(-3, -\dfrac{4}{3}\right) \cup (2, \infty)$ Total.- Por intervalos

13.- $\left| 3x - 8 \right| \succ 7$ Valor absoluto

$3x - 8 \succ 7$ $-(3x\text{-}8) \succ 7$ $\Rightarrow$ -3x+8 $\succ$ 7   Por definición de valor absoluto

$3x \succ 8 + 7$ -3x $\succ$ 7-8   Despejando x

$3x \succ 15$ -3x $\succ$ -1   Reducción de términos semejantes

$x \succ \dfrac{15}{3}$ x $\prec \dfrac{1}{3}$ Valor de x

$x \succ 5$ x $\prec \dfrac{1}{3}$ Simplificando la fracción

   0 1 2 3 4 5   Solución gráfica

$\left(-\infty, \dfrac{1}{3}\right) \cup (5, \infty)$ A partir de intervalos

14.- $x^2+8x+12 \prec 0$	Desigualdad cuadrática
$(x+6)(x+2) < 0$	Factorizando
$x+6 \succ 0$ y $x+2 \prec 0$; $x+6 \prec 0$ y$x+2 \succ 0$	Se presentan los siguientes casos:

Primer Caso

$x+6 \succ 0 \Rightarrow x \succ -6$; $x+2 \prec 0 \Rightarrow x \prec -2$	Despejando x Valor de x
$x \succ -6$ y $x \prec -2$	

Solución gráfica

-6 -5 -4 -3 -2

$(6, \infty) \cap (-\infty, -2) = (-6. -2)$	Por intervalos

Segundo Caso

$x+6 \prec 0 \Rightarrow x \prec -6$	Despejando x
$x+2 \succ 0 \Rightarrow x \succ -2$	
$x \succ -6 \Rightarrow x \succ -2$	Valor de x

Solución gráfica

0

$(-\infty, -6) \cap (-2, \infty) = \varnothing$	Por intervalos
$(-6, -2)$	Solución total.
15.- $\lvert 2x-3 \rvert \le \lvert 2-3x \rvert$	Doble valor absoluto
$(2x-3)^2 \le (2-3x)^2$	Elevando al cuadrado la desigualdad

$4x^2 - 12x + 9 \leq 4 - 12x + 9x^2$	Desarrollando los binomios al cuadrado
$4x^2 - 9x^2 - 12x + 12x \leq 4 - 9$	Resolviendo la ecuación
$5x^2 \leq -5$	Reducción de términos semejantes
$x^2 \geq \dfrac{-5}{-5}$	Se invierte el sentido de la desigualdad
$x^2 \geq 1$	Valor de x^2
$x^2 - 1 \geq 0$	Igualando a cero
$(x+1)(x-1) \geq 0$	Factorizando se presentan dos casos

Primer Caso

$x + 1 \geq 0 \Rightarrow x \geq -1$ $x-1 \leq 0 \Rightarrow x \leq 1$	Analizando los factores

$$\xleftarrow{\hspace{2cm}} \overset{\circ \quad \circ}{\underset{-1 \ \ 0 \ \ 1}{\rule{3cm}{0.4pt}}} \xrightarrow{\hspace{2cm}}$$

Solución gráfica

$[-1, \infty) \cap (-\infty, 1] = [-1, 1]$	A través de intervalos.....1

Segundo Caso

$x + 1 \leq 0 \Rightarrow x \leq -1$ $x-1 \geq 0 \Rightarrow x \geq 1$	Analizando los factores

$$\xleftarrow{\hspace{2cm}} \overset{\circ \quad \circ}{\underset{-1 \ \ 0 \ \ 1}{\rule{3cm}{0.4pt}}} \xrightarrow{\hspace{2cm}}$$

Solución gráfica

$(-\infty, -1] \cap [1, \infty) = \varnothing$	A través de intervalos.......2
$(-\infty, -1] \cup [1, \infty)$	Solución total

1.4.- EJERCICIOS PROPUESTOS

Resolver las siguientes desigualdades y expresa el resultado en forma de conjunto solución, intervalo y gráfica.

1.- $5x - 1 > 3x + 9$ $(5, \infty)$

2.- $3x + 4 < x - 2$ $(- \infty, -3)$

3.- $2 - 4x \geq 3 + 7x$ $\left(-\infty, \dfrac{1}{11}\right]$

4.- $9x \geq 5x - 12$ $[- 3 , \infty)$

5.- $4x - 20 > 5x + 3 > 4x - 4$ $(- 7 , 23)$

6.- $1 < 2 - 4x < 6$ $\left(-1, \dfrac{1}{4}\right)$

7.- $\dfrac{9x - 3}{x + 2} \geq 6$ $(-\infty, -2) \cup (5, \infty)$

8.- $\dfrac{x + 2}{x - 2} \geq 3$ $(2, 4]$

9.- $|3 - 2x| \leq 9$ $[-3, 6)$

10.- $|2x + 3| \triangleright 4$ $\left(-\infty, -\dfrac{7}{2}\right) \cup \left(\dfrac{1}{2}, \infty\right)$

11.- $x^2 + 2x - 15 \leq 0$ $[-5, 3]$

12.- $6x^2 - 20x - 16 < 0$ $\left[-\dfrac{2}{3}, 4\right]$

13.- $| 6x - 4 | > | x + 1 |$ $\left(-\infty, \dfrac{3}{7}\right) \cup (1, \infty)$

14.- $| 2x - 5 | < | x - 3 |$ $\left(2, \dfrac{8}{3}\right)$

15.- $x + 2 \succ 2x - 7$ $(-\infty, 9)$

16.- $3x - 2 \succ x - + 2$ $(2, \infty)$

17.- $x + 2 \succ 3x - 1 \succ 2x - 4$ $(-3, 1.5)$

18.- $3x + 2 \prec 4x - 1 \prec 2x - 9$
$\quad (-\infty, -3) \quad (-\infty, -4) \Rightarrow (-\infty, -4)$

19.- $3x + 2 \geq 2x + 7$ $[5, \infty)$

20.- $5x + 2 \geq x + 2 \prec 3x + 5$ $\varnothing$

FUNCIÓNES

2.1.- Conceptos básicos

2.2.- Clasificación de funciones

2.3.- Ejercicios resueltos

2.4.- Ejercicios propuestos

Numero Real.- $\mathbb{R}$ Cualquier número que puede ser racional o irracional.

Números naturales Son los que sirven para contar los elementos de los conjuntos:

$$N = \{1, 2, 3,\ldots, 9, 10, 11, 12,\ldots\}$$

Se pueden sumar y multiplicar y con ambas operaciones el resultado es, en todos los casos, un número natural. Sin embargo, no siempre pueden restarse ya que el sustraendo es mayor que el minuendo, en la división nos resulta un racional o un decimal, como se indica a continuación.

$$3 - 7 = -4$$
$$\frac{5}{4} = 1\frac{1}{4} = 1.25$$

En donde tanto el minuendo como el sustraendo y el numerador y denominador son números naturales.

Números enteros.- La operación que da lugar a dicho conjunto de números es la sustracción con números naturales, dicho conjunto está formado por:

Los números naturales o enteros positivos.
El cero.
Los números negativos.
Dicho conjunto se denota con la letra Z, como se indica.

$$Z = \{\ldots, -11, -10, -9,\ldots, -3, -2, -1, 0, 1, 2, 3,\ldots, 9, 10, 11,\ldots\}$$

Además de sumarse y multiplicarse en todos los casos, pueden restarse, por lo que esta estructura mejora a la de los naturales. Sin embargo, en general, dos números enteros se pueden dividir. y el resultado no es entero

Por eso se pasa a la siguiente estructura numérica.
Números racionales.- Son los que se pueden expresar como la razón entre dos números enteros o cociente de dos números enteros.

El conjunto Q de los números racionales está compuesto por los números enteros y por los fraccionarios. Se pueden sumar, restar, multiplicar y dividir (excepto por cero) y el resultado de todas esas operaciones entre dos números racionales es siempre otro número racional.

El conjunto formado por todos los números racionales y los irracionales es el conjunto de los números reales.

2.1.- Conceptos básicos.

Producto Cartesiano. Es el conjunto formado de pares o parejas ordenadas, en el cual cada primer elemento de cada pareja pertenece al primer conjunto y los segundo elementos de cada pareja pertenece al segundo conjunto, dicho orden siempre se debe de cumplir, el cual se denota de la siguiente forma.

$$A \times B = \left\{ (a, b) \mid a \in A, \ b \in B \right\}$$

Relación. -Es un subconjunto del producto cartesiano que cumple con una condición dada.

Función.- Es un subconjunto de una relación en la cual a cada elemento del primer conjunto (A) le corresponde un y solo un elemento en el segundo conjunto (B).

Elementos de una función:
Dominio (Dx).- Son todos aquellos elementos que podemos asignar a la "x".

Contradominio- Rango o Imagen (Dy).- Son todos los elementos que puede tomar la "y"

Regla de correspondencia.- f(x).- Es la que nos indica cómo se encuentran relacionados los elementos del dominio con los del contradominio.

$f(x)$ = f es una funcion de x

$f(a)$ = f es una funcion de a .

Tipos de variables:

Independiente.- Son aquellos valores que puede tomar la (x), nosotros los seleccionamos de acuerdo a nuestro interés.

Dependiente.- Para cada valor de "x" depende un valor para "y" de acuerdo a la regla de correspondencia.

Sea y = x + 2

Donde x es la variable independiente o dominio de la función
Donde y es la variable dependiente o rango de la función

Ejemplos de Funciones

1.- El área de un círculo es una función del radio.

2.- El área de un cuadrado es una función de su lado.

3.- La estatura de un niño es una función de su salud.

4.- La distancia recorrida de un automóvil es una función de su velocidad.

5.- El aprendizaje de una materia es una función de la dedicación.

6.- La fuerza de atracción ó repulsión es una función de la distancia entre ellos.

7.- Cada instante del tiempo es una función de la temperatura.

8.- El volumen de un cubo es una función de su lado.

9.-Un libro de matemáticas es una función de los contenidos.

10.- La intensidad de un sonido es una función de la ubicación de la fuente.

2.2.- Clasificación de las funciones

a) Algebraicas.

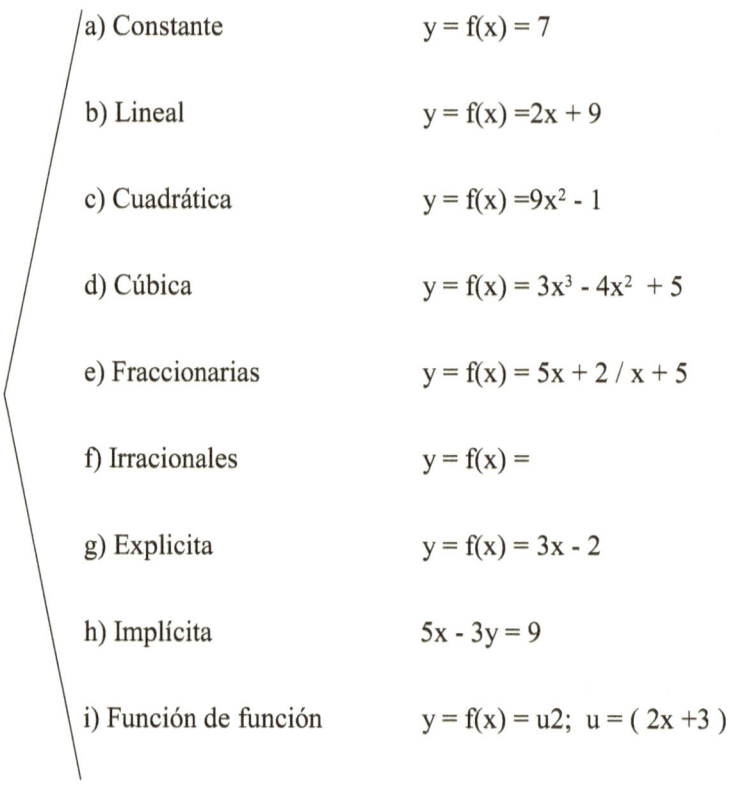

a) Constante $y = f(x) = 7$

b) Lineal $y = f(x) = 2x + 9$

c) Cuadrática $y = f(x) = 9x^2 - 1$

d) Cúbica $y = f(x) = 3x^3 - 4x^2 + 5$

e) Fraccionarias $y = f(x) = 5x + 2 / x + 5$

f) Irracionales $y = f(x) =$

g) Explicita $y = f(x) = 3x - 2$

h) Implícita $5x - 3y = 9$

i) Función de función $y = f(x) = u2; \ u = (2x + 3)$

b) Trascendentes.

a) Trigonométricas directas $y = f(x) = sen \ x$

b) Trigonométricas inversas $y = f(x) = arc \ sec \ x$

c) Exponencial $y = f(x) = a \ x$

d) Logarítmica $y = f(x) = log10 \ x$

2.3.- EJERCICIOS RESUELTOS

1.- Dada la función $y = f(x) = x^2 + 6x - 4$; Encontrar:

a.- $f(1) = ?$

$= (1)^2 + 6(1) - 4$	Sustituyendo x = 1
$= 1 + 6 - 4$	Realizando operaciones
$= 7 - 4$	Simplificando
$= 3$	

b.- $f(3) = ?$

$= (3)^2 + 6(3) - 4$	Sustituyendo x = 3
$= 9 + 18 - 4$	Realizando operaciones
$= 27 - 4$	Simplificando
$= 23$	

2.- Dada la función $y = f(x) = x^2 + 1$; Encontrar:

a.- $f(\sqrt{2}) = ?$

$= (\sqrt{2})^2 + 1$	Sustituyendo x = $\sqrt{2}$
$= 2 + 1$	Realizando operaciones
$= 3$	Simplificando

b.- $f(a+1) = ?$

$= (a+1)^2 + 1$	Sustituyendo x = a + 1
$= a^2 + 2a + 1 + 1$	Realizando operaciones

$= a^2 + 2a + 2$ Simplificando

c.- $f\left(a^2\right) = ?$

$= \left(a^2\right)^2 + 1$ Sustituyendo x = a^2

$= a^4 + 1$ Realizando operaciones

d.- $\left[f\left(a\right)\right]^2 = ?$

$= \left(a^2 + 1\right)^2$ Sustituyendo x = a

$= a^4 + 2a^2 + 1$ Realizando operaciones

3.- Dada la función $y = f\left(x\right) = \dfrac{x-1}{x+1}$; Encontrar:

a.- $f\left(0\right) = ?$

$= \dfrac{0-1}{0+1}$ Sustituyendo x = 0

$= \dfrac{-1}{1}$ Realizando operaciones

$= -1$ Simplificando

b.- $f\left(1\right) = ?$

$= \dfrac{1-1}{1+1}$ Sustituyendo x = 1

$= \dfrac{0}{2}$ Realizando operaciones

$= 0$ Simplificando

c. Demostrar que $y = f\left(\dfrac{1}{x}\right) = -f\left(x\right)$

1.- $f\left(\dfrac{1}{x}\right) = ?$

$$= \frac{\frac{1}{x}-1}{\frac{1}{x}+1}$$ Sustituyendo $x = \frac{1}{x}$

$$= \frac{\frac{1-x}{x}}{\frac{1+x}{x}}$$ Buscando un común denominador

$$= \frac{1-x}{1+x} \dots\dots 1$$ Simplificando

2.- $-f(x) = ?$

$$= -\frac{x-1}{x+1}$$ Sustituyendo x

$$= \frac{1-x}{1+x} \dots\dots 2$$ Multiplicando por el signo menos

CONCLUSIÓN: $f\left(\frac{1}{x}\right) = -f(x)$ **Comparando 1 y 2**

4.- Dada la función $y = f(x) = x^2 - 4x + 6$; Encontrar:

a.- $f\left(\frac{1}{2}\right) = ?$

$$= \left(\frac{1}{2}\right)^2 - 4\left(\frac{1}{2}\right) + 6$$ Sustituyendo $x = \frac{1}{2}$

$$= \frac{1}{4} - 2 + 6$$ Realizando operaciones

$$= \frac{1}{4} + 4$$

$$= \frac{1+16}{4}$$ Buscando un común denominador

$$= \frac{17}{4}$$ Simplificando

b.- $f(2-h)= f(2+h)$

1.- $f(2-h)= ?$

$$= (2-h)^2 -4(2-h)+6$$ Sustituyendo x = $2-h$

$$= 4-4h+h^2-8+4h+6$$ Realizando operaciones

$$= h^2 -4h+4h+2$$ Simplificando

$$= 2h^2 +2$$

2. $f(2+h)= ?$

$$= (2+h)^2 -4(2+h)+6$$ Sustituyendo x = $2+h$

$$= 4+4h+h^2-8-4h+6$$ Realizando operaciones

$$= h^2 -4h+4h+2$$ Simplificando

$$= h^2 +2.........1$$

CONCLUSIÓN: $f(2-h)= f(2+h)$ **Comparando 1 y 2**

5.- Dada la función $y = f(x)= \frac{1}{x}$, **demostrar que:**

$$f(a)-f(b)= f\left(\frac{ab}{b-a}\right)$$

a.- $f(a)= \frac{1}{a}$ Sustituyendo x = a

b.- $f(b)= \frac{1}{b}$ Sustituyendo x =b

$$f(a)-f(b)=\frac{1}{a}-\frac{1}{b}$$ Expresando a, b

$$=\frac{b-a}{ab}........1$$ Realizando operaciones indicadas

c.- $f\left(\dfrac{ab}{b-a}\right)=?$

$$=\frac{1}{\dfrac{ab}{b-a}}$$ Sustituyendo x = $=\dfrac{ab}{b-a}$

$$=\frac{b-a}{ab}..........2$$ Realizando operaciones

CONCLUSIÓN: $f(a)-f(b)=f\left(\dfrac{ab}{b-a}\right)$ **Comparando 1 y 2**

6.- Dada la función $y=f(x)=2^{x}$; Encontrar:

$$f(-2)=2^{-2}$$ Sustituyendo x = -2

$$=\frac{1}{2^{2}}$$ Exponente negativo

$$=\frac{1}{4}$$ Realizando operaciones

7.- Dada la función $y=f(x)=\sqrt{x}$; Demostrar que:

$$\frac{f(x+h)-f(x)}{h}=\frac{1}{\sqrt{x+h}+\sqrt{x}}$$

$$=\frac{\sqrt{x+h}-\sqrt{x}}{h}$$ Sustituyendo $\sqrt{x}$ por $\sqrt{x+h}-\sqrt{x}$

$$=\left(\frac{\sqrt{x+h}-\sqrt{x}}{h}\right)\left(\frac{\sqrt{x+h}+\sqrt{x}}{\sqrt{x+h}+\sqrt{x}}\right)$$ Multiplicado por su conjugado

$$= \frac{\left(\sqrt{x+h}\right)^2 - \left(\sqrt{x}\right)^2}{h\left(\sqrt{x+h} + \sqrt{x}\right)}$$ Realizando el producto

$$= \frac{x+h-x}{h\left(\sqrt{x+h} + \sqrt{x}\right)}$$ Sustituyendo

$$\left(\sqrt{x+h}\right)^2 = x+h, \quad \left(\sqrt{x}\right)^2 = x$$

$$= \frac{h}{h\left(\sqrt{x+h} + \sqrt{x}\right)}$$ Simplificando x del numerador

$$= \frac{1}{\sqrt{x+h} + \sqrt{x}}$$ Simplificando h

8.- Dada la función $y = f(z) = 4^z$; Demostrar que:

$$f(x+1) - f(x) = 3f(x)$$

a.- $f(x+1) = 4^{x+1}$ Sustituyendo z = x +1

$$= 4\left(4^x\right)\ldots\ldots\ldots 1$$ Factorizar potencia la de misma base

b.- $f(x) = 4^x\ldots\ldots\ldots 2$ Sustituyendo z = x

c.- $3f(x) = 3\left(4^x\right)\ldots\ldots 3$

$$f(x+1) - f(x) = 3f(x)$$

$$= 4\left(4^x\right) - 4^x$$ Sustituyendo 1, 2 tenemos

$$= 3\left(4^x\right)$$ sustituyendo 1,2 y3

$$= \left(4^x\right)\left(4-1\right)$$ Sacando 4^x como factor común

$$= 3\left(4^{x}\right)$$

Realizando las operaciones indicadas

$$3\left(4^{x}\right) = 3\left(4^{x}\right)$$

9.- Dada la función $y = f(x) = b^{x}$; Demostrar que:

$$f(y) \cdot f(z) = f(y+z)$$

a.- $f(y) = b^{y}$............1

Sustituyendo x =y

b.- $f(z) = b^{z}$............2

Sustituyendo x = z

c.- $f(y+z) = b^{y+z}$.......3

Sustituyendo x = y + z

$$f(y) \cdot f(z) = f(y+z)$$

$$b^{y} \cdot b^{z} = b^{y+z}$$

Sustituyendo 1, 2 y 3

$$= b^{y+z}$$

Potencias de la misma base

CONCLUSIÓN: $b^{y+z} = b^{y+z}$

Lo que se desea demostrar

10.- Dada la función $y = f(x) = sen\ x$; Demostrar que:

$$f(x+2h) - f(x) = 2\cos(x+h)sen\ h$$

a.- $f(x+2h) = sen(x+2h)$

Sustituyendo x = x + 2h

$$= sen\ x\cos\ 2h + \cos\ x\ sen\ 2h$$

Identidad trigonométrica sen(x + y)

b.- $f(x) = sen\ x$

Dada la función

$$f(x+2h) - f(x) = senx\ \cos 2h + \cos x\ sen2h - sen\ x$$

Sustituyendo x y 2h

$$= senx\left(\cos 2h - 1\right) + \cos x\ sen2h$$

Factorizando sen x

$= senx\left(\cos^2 h - sen^2 h\right) + \cos x \ sen \ 2h$ $\cos 2h = \cos^2 h - sen^2 h$

$= sen\ x\left(-sen^2 h - sen^2 h\right) + \cos x \ sen \ 2h$ $Sen.^2 h = 1 - \cos^2 h$

$= senx\left(-2sen^2 h\right) + \cos x \ sen 2h$ Sumando $Sen^2 h$

$= senx\left(-2sen^2 h\right) + \cos x \ sen \ h \ \cos \ h$ $sen \ 2h = 2 \ sen \ h \ \cos \ h$

$= 2senh\left(\cos x \cosh - senx senh\right)$ Factorizando $2 \ sen \ h$

$= 2cos\left(x + h\right)sen \ h$ $\cos(xh) = \cosh \cosh - senh \cosh$

2.4.- EJERCICIOS PROPUESTOS.

Para cada uno de los ejercicios propuestos, resolver o justificar lo que se indica.

1. Dada $y = f(x) = 2\sqrt{x^2 + 1}$; **Encontrar:**

a) $f(2x) = 2\sqrt{4x^2 + 1}$

b) f(0)=2

2.- Dada $y = f(x) = x + 2$; **Encontrar**

a) $f\left(\dfrac{1}{2}\right) = \dfrac{5}{2}$

b) $f\left(\sqrt{2x}\right) = \sqrt{2x} + 2$

3. Dada $y = f(x) = \log\dfrac{1-x}{1+x}$; **Demostrar:**

f(a) + f(b $=f\left(\dfrac{a+b}{1+ab}\right)$

4. Dada $y = f(x) = 1\ x$; **Demostrar que:**

f(x + y)= f(x) + f(y)

5.- Dada $y = f(x) = x^2 - 5$: **Encontrar**

a) $f(a+2) = a^2 + 4a - 1$

b) $f(3b-1) = 9b^2 - 12b - 4$

6.- Dada $y = f(x) = \sqrt{5x^2 + 2x - 1}$: **Encontrar**

a) $f(-2) = \sqrt{15} = 3.873$

b) $f\left(-\dfrac{1}{3}\right) = \sqrt{\left(\dfrac{-10}{9}\right)} = \dfrac{1}{3}\sqrt{-10}$

7.- Dada $y = f(x) = \dfrac{1}{x-1}$: **Encontrar**

a) $f(0) = -1$

b) $f(1) = \dfrac{1}{0}\,no$ definido

8.- Dada $y = f(x) = \dfrac{x+1}{x-4}$: **Encontrar**

a) $f(a+b) = \dfrac{\text{a+b+1}}{\text{a+b-4}}$

b) $f(a+b) - f(a) = \dfrac{a+b+1}{a+b-4} - \dfrac{a+1}{a-4}$

9.- Dada $y = f(x) = \sqrt{3x^2+2}$: **Encontrar**

a) $f\left(\dfrac{1}{2}\right) = \dfrac{1}{2}\ \sqrt{11} = 1.6583$

b) $f\left(-\dfrac{1}{3}\right) = \dfrac{1}{4}\sqrt{21} = 1.5275$

10.- Dada $y = f(x) = \sqrt{x+2}$: **Encontrar**

a) $f(-2) = \sqrt{0} = 0$

b) $f(a+b) = \sqrt{\text{a+b+2}} - \sqrt{b}$

11. Dada $y = f(x) = x^3$; **Encontrar:**

$F(x + h) - f(x) = 3x^2h + 3xh^2 + h^3$

12. Dada $y = f(x) = \dfrac{x-1}{x+1}$; **Encontrar:**

$$\frac{f(x+h)-f(x)}{h} = 0$$

13.- Dada f(x)= x + 1 ; g(x) = x - 2 ; h(x) = 2x + 3 y f(x) =x² + 1

a) $F[h(g(x))] = x^2 - x$

b) $g[h(F(x))] = x^2 + x - 1$

14. Dada $y = f(x) = \sqrt{2x+3}$; Encontrar:

a) $f(1/2) = \pm 2$

b) $\dfrac{f(x+h)-f(x)}{h} = \dfrac{2}{\sqrt{2x+2h+3}\sqrt{2x+3}}$

15. Dada $y = f(x) = \dfrac{1}{x^2+1}$; Encontrar:

a) $f(-2) = \dfrac{1}{5}$

b) $f(x+1) = \dfrac{1}{x+2}$

16. Dada $y = f(x) = \dfrac{1+x}{1-x}$; Demostrar:

f(tanΘ) = sec 2Θ + tan 2Θ

17. Dada $y = f(x) = \dfrac{x+1}{x-1}$; Demostrar que:

f(cscΘ) = (tanΘ + secΘ)²

LÍMITES Y CONTINUIDAD

3.1.- Pendiente.- Es el ángulo de inclinación en donde la recta corta al eje de "x". La pendiente Si $A(x_0, y_0)$, $B(x_1, y_1)$ son dos puntos de la recta, la pendiente se obtiene del siguiente modo, como la pendiente (m) es igual a tangente trigonométrica, es decir, lo cual se puede expresar:

$$\tan \alpha = m = \frac{cateto \text{ opuesto}}{\text{cateto adyacente}}$$

Por tanto

$$m = \frac{y_1 - y_0}{x_1 - x_0}$$

Podemos observar que dicha expresión en la ecuación de la recta conocida como punto-pendiente

$$y_1 - y_0 = (m)(x_1 - x_0)$$

Para encontrar la pendiente de la recta $3x - 5y + 7 = 0$, únicamente se despeja la variable "y" de dicha ecuación.

$$3x - 5y + 7 = 0 \quad 5y = 3x + 7 \quad y = \frac{3x + 7}{5}$$

En dicha ecuación podemos expresar que dicha ecuación la hemos transformado en la forma ordenada al origen de donde se tiene que:

$$m = \frac{3}{5}$$

$$b = \frac{7}{5} = 1.4$$

Recuerda que b es la ordenada al origen y es la distancia que hay del origen a la intersección con el eje de "y" u ordenadas, como la pendiente nos representa a la tangente dicha fracción la podemos representar el denominador en el eje de "x" o abscisas, el numerador en el eje de las "y" u ordenadas como se indica en la siguiente figura..

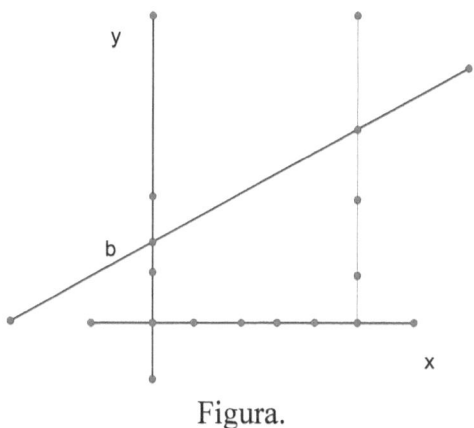

Figura.

3.2.- Concepto de límite

Otra de los pilares de las matemáticas es el concepto de límite, el cual se puede definir de la siguiente manera

Limite.- Valor que toma una expresión cuando una de su variable tiende hacia un valor dado

Sea $Y = f(x) = x - 2$; cuando $x \to 3$ y $\to 1$; se tomaran valores por la izquierda (creciente) y por la derecha (decreciente).

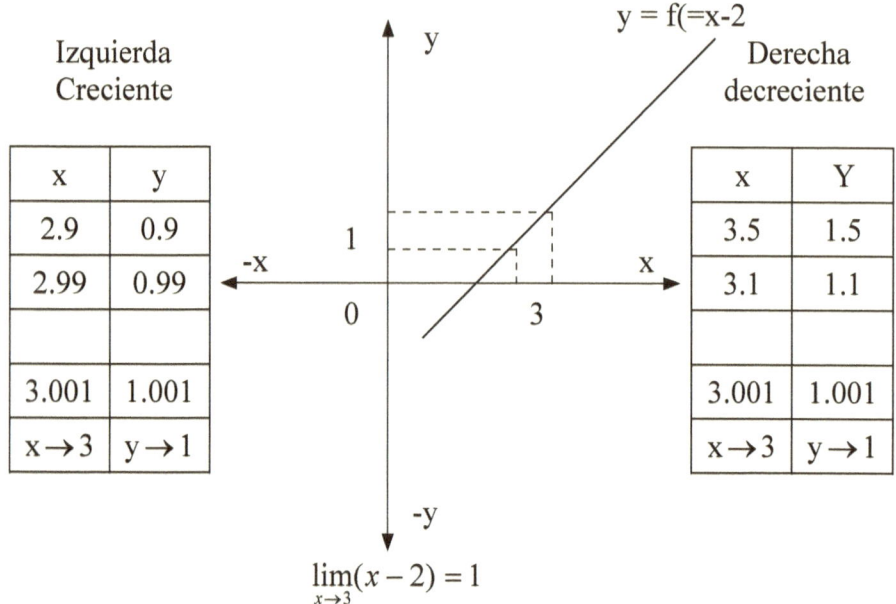

$$\lim_{x \to 3}(x - 2) = 1$$

Definición: Si f (x) puede acercar a un numero finito x, tomando a x suficientemente cercano pero distinto de un numero a, tanto por la izquierda como por la derecha de a entonces $\lim_{x \to 3}(x - 2) = 1$

$$\frac{\lim}{x \to a} \, f(x) = L$$

3.3.- Teoremas sobre límites

1. Limite de una constante, es igual a la constante

$$\lim_{x \to a} k = k$$

2. Limite de una variable con respecto así mismo, es igual al valor que tiene la variable

$$\lim_{x \to a} x = a$$

3. Limite de una constante por una variable, es igual a la constante por el limite de la variable

$$\lim_{x \to a} \alpha = c \lim_{x \to a} x = a$$

4. Limite de una suma de funciones o variables, igual a la suma de los limites

$$\lim_{x \to a}\left[f(x) \pm g(x)\right]= \lim_{x \to a} f(x) \pm \lim_{x \to a} g(x)$$

5. Limite de un producto de funciones o variables, es igual al cociente de los limites

$$\lim_{x \to a}\left[(f * g)(x)\right]=\left[\lim_{x \to a} f(x)\right]\left[\lim_{x \to a} g(x)\right]$$

6. Limite de un cociente de funciones o variables; es igual al cociente de los limites

$$\lim_{x \to a}\left[\frac{f(x)}{g(x)}\right] = \frac{\lim_{x \to a} f(x)}{\lim_{x \to a} g(x)} \text{ con } g(x) \neq 0$$

7. Limite de una potencia, es igual a la potencia del limite

$$\lim_{x \to a}\left[f(x)\right]^l = l^n$$

8. Limite de una raíz, es igual al limite de la raíz.

$$\lim_{x \to a}\sqrt[n]{f(x)} = \sqrt[n]{a}$$

CONSIDERACIONES:

1. La división entre cero no está definida $\dfrac{5}{0}$ No está definida.

2. Cero entre una cantidad, es igual a cero $\dfrac{0}{5}= 0$

3. Cuando existe una indeterminación $\dfrac{0}{0}$, será necesario efectuar algún proceso algebraico: Simplificar, dividir, factorizar, multiplicar por su conjugado o doble conjugado.

4. Tener el dominio de los productos notables y su Factorización.

5. .Ley de los exponentes para potencias de la misma base.

6. Exponente negativo.

7. Potencia de potencia

8. Radicación o exponente fraccionario.- Todo radical se puede expresar como exponente fraccionario por ejemplo.

$$\sqrt[3]{x} = x^{\frac{1}{3} = .0.3333} \;, \quad \sqrt[7]{x^{12}} = x^{\frac{12}{7} = 1.7143}$$

9. Cuando el límite tiende al infinito $\lim_{x \to \infty}$, se deberá dividir entre el término de mayor exponente.

3.4.- EJERCICIOS RESUELTOS

Encontrar el límite que se indica en cada caso

1.- $\lim\limits_{X \to 1} \dfrac{1}{(x-1)^4} = ?$

$= \dfrac{1}{(1-1)^4}$ Sustituyendo x = 1

$= \dfrac{1}{(0)^4}$ Realizando operaciones

$= \dfrac{1}{0}$ No definido.- No existe   La división entre cero esta definida

2.- $\lim\limits_{X \to 0} \left(\dfrac{x^2 + 3x - 1}{x} + \dfrac{1}{x} \right) = ?$

$= \lim\limits_{X \to 0} \left(\dfrac{x^2 + 3x - 1 + 1}{x} \right)$ Por que tienen el mismo denominador

$= \lim\limits_{X \to 0} \left(\dfrac{x^2 + 3x}{x} \right)$ Eliminando el uno en el numerador

$= \lim\limits_{X \to 0} \dfrac{x(x+3)}{x}$ Sacando factor común a la x

$= \dfrac{0(0+3)}{0}$ Si x = 0

$= \dfrac{(0+0)}{0}$

$= \dfrac{0}{0}$ Una indeterminación

$= \lim\limits_{X \to 0} \dfrac{x(x+3)}{x}$

$= \lim_{X \to 0}(x+3)$ Simplificando x

$= 0+3$ Tomando limite para x = 0

$=3$ Realizando operaciones

3.- $\lim_{X \to 0} \sqrt[5]{\dfrac{x^3 - 64x}{x^2 + 2x}} = ?$

$= \sqrt[5]{\dfrac{0-0}{0-0}}$

$= \sqrt[5]{\dfrac{0}{0}}$ Si x = 0 indeterminación

$= \dfrac{0}{0}$

$= \lim_{X \to 0} \sqrt[5]{\dfrac{x(x^2 - 64)}{x(x+2)}}$ Factorizando x

$= \lim_{X \to 0} \sqrt[5]{\dfrac{x^2 - 64}{x+2}}$ Eliminando x

$= \sqrt[5]{\dfrac{0-64}{0+2}}$ Tomando el limite para x = 0

$= \sqrt[5]{\dfrac{-64}{2}}$ Realizando operaciones

$= \sqrt[5]{-32}$ Simplificando

$= -2$ Extrayendo la raíz

4.- $\lim\limits_{X\to 1}\dfrac{x^2-1}{x-1}=?$

$=\dfrac{1^2-1}{1-1}$

$=\dfrac{1-1}{1-1}$ Si x = 0 una indeterminación

$=\dfrac{0}{0}$

$=\lim\limits_{X\to 1}\dfrac{(x-1)(x+1)}{x-1}$ Factorizando la diferencia cuadrados

$=\lim\limits_{X\to 1}\left(x+1\right)$ Simplificando x – 1

$=1+1$ Tomando el limite cuando x = 1

$=2$ Realizando operaciones

5.- $\lim\limits_{X\to 1}\dfrac{x^3-1}{x-1}=?$

$=\dfrac{1^3-1}{1-1}$

$=\dfrac{1-1}{1-1}$ Si x = 1 obtiene una indeterminación

$=\dfrac{0}{0}$

$=\lim\limits_{X\to 1}\dfrac{(x-1)(x^2+x+1)}{x-1}$ Factorizando la diferencia cuadrados

$=\lim\limits_{X\to 1}\left(x^2+x+1\right)$ Simplificando x – 1

$=1^2+1+1$ Tomando el limite cuando x = 1

$=3$ Realizando operaciones

6.- $\lim\limits_{X \to -5} \dfrac{x^2 + 2x - 15}{x + 5} = ?$

$= \dfrac{25 - 10 - 15}{-5 + 5}$

$= \dfrac{25 - 25}{-5 + 5}$ Si x = - 5 una indeterminación

$= \dfrac{0}{0}$

$= \lim\limits_{X \to -5} \dfrac{(x+5)(x-3)}{x+5}$ Factorizando el trinomio indicado

$= \lim\limits_{X \to -5} (x - 3)$ Simplificando x +5

$= - 5 - 3$ Tomando el limite cuando x = -5

$= - 8$ Realizando operaciones

7.- $\lim\limits_{X \to Y} \dfrac{x^4 - y^4}{x - y} = ?$

$= \dfrac{y^4 - y^4}{y - y}$

$= \dfrac{0}{0}$ Si x = y obtiene una indeterminación

$= \lim\limits_{X \to Y} \dfrac{(x^2 - y^2)(x^2 + y^2)}{x - y}$ Factorizando diferencia cuadrados

$= \lim\limits_{X \to Y} \dfrac{(x - y)(x + y)(x^2 + y^2)}{x - y}$ Factorizando $x^2 - y^2$

$= \lim\limits_{X \to Y} (x + y)(x^2 + y^2)$ Simplificando x − y

$= (y + y)(y^2 + y^2)$ Tomando el limite cuando x = y

$$= (2y)(2y^2)$$ Realizando operaciones

$$= 4y^3$$

8.- $\lim\limits_{x \to 1} \dfrac{x^2 - 2x + 1}{x^3 - 3x^2 + 3x - 1} = ?$

$$= \dfrac{1 - 2 - +1}{1 - 3 + 3 - 1}$$

$$= \dfrac{2 - 2}{4 - 4}$$ Si x = 1 obtiene una indeterminación

$$= \dfrac{0}{0}$$

$$= \lim\limits_{x \to 1} \dfrac{\left(x^2 - 2x + 1\right)}{(x - 1)\left(x^2 - 2x + 1\right)}$$ Factorizando el denominador

$$= \lim\limits_{x \to 1} \dfrac{1}{(x - 1)}$$ Simplificando $x^2 - 2x + 1$

$$= \dfrac{1}{1 - 1}$$ Tomando el limite cuando x = 1

$$= \dfrac{1}{0}$$ Realizando operaciones

No existe   La división entre cero no definida

9.- $\lim\limits_{h \to 0} \dfrac{(x + h)^2 - x^2}{h} = ?$

$$= \dfrac{(x + 0)^2 - x^2}{0}$$

$$= \dfrac{x^2 - x^2}{0}$$ Si h = 0 obtiene una indeterminación

$$= \dfrac{0}{0}$$

$$=\lim_{h\to0}\frac{x^2+2xh+h^2-x^2}{h}$$

Desarrollando el binomio $(x+h)^2$

$$=\lim_{h\to0}\frac{2xh+h^2}{h}$$

Simplificando x^2

$$\lim_{h\to0}\frac{h(2x+h)}{h}$$

Factorizando h en el numerador

$$=\lim_{h\to0}(2x+h)$$

Eliminando h

$$=2x+0$$

Tomando el limite para h = 0

$$= 2\ x$$

Realizando operaciones

10.- $\lim_{x\to-2}\dfrac{x^3+4x^2+4x}{(x+2)(x-3)}=?$

$$=\frac{(-2)^2+4(-2)^2+4(-2)}{(-2+2)(-2-3)}$$

Sustituyendo x = - 2

$$=\frac{-8+16-8}{(-2+2)(-2-3)}$$

$$=\frac{16-16}{0(-5)}$$

Si x = - 2 obtiene indeterminación

$$=\frac{0}{0}$$

$$=\lim_{x\to-2}\frac{x(x^2+4x+4)}{(x+2)(x-3)}$$

Factorizando x en el numerado

$$=\lim_{x\to-2}\frac{x(x+2)(x+2)}{(x+2)(x-3)}$$

Factorizando el trinomio x^2+4x+4

$$=\lim_{x\to-2}\frac{x(x+2)}{x-3}$$

Simplificando x + 2

$$= \frac{-2(-2+2)}{-2-3}$$

Tomando el limite para x = - 2

$$= \frac{-2(0)}{-5}$$

Realizando operaciones

$$= \frac{0}{-5}$$

$$= 0$$

11. $\lim\limits_{x \to 1} \dfrac{x^2 - x}{2x^2 + 5x - 7} = ?$

$$= \frac{1^2 - 1}{2(1)^2 + 5(1) - 7}$$

$$= \frac{1-1}{2+5-7}$$

Si x = 1 obtiene
indeterminación

$$= \frac{0}{7-7}$$

$$= \frac{0}{0}$$

$$= \lim\limits_{x \to 1} \frac{x(x-1)}{(x-1)(2x+7)}$$

Factorizando

$$= \lim\limits_{x \to 1} \frac{x}{(2x+7)}$$

Simplificando x – 1

$$= \frac{1}{2(1)+7}$$

Tomando el limite para x = 1

$$= \frac{1}{2+7}$$

Realizando operaciones

$$= \frac{1}{9}$$

12.- $\lim\limits_{X \to 0} \dfrac{5x^3 + 8x^2}{3x^4 - 16x^2} = ?$

$= \dfrac{5\ (0)^3 + 8(0)^2}{3\ (0)^4 - 16(0)^2}$

$= \dfrac{0+0}{0-0}$

$= \dfrac{0}{0}$

Si x = 0 obtiene indeterminación

$= \lim\limits_{X \to 0} \dfrac{x^2\ (5x+8)}{x^2\ (3x^2-16)}$

Factorizando x^2 en la fracción

$= \lim\limits_{X \to 0} \dfrac{5x + 8}{3x^2 - 16}$

Simplificando x^2

$= \dfrac{5\ (0) + 8}{3\ (0)^2 - 16}$

Tomando el limite para x = 0

$= -\dfrac{8}{16}$

Realizando operaciones

$= -\dfrac{1}{2}$

13.-. $\lim\limits_{X \to 1} \dfrac{x^n - 1}{x - 1} = ?$

$$= \frac{1^n - 1}{1 - 1}$$

$$= \frac{1 - 1}{1 - 1}$$ Si x = 1 obtiene
indeterminación

$$= \frac{0}{0}$$

$$= \lim_{X \to 1} \frac{(x-1)(x^{n-1} + x^{n-2} + \dots + x^{n-n})}{x - 1}$$ Realizando división
$$(x - 1) \div x^n - 1$$

$$= \lim_{X \to 1}(x^{n-1} + x^{n-2} + \dots + x^{n-n})$$ Simplificando x – 1

$$= 1^{n-1} + 1^{n-2} + \dots + 1^{n-n}$$ Tomando el limite para x = 1

$$= (1 + 1 + \dots + 1) \text{ n veces}$$ n veces

$$= n\,(1)$$

$$= n$$

14.- $\lim_{X \to 1} \dfrac{\sqrt[3]{x} - 1}{\sqrt{x} - 1} = ?$

$$= \frac{\sqrt[3]{1} - 1}{\sqrt{1} - 1}$$

$$= \frac{1 - 1}{1 - 1}$$ Si x = 1obtiene
indeterminación

$$= \frac{0}{0}$$

si $a = \sqrt[3]{x}$ $a^3 = x$ Haciendo cambio de variable

$\Rightarrow$

b = 1   b = 1

$a^3 - 1 = (a-1)(a^2 + a + 1)$ Diferencia de cubos $a^3 - 1$

$$= \lim_{X \to 1} \frac{(x-1)(\sqrt{x}+1)}{(x-1)(x^{2/3} + x^{1/3} + 1)}$$ Completando la diferencia de cubos y multiplicando por su conjugado

$$= \lim_{X \to 1} \frac{\sqrt{x}+1}{x^{2/3} + x^{1/3} + 1}$$ Simplificando x – 1

$$= \frac{\sqrt{1}+1}{1^{2/3} + 1^{1/3} + 1}$$ Tomando el limite para x = 1

$$= \frac{1+1}{1+1+1}$$ Realizando operaciones

$$= \frac{2}{3}$$

15.- $\lim_{X \to 0} \dfrac{2 - \sqrt{x+4}}{x} = ?$

$$= \frac{2 - \sqrt{0+4}}{0} = \frac{2 - \sqrt{4}}{0} = \frac{2-2}{0} = \frac{0}{0}$$ Si x = 0 obtiene indeterminación

$$= \lim_{X \to 0} \left(\frac{2 - \sqrt{x+4}}{x} \right)\left(\frac{2 + \sqrt{x+4}}{2 + \sqrt{x+4}} \right)$$ Multiplicando por el conjugado

$$= \lim_{X \to 0} \frac{4 - (x+4)}{x(2 + \sqrt{x+4})}$$ Efectuando los productos indicados

$$= \lim_{X \to 0} \frac{4 - x - 4}{x(2 + \sqrt{x+4})}$$ Simplificando 4 en el numerador

$$= \lim_{X \to 0} \frac{-x}{x(2 + \sqrt{x+4})}$$ Simplificando x

$$= \lim_{X \to 0} \frac{-1}{2 + \sqrt{x+4}}$$ Tomando el límite para x = 0

$$= \frac{-1}{2+\sqrt{0+4}}$$

$$= \frac{-1}{2+\sqrt{4}}$$ Realizando operaciones

$$= \frac{-1}{2+2}$$

$$= -\frac{1}{4}$$

16.- $\lim_{x\to 4} \frac{\sqrt{x}-2}{x-4} = ?$

$$= \frac{\sqrt{4}-2}{4-4}$$

$$= \frac{2-2}{4-4}$$ Si x = 4 obtiene indeterminación

$$= \frac{0}{0}$$

$$= \lim_{x\to 4}\left(\frac{\sqrt{x}-2}{x-4}\right)\left(\frac{\sqrt{x}+2}{\sqrt{x}+2}\right)$$ Multiplicando por el conjugado

$$= \lim_{x\to 4} \frac{x-4}{(x-4)(\sqrt{x}+2)}$$ Efectuando el producto de binomios

$$= \lim_{x\to 4} \frac{1}{\sqrt{x}+2}$$ Simplificando x – 4

$$= \frac{1}{\sqrt{4}+2}$$ Tomando el limite para x = 4

$$= \frac{1}{2+2}$$

Realizando operaciones

$$= \frac{1}{4}$$

17.- $\lim\limits_{h \to 4} \sqrt{\dfrac{h}{h+5}\left(\dfrac{h^2-16}{h-4}\right)^2} = ?$

$$= \sqrt{\frac{4}{4+5}\left(\frac{16-16}{4-4}\right)^2}$$

$$= \frac{2}{3}\left(\frac{0}{0}\right)$$

Si h = 4 obtiene
indeterminación

$$= \frac{0}{0}$$

$$= \lim_{h \to 4} \sqrt{\frac{h}{h+5}\left(\frac{(h+4)(h-4)}{h-4}\right)^2}$$

Desarrollando diferencia
cuadrados

$$= \lim_{h \to 4} \sqrt{\frac{h}{h+5}\left((h+4)\right)^2}$$

Simplificando h – 4

$$= \sqrt{\frac{4}{4+5}(4+4)^2}$$

Tomando el limite para h = 4

$$= \sqrt{\frac{4}{9}(8)^2}$$

Realizando las operaciones

$$= \frac{2}{3}(64)$$

$$= \frac{128}{3}$$

18.- $\lim\limits_{x \to 0} \dfrac{\sqrt{25+x}-5}{\sqrt{1+x}-1} = \,?$

$= \dfrac{\sqrt{25+0}-5}{\sqrt{1+0}-1}$

$= \dfrac{\sqrt{25}-5}{\sqrt{1}-1}$ Si x = 0 obtiene indeterminación

$= \dfrac{5-5}{1-1}$

$= \dfrac{0}{0}$

$= \lim\limits_{x \to 0}\left(\dfrac{\sqrt{25+x}-5}{\sqrt{1+x}-1}\right)\left(\dfrac{\sqrt{25+x}+5}{\sqrt{25+x}+5}\right)\left(\dfrac{\sqrt{1+x}+1}{\sqrt{1+x}+1}\right)$ Multiplicando por doble conjugado

$= \lim\limits_{x \to 0}\left(\dfrac{25+x-25}{1+x-1}\right)\left(\dfrac{\sqrt{1+x}+1}{\sqrt{25+x}+5}\right)$ Efectuando los productos indicados

$= \lim\limits_{x \to 0}\dfrac{x}{x}\left(\dfrac{\sqrt{1+x}+1}{\sqrt{25+x}+5}\right)$ Simplificando 25 y 1

$= \lim\limits_{x \to 0}\dfrac{\sqrt{1+x}+1}{\sqrt{25+x}+5}$ Simplificando x

$= \dfrac{\sqrt{1+0}+1}{\sqrt{25+0}+5}$ Tomando el limite para x = 0

$= \dfrac{\sqrt{1}+1}{\sqrt{25}+5}$ Realizando operaciones

$$= \frac{1+1}{5+5}$$

$$= \frac{2}{10}$$

$$= \frac{1}{5}$$

19.- $\lim\limits_{x\to\infty}\left(5-\frac{1}{x^4}\right)=?$

$$= \lim\limits_{x\to\infty}5 - \lim\limits_{x\to\infty}\frac{1}{x^4}$$ Limite de una suma

$$= 5 - \frac{1}{\infty}$$ Tomando el limite para x = ∞

$$= 5 - 0$$ Realizando operaciones $\frac{1}{\infty}=0$

$$= 5$$

20.- $\lim\limits_{x\to\infty}\frac{x^2-3x}{4x^2+5}=?$

$$= \lim\limits_{x\to\infty}\frac{\frac{x^2}{x^2}-\frac{3x}{x^2}}{\frac{4x^2}{x^2}+\frac{5}{x^2}}$$ *Cuando* x → ∞, se divide
entre el maximo exponente

$$= \lim\limits_{x\to\infty}\frac{1-\frac{3}{x}}{4+\frac{5}{x^2}}$$ Simplificando numerador
y denominador

$$= \frac{1-\frac{3}{\infty}}{4+\frac{5}{\infty}}$$ Tomando el límite cuando
$x\to\infty$

$$= \frac{1-0}{4+0}$$ Realizando operaciones

$$= \frac{1}{4}$$

21.- $\lim\limits_{x \to \infty} \left(\dfrac{3x}{x+2} - \dfrac{x-1}{2x+6} \right) = ?$

$$= \lim_{x \to \infty} \frac{3x}{x+2} - \lim_{x \to \infty} \frac{x-1}{2x+6}$$ Limite de una suma

$$= \lim_{x \to \infty} \frac{\dfrac{3x}{x}}{\dfrac{x}{x}+\dfrac{2}{x}} - \lim_{x \to \infty} \frac{\dfrac{x}{x}-\dfrac{1}{x}}{\dfrac{2x}{x}+\dfrac{6}{x}}$$ *Dividiendo* numerador y denominador entre el maximo exponente

$$= \lim_{x \to \infty} \frac{3}{1+\dfrac{2}{x}} - \lim_{x \to \infty} \frac{1-\dfrac{1}{x}}{2+\dfrac{6}{x}}$$ Simplificando la fracción

$$= \frac{3}{1+\dfrac{2}{\infty}} - \frac{1-\dfrac{1}{\infty}}{2+\dfrac{6}{\infty}}$$ Tomando el límite

$$= \frac{3}{1+0} - \frac{1-0}{2+0}$$ Realizando operaciones

$$= 3 - \frac{1}{2}$$

$$= \frac{6-1}{2}$$ Efectuando la fracción

$$= \frac{5}{2}$$

22.- $\lim\limits_{x\to\infty}\dfrac{4x+1}{\sqrt{x^2+1}}=?$

$=\lim\limits_{x\to\infty}\dfrac{\dfrac{4x}{x}+\dfrac{1}{x}}{\sqrt{\dfrac{x^2}{x^2}+\dfrac{1}{x^2}}}$

Se divide entre el maximo exponente y se introduce el factor en el denominador para lo cual se eleva x al cuadrado

$=\lim\limits_{x\to\infty}\dfrac{4+\dfrac{1}{x}}{\sqrt{1+\dfrac{1}{x^2}}}$

Se simplifica la fracción

$=\dfrac{4+\dfrac{1}{\infty}}{\sqrt{1+\dfrac{1}{\infty^2}}}$

Se toma el límite $x\to\infty$

$=\dfrac{4+0}{\sqrt{1+0}}$

Realizando operaciones

$=\dfrac{4}{\sqrt{1}}$

$=\dfrac{4}{1}$

$=4$

23. $\lim\limits_{x\to\infty}2^{-x}=?$

$=\dfrac{\lim}{x\to\infty}\dfrac{1}{2^{x}}$

Manejo de exponente negativo

$=\dfrac{1}{2^{\infty}}$

Tomando el limite para x = ∞

$$= \frac{1}{\infty}$$

$$= 0 \qquad \text{Realizando operaciones}$$

24.- $\lim\limits_{x \to \infty} \dfrac{3x+7}{x^2-2} = ?$

$$= \lim_{x \to \infty} \frac{\dfrac{3x}{x^2} + \dfrac{7}{x^2}}{\dfrac{x^2}{x^2} - \dfrac{2}{x^2}} \qquad \text{Dividiendo entre máximo exponente}$$

$$= \lim_{x \to \infty} \frac{\dfrac{3}{x} + \dfrac{7}{x^2}}{1 - \dfrac{2}{x^2}} \qquad \text{Simplificando}$$

$$= \frac{\dfrac{3}{\infty} + \dfrac{7}{\infty}}{1 - \dfrac{2}{\infty}} \qquad \text{Tomando el límite para x} \to \infty$$

$$= \frac{0+0}{1-0} \qquad \text{Realizando operaciones}$$

$$= \frac{0}{1}$$

$$= 0$$

25.- $\lim\limits_{x \to \infty} \left(\dfrac{x}{x+1} \right)\left(\dfrac{x^2}{5+x^2} \right) = ?$

$$= \left(\lim_{x \to \infty} \frac{x}{x+1} \right)\left(\lim_{x \to \infty} \frac{x^2}{5+x^2} \right) \qquad \text{Limite de un producto}$$

$$= \left(\lim_{x \to \infty} \frac{\dfrac{x}{x}}{\dfrac{x}{x} + \dfrac{1}{x}} \right) \left(\lim_{x \to \infty} \frac{\dfrac{x^2}{x^2}}{\dfrac{5}{x^2} + \dfrac{x^2}{x^2}} \right)$$ Dividiendo entre máximo exponente

$$= \left(\lim_{x \to \infty} \frac{1}{1 + \dfrac{1}{x}} \right) \left(\lim_{x \to \infty} \frac{1}{\dfrac{5}{x^2} + 1} \right)$$ Simplificando

$$= \left(\frac{1}{1 + \dfrac{1}{\infty}} \right) \left(\frac{1}{\dfrac{5}{\infty} + 1} \right)$$ Tomando el límite para $x \to \infty$

$$= \left(\frac{1}{1 + 0} \right) \left(\frac{1}{0 + 1} \right)$$

$$= \left(\frac{1}{1} \right) \left(\frac{1}{1} \right)$$ Realizando operaciones

$$= \frac{1}{1} = 1$$

26.- $\lim\limits_{x \to \infty} \dfrac{x^2 + x + 1}{2x + 5} = ?$

$$= \lim_{x \to \infty} \frac{\dfrac{x^2}{x^2} + \dfrac{x}{x^2} + \dfrac{1}{x^2}}{\dfrac{2x}{x^2} + \dfrac{5}{x^2}}$$ Dividiendo entre máximo exponente

$$= \lim_{x \to \infty} \frac{1 + \dfrac{1}{x} + \dfrac{1}{x^2}}{\dfrac{2}{x} + \dfrac{5}{x^2}}$$ Simplificando la fracción

$$= \frac{1 + \dfrac{1}{\infty} + \dfrac{1}{\infty}}{\dfrac{2}{\infty} + \dfrac{5}{\infty}}$$

Tomando el límite

$$= \frac{1 + 0 + 0}{0 + 0}$$

$$= \frac{1}{0} \quad \text{No existe}$$

La división entre cero no definida

27.- $\lim\limits_{x \to \infty} \dfrac{1 + 2 + 3 + \dots + x}{x} = ?$

$$= \lim_{x \to \infty} \frac{x(x+1)}{2x^2}$$

Sumatoria de una suma

$$= \lim_{x \to \infty} \frac{x^2 + x}{2x^2}$$

Realizando la división indicada

$$= \lim_{x \to \infty} \frac{\dfrac{x^2}{x^2} + \dfrac{x}{x^2}}{\dfrac{2x^2}{x^2}}$$

$$= \lim_{x \to \infty} \frac{1 + \dfrac{1}{x}}{2}$$

Simplificando

$$= \frac{1 + \dfrac{1}{\infty}}{2}$$

Tomando el límite

$$= \frac{1 + 0}{2}$$

Realizando operaciones

$$= \frac{1}{2}$$

28.- $\lim\limits_{n\to\infty} \dfrac{1^2 + 2^2 + 3^2 + ... + n^2}{n^3} = ?$

$= \lim\limits_{x\to\infty} \dfrac{n(n+1)(2n+1)}{n^3}$ Sumatoria de la suma

$= \lim\limits_{n\to\infty} \dfrac{2\,n^3 + n^2 + 2\,n + 1}{6\,n^3}$ Realizando el producto indicado

$= \lim\limits_{n\to\infty} \dfrac{\dfrac{2\,n^3}{n^3} + \dfrac{n^2}{n^3} + \dfrac{2\,n}{n^3} + \dfrac{1}{n^3}}{\dfrac{6\,n^3}{n^3}}$ Dividiendo entre máximo exponente

$= \lim\limits_{n\to\infty} \dfrac{2 + \dfrac{1}{n} + \dfrac{2}{n^2} + \dfrac{1}{n^3}}{6}$ Simplificando

$= \dfrac{2 + \dfrac{1}{\infty} + \dfrac{2}{\infty} + \dfrac{1}{\infty}}{6}$ Tomando el límite

$= \dfrac{2 + 0 + 0 + 0}{6}$ Realizando operaciones

$= \dfrac{2}{6}$

$= \dfrac{1}{3}$

29.- Dada y = f(x) = $3x^2 + 2x - 7$;

Encontrar $\lim\limits_{h\to 0} \dfrac{f(x+h) - f(x)}{h} = ?$

$= \lim\limits_{h\to 0} \dfrac{3(x+h)^2 + 2(x+h) - 7 - (3x^2 + 2x - 7)}{h}$ Sustituyendo en la función

$$= \lim_{h \to 0} \frac{3x^2 + 6xh + 3h^2 + 2x + 2h - 7 - 3x^2 - 2x + 7}{h}$$ Realizando los productos

$$= \lim_{h \to 0} \frac{6xh + 2h + 3h^2}{h}$$ Simplificando la expresión

$$= \lim_{h \to 0} \frac{h(6x + 2 + 3h)}{h}$$ Factorizando h

$$= \lim_{h \to 0} 6x + 2 + 3h$$ Simplificando h

$$= 6x + 2 + 3(0)$$ Tomando el limite para h = 0

$$= 6x + 2 + 0$$ Realizando operaciones

$$= 6x + 2$$

30.- $\lim\limits_{n \to 3} \dfrac{x^2 \left| x - 3 \right|}{x - 3} = ?$

$$= \frac{9 \left| 3 - 3 \right|}{3 - 3}$$

$$= \frac{9 \left| 0 \right|}{0}$$ Si x = 0 se obtiene indeterminación

$$= \frac{0}{0}$$

$$= \lim_{n \to 3} \frac{x^2 (x - 3)}{x - 3}$$ Para valor absoluto $\left| x \right| = x$

$$= \lim_{n \to 3} x^2$$ Se simplifica x – 3

$$= (3)^2$$ Se toma el limite para x = 3

$$= 9$$ Realizando operación

3.5.- EJERCICIOS PROPUESTOS.

Encontrar el valor del límite en los siguientes casos, comprobar el resultado que se proporciona.

1. $\lim\limits_{X\to 0}\left(1+\dfrac{1}{x}\right)=$ No existe

2. $\lim\limits_{X\to -1}\left(x^3-4x+1\right)=4$

3. $\lim\limits_{X\to 1}\dfrac{\sqrt{x}}{x^2+x-2}=$ No existe

4. $\lim\limits_{X\to -1}\dfrac{x^3+1}{x^2-1}=-\dfrac{3}{2}$

5. $\lim\limits_{X\to 0}\sqrt{\dfrac{10x}{2x+5}}=2$

6. $\lim\limits_{x\to 0}\dfrac{1}{h}\left(\dfrac{1}{x+h}-\dfrac{1}{x}\right)=-\dfrac{1}{x^2}$

7. $\lim\limits_{h\to 1}\dfrac{\sqrt{x}-1}{x-1}=\dfrac{1}{2}$

8. $\lim\limits_{x\to \infty}\dfrac{2-\dfrac{1}{x}}{x^2+1}=0$

9. $\lim\limits_{h\to \infty}\dfrac{8-\sqrt{x}}{1+4\sqrt{x}}=\dfrac{1}{4}$

10. $\lim\limits_{h\to \infty}\dfrac{2x+1}{\sqrt{3x^2+1}}=\dfrac{2}{3}$

11. $\lim\limits_{h\to \infty}\dfrac{|x-5|}{x-5}=1$

12. $\lim\limits_{x\to 3}(x^4-27x)=0$

13. $\lim\limits_{h\to 0}\dfrac{2(x+h)^3-2x^3}{h}=6x^2$

14. $\lim\limits_{\Delta x\to 0}\dfrac{(x+\Delta x)^2-x}{\Delta x}=2x$

15. Dada y = f(x)=$\sqrt{x}$; Hallar $\dfrac{f(4+h)-f(4)}{h}=\dfrac{1}{4}$

16. $\lim\limits_{x\to 1}\dfrac{1-x}{\sqrt{12-3x}-3}=2$

17. $\lim\limits_{x\to 4}\dfrac{\sqrt{x}-2}{\sqrt{7+\sqrt{x}}-3}=6$

18. $\lim\limits_{x\to 0}\dfrac{\sqrt{6+2x}-\sqrt{6+x^2}}{\sqrt{3+4x}-\sqrt{3-x^3}}=\dfrac{\sqrt{2}}{4}$

19. $\lim\limits_{x\to \infty}8\left(\dfrac{10+3^x}{20-3^x}\right)=-8$

20. $\lim\limits_{x\to 5}\dfrac{x^{100}-4x^{99}}{x-5}=$ No existe

21. $\lim\limits_{x\to 16} \dfrac{\sqrt{|x|}}{x} = \dfrac{1}{4}$

22. $\lim\limits_{x\to 5} \dfrac{3x^2 - 13x - 10}{2x^2 - 2x - 15} = \dfrac{17}{13}$

23. $\lim\limits_{x\to \frac{1}{2}} \dfrac{2x^2 + 5x - 3}{6x^2 - 7x + 2} = 7$

24. $\lim\limits_{x\to 2} \dfrac{x - 2}{x^3 - 8} = \dfrac{1}{12}$

25. $\lim\limits_{x\to 1}\left(\dfrac{x^2}{x - 1} - \dfrac{1}{x - 1} \right) = 2$

26. $\lim\limits_{h\to 0} \dfrac{4 - \sqrt{16 + h}}{h} = -\dfrac{1}{8}$

27. $\lim\limits_{x\to -4} (x + 3)^{1984} = 1$

28. $\lim\limits_{t\to 1} \dfrac{t^2 - 3t + 2}{t^2 - 1} = -\dfrac{1}{2}$

29. $\lim\limits_{x\to a} \dfrac{x^3 - a^3}{x^4 - a^4} = \dfrac{3}{4a}$

30. $\lim\limits_{t\to \infty} \dfrac{t^2 - 4t + 3}{2t^2 + 5t - 3} = \dfrac{1}{2}$

31. $\lim\limits_{x\to \infty} \dfrac{3x^3 + 5x^2 - 7}{10x^3 - 11x + 5} = \dfrac{3}{10}$

32. $\lim\limits_{x\to \infty} \dfrac{x^4}{x^4 - 7x^3 + 7x^2 + 9} = 1$

33. $\lim\limits_{x\to \infty}\left(2 - \dfrac{1}{x} + \dfrac{4}{x^2} \right) = 2$

34. $\lim\limits_{x\to 2} \dfrac{x^2 - 5x + 6}{x^2 - 12x + 20} = \dfrac{1}{8}$

35. $\lim\limits_{x\to 4} \dfrac{\sqrt{2x + 1} - 3}{\sqrt{x - 2} - \sqrt{2}} = \dfrac{2\sqrt{2}}{3}$

36. $\lim\limits_{x\to 0} \dfrac{\sqrt{x^2 + p^2} - p}{\sqrt{x^2 + q^2} - q} = \dfrac{q}{p}$

37. $\lim\limits_{x\to \infty} \dfrac{\sqrt{2x - 3}}{\sqrt[3]{x^3 + 1}} = 1$

38. $\lim\limits_{h\to 0} \dfrac{h^2 - h}{h^3 + 2h} = -\dfrac{1}{2}$

39. $\lim\limits_{x\to \infty} \dfrac{\sqrt{x^2 + a^2} - a}{\sqrt{x^2 + b^2} - b} = \dfrac{b}{a}$

40. $\lim\limits_{h\to \infty} \dfrac{3^x - 3^{-x}}{3^x + 3^{-x}} = 1$

3.6.-LÍMITES TRIGONOMÉTRICOS.

Trigonometría.- Rama de las matemáticas que estudia las relaciones entre los lados y los ángulos interiores de los triángulos. Etimológicamente significa 'medida de triángulos'.

Trigonometría plana

Se ocupa fundamentalmente de la resolución de triángulos planos. Para ello, se definen las razones trigonométricas de los ángulos agudos y se estudian las relaciones entre ellas.

Razones trigonométricas de ángulos agudos

La base de la trigonometría está en las razones trigonométricas, valores numéricos asociados a cada ángulo, que permiten relacionar operativamente los ángulos y lados de los triángulos. Las fundamentales; seno, coseno y tangente, cotangente, secante y cosecane que se definen a continuación.

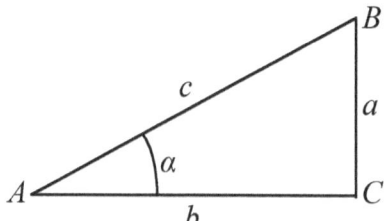

$$sen\alpha = \frac{a}{c}, \quad cos\alpha = \frac{b}{c}, \quad tan\alpha = \frac{a}{b}, \quad cot\alpha = \frac{b}{a}, \quad sec\alpha = \frac{c}{b} \quad y \quad csc\alpha = \frac{c}{a}$$

Pitagóricas. Son aquellas que se obtienen a través del teorema de pitagóras

$$sen^2\,\alpha + cos^2\,\alpha = 1 \quad tan^2\,\alpha + 1 = sec^2\,\alpha \quad cot^2\,\alpha + 1 = csc^2\,\alpha$$

Reciprocas.- Las cuales se pueden expresar una en función de la otra.

$$sen\alpha = \frac{1}{\csc \alpha}, \quad \cos\alpha = \frac{1}{\sec\alpha}, \quad \tan\alpha = \frac{1}{\cot\alpha}$$

$$\csc\alpha = \frac{1}{sen\alpha}, \quad \sec\alpha = \frac{1}{\cos\alpha}, \quad \cot\alpha = \frac{1}{\tan\alpha}$$

Solución de triángulos oblicuángulos.- A través de las siguientes leyes:

Ley de Senos.
$$\frac{a}{senA} = \frac{b}{sen\,B} = \frac{c}{senC}$$

Ley de cosenos.
$$c^2 = a^2 + b^2 - 2ab\cdot\cos C$$

Límites básicos

1.- $\lim\limits_{h\to 0} \dfrac{sen\,h}{h} = 1$

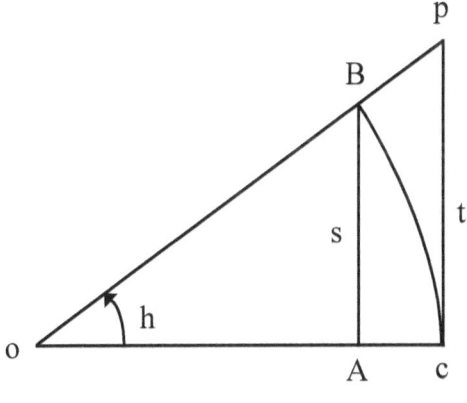

FIGURA 1

Demostración

$\overline{AB} < \overline{CB} < \overline{CD}$ Analizando la figura tenemos

$\overline{OB} = radio = 1$ Radio de la circunferencia

$$\frac{\overline{AB}}{\overline{OB}} < \frac{\overline{CB}}{\overline{OB}} < \frac{\overline{CD}}{\overline{OB}}$$

Formando las razones

sen h < h < tan h ...(1)

Sustituyendo la función trigonométrica

$$\text{sen } h < h < \frac{sen\ h}{cos\ h}$$

$\tan h = \dfrac{\text{sen } h}{\cos h}$ Identidad

$$\frac{sen\ h}{sen\ h} > \frac{sen\ h}{h} > \frac{sen\ h}{\dfrac{sen\ h}{\cos\ h}}$$

Multiplicando el reciproco por sen

$$1 > \frac{sen\ h}{h} > \cos\ h$$

Simplificando

$$1 > \frac{sen\ h}{h} > 1$$

$\dfrac{\cos\ h}{h \to 0} = \cos 0^0 = 1$

$$\lim_{h \to 0} \frac{sen\ h}{h} = 1$$

Por ambos extremos tiende a 1

$$\textbf{2.-} \lim_{h \to 0} \frac{1 - \cos\ h}{h} = 0$$

$$= \lim_{h \to 0} \left(\frac{1 - \cos\ h}{h} \right) \left(\frac{1 + \cos\ h}{1 + \cos\ h} \right)$$

Multiplicando por su conjugado

$$= \lim_{h \to 0} \frac{1 - \cos^2 h}{h\ (1 + \cos\ h)}$$

Realizando los productos indicados

$$= \lim_{h \to 0} \frac{sen^2 h}{h\ (1 + \cos\ h)}$$

Sustituyendo
$sen^2\ h = 1 - \cos^2 h$

$$= \lim_{h \to 0} \frac{sen\ h}{h} \ * \ \lim_{h \to 0} \frac{sen\ h}{1 + \cos\ h}$$
$sen^2\ h = sen\ h \bullet sen\ h$

$$= (1) \left(\frac{0}{1+1} \right)$$
Tomando el limite para h = 0

$$= 1 \left(\frac{0}{2} \right)$$
Realizando operaciones

$$= 1 (0)$$
$$= 0$$

3.7.- EJERCICIOS RESUELTOS

1. $\lim\limits_{x \to 0} \dfrac{2x}{sen\ 2x} = ?$

$= \lim\limits_{x \to 0} \dfrac{sen\ 2x}{2x}$ Considerando el reciproco

$= \lim\limits_{u \to 0} \dfrac{sen\ u}{u}$ Haciendo el cambio de variable

$= 1$ Tomando el límite
$$\dfrac{\lim}{u \to 0} \dfrac{sen\ u}{u} = 1$$

2. $\lim\limits_{h \to 0} \dfrac{sen\ 2x}{sen\ 6x} = ?$

$= \lim\limits_{h \to 0} \dfrac{\dfrac{sen\ 3x}{3x}}{\dfrac{sen\ 6x}{6x}}$ limite de un cociente y completando el limite

$= \dfrac{3}{6} \dfrac{\lim\limits_{u \to 0} \dfrac{sen\ u}{u}}{\lim\limits_{u \to 0} \dfrac{sen\ u}{u}}$ Sacando $\dfrac{3}{6}$ como factor común

$= \dfrac{3}{6}\left(\dfrac{1}{1}\right)$ Tomando el límite
$$\dfrac{\lim}{u \to 0} \dfrac{senu}{u} = 1$$

$= \dfrac{3}{6}$ Realizando operaciones

$= \dfrac{1}{2}$

3. $\lim\limits_{x \to 0} \dfrac{sen^2 x}{x^2} = ?$

$= \left[\lim\limits_{x \to 0} \left(\dfrac{sen\ x}{x} \right) \right]^2$ Expresando el cuadrado

$= \dfrac{\lim\limits_{u \to 0}\ sen\ u}{u}$ Haciendo cambio de variable

$= (1)^2$ Tomando el limite

$\dfrac{\lim\limits_{u \to 0}\ sen\ u}{u} = 1$

$= 1$ Realizando operaciones

4. $\lim\limits_{x \to 0} \dfrac{sen\ 2x}{x} = ?$

$= 2 \lim\limits_{x \to 0} \dfrac{sen\ 2x}{2x}$ Completando el límite

$= 2 \lim\limits_{x \to 0} \dfrac{sen\ u}{u}$ Haciendo cambio de variable

$= 2(1)$ Tomando el limite

$\dfrac{\lim\limits_{u \to 0}\ sen\ u}{u} = 1$

$= 2$ Realizando operaciones

5. $\lim\limits_{x \to 0} \dfrac{sen\ ax}{bx} = ?$

$= \dfrac{1}{b} \lim\limits_{x \to 0} \dfrac{sen\ ax}{x}$ Sacando $\dfrac{1}{b}$ del denominador

$$= \frac{a}{b} \lim_{x \to 0} \frac{sen\ ax}{ax}$$

Completando el límite

$$= \frac{a}{b} \lim_{u \to 0} \frac{sen\ u}{u}$$

Haciendo cambio de variable

$$= \frac{a}{b}(1)$$

Tomando el límite
$$\frac{\lim}{u \to 0} \frac{sen\ u}{u} = 1$$

$$= \frac{a}{b}$$

Realizando operaciones

6. $\lim_{h \to 0} \frac{\tan\ h}{sen\ h} = ?$

$$= \lim_{h \to 0} \frac{\frac{sen\ h}{cos\ h}}{sen\ h}$$

Sustituyendo $\tan\ h = \frac{sen\ h}{cos\ h}$

$$= \lim_{h \to 0} \frac{1}{cos\ h}$$

Simplificando sen h

$$= \frac{1}{1}$$

Para $h = 0$, $cos\ 0^{\ 0} = 1$

$$= 1$$

7. $\lim_{x \to 0} \frac{2\ sen\ x}{\tan\ 2x} = ?$

$$= \lim_{x \to 0} \frac{2\frac{sen\ x}{x}}{\frac{\tan\ 2x}{x}}$$

limite de un cociente y dividiendo
entre x numerador y denominador

$$= \frac{2 \lim\limits_{x \to 0} \dfrac{sen\, x}{x}}{2 \lim\limits_{x \to 0} \dfrac{\tan 2x}{2x}}$$

Completando el denominador

$$= \frac{2 \lim\limits_{u \to 0} \dfrac{sen\, u}{u}}{2 \lim\limits_{u \to 0} \dfrac{\tan u}{u}}$$

Haciendo cambio de variable

$$= \frac{2(1)}{2(1)}$$

Tomando el límite
$$\frac{\lim}{u \to 0} \frac{sen\, u}{u} = 1$$

$$= \frac{2}{2}$$

Realizando operaciones

$$= 1$$

8. $\lim\limits_{x \to 0} \dfrac{sen\, x^2}{x} = ?$

$$= \lim\limits_{x \to 0} \frac{sen\, x^2}{x^2} * \lim\limits_{x \to 0} x$$

Multiplicando numerador y
denominador por x

$$= \left(\lim\limits_{u \to 0} \frac{sen\, u}{u} \right) \left(\lim\limits_{x \to 0} x \right)$$

Haciendo cambio de variable

$$= (1)(0)$$

Tomando el límite
$$\frac{\lim}{u \to 0} \frac{sen\, u}{u} = 1$$

$$= 0$$

Realizando operaciones

9. $\lim\limits_{h\to 0} \dfrac{h}{\cos\ h} = ?$

$= \dfrac{\lim\limits_{h\to 0} h}{\lim\limits_{h\to 0}\ \cos\ h}$ Cociente de límites

$= \dfrac{0}{1}$ Tomando el límite

$= 0$ Realizando operaciones

3.8.- EJERCICIOS PROPUESTOS

Resolver y comprobar el resultado que se indica en cada caso

1. $\lim\limits_{X \to 0} \dfrac{2x}{sen3x} = \dfrac{2}{3}$

2. $\lim\limits_{h \to 0} \dfrac{\tanh}{2h} = \dfrac{1}{2}$

3. $\lim\limits_{y \to 0} \dfrac{y^2}{sen^2 3y} = \dfrac{1}{9}$

4. $\lim\limits_{x \to 0} \dfrac{1 - \cos 4x}{x} = 0$

5. $\lim\limits_{x \to 0} \dfrac{sen2x}{x} = 2$

6. $\lim\limits_{x \to 0} \dfrac{1}{\cos x} = 1$

7. $\lim\limits_{x \to 0} \dfrac{\tan x}{x + 1} = 0$

8. $\lim\limits_{x \to 0} \dfrac{sen^2 \dfrac{x}{3}}{x^2} = \dfrac{1}{9}$

9. $\lim\limits_{x \to 0} \dfrac{x}{\sqrt{1 - \cos x}} = \dfrac{2}{\sqrt{2}}$

10. $\lim\limits_{x \to 0} \dfrac{x^2 + 3x}{senx} = 3$

3.9.- CONTINUIDAD Y DISCONTINUIDAD

La continuidad de una función es cuando su gráfica es continua, es decir, que no sufre saltos, cortadoras, intercepciones, por lo tanto su movimiento es continuo, se debe trazar sin levantar el lápiz del papel.

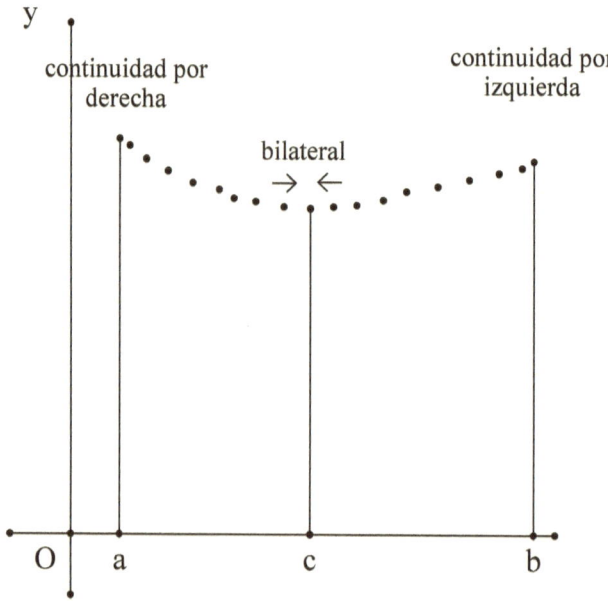

Criterios de continuidad

Se dice que una función es continua, en un intervalo, si cumple con las tres condiciones siguientes:

1. f(a) => Esta definida para x = a en un intervalo abierto dada f(a).

2. $\lim_{x \to a} f(x)$ Existe

3. $\lim_{x \to a} f(x) = f(a)$

Si cumple con las tres condiciones entonces la función es continua.

Continuidad y discontinuidad

Una función es discontinua, si no cumple las tres condiciones o una de ellas, en ocasiones se puede evitar la discontinuidad.

Dicha discontinuidad se logra a través de un proceso algebraico, generalmente factorizando y eliminando un factor y se dice la discontinuidad es evitable

Sea la función $y = f(x) = \dfrac{(2x+3)(x-1)}{x-1}$

Analizando el denominador se concluye que:

La función es continua para todos los valores excepto x = 1

La función tiene una discontinuidad evitable.

$y = f(x) = \dfrac{(2x+3)(x-1)}{x-1} = 2x+3$

x	-1	0	1	2	3
y	1	3	5	7	9

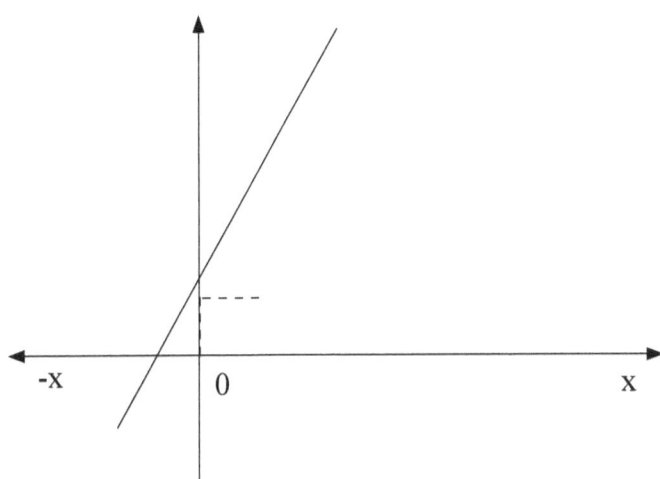

La función tiene un salto en (1,5).

3.10.- EJERCICIOS RESUELTOS

Demostrar que las funciones son continuas para los siguientes valores.

1. $y = f(x) = \sqrt{2x-5} + 3x$ Para x =4

Aplicando los criterios de continuidad tenemos.

a) $f(4) = \sqrt{2(4)-5} + 3(4)$ Sustituyendo x =4

$= \sqrt{8-5} + 12$ Realizando operaciones

$= \sqrt{3} + 12$ Si se cumple para x = 4

b) $\lim_{x \to 4} \sqrt{2x-5} + 3x = \sqrt{2(4)-5} + 3(4)$ Sustituyendo x =4

$= \sqrt{8-5} + 12$ Realizando operaciones

$= \sqrt{3} + 12$ Si existe el limite para x = 4

c) $\lim_{x \to 4} f(x) = f(4) \Rightarrow y = f(x)$ La función es continua para x =4

2. $y = f(x) = \dfrac{x}{x^2 - 4}$ Demostrar para x =3

1° $f(3) = \dfrac{3}{9-4}$ Sustituyendo x =3

$= \dfrac{3}{5}$ Realizando operaciones

2° $\lim_{x \to 3} \dfrac{x}{x^2 - 4}$ Para x =3

$= \dfrac{3}{9-4}$ Realizando operaciones

$= \dfrac{3}{5}$

$\Rightarrow \lim_{x \to 3} f(x) = f(3)$

La función es continua para
x =3

3. Sea $y = f(x) = \sqrt[3]{x^2 + 2}$

Demostrar que es continua
para x = - 5

$f(-5) = \sqrt[3]{(-5)^2 + 2}$

1° $= \sqrt[3]{25 + 2}$

Sustituyendo x = - 5

$= \sqrt[3]{27}$

$= 3$

$\lim_{x \to -5} \sqrt[3]{x^2 + 2}$

$= \sqrt[3]{(-5)^2 + 2}$

2° $= \sqrt[3]{25 + 2}$

Para x = - 5

$= \sqrt[3]{27}$

$= 3$

$\Rightarrow \lim_{x \to -5} f(x) = f(-5) \therefore$

La función es continua para
x = - 5

4. Sea $y = f(x) = \dfrac{4}{x - 1}$

Demostrar que es continua
para x = 1

1° $f(1) = \dfrac{4}{1 - 1}$

Para x = 1 no esta definida

$= \dfrac{4}{0}$ no existe

$2°$ $\lim\limits_{x \to 1} = \dfrac{4}{1-1}$

Para x = 1 el limite no existe

$= \dfrac{4}{0}$ no existe

$\Rightarrow \lim\limits_{x \to -1} f(x) = f(1)$

No existe => f(x) No es continua.

Discontinuidad evitable.

1. Sea $y = f(x) = \dfrac{x^2 - 16}{x - 4}$;

Para x = 4

$f(4) = \dfrac{16 - 16}{4 - 4}$

Para x = 4 existe Indeterminación

$= \dfrac{0}{0}$

$\therefore f(x) = \dfrac{(x-4)(x+4)}{x-4}$

Factorizando el numerador

$= (x+4) \;.......1$

Simplificando x - 4

$1°$ f(4)=4+4
=8

Para x = 4 existe en $f(x)$....1

$2°$ $\begin{array}{l}\lim\limits_{x \to 4} x + 4\\ = 4 + 4\\ = 8\end{array}$

Para x = 4 el limite existe

$\Rightarrow \lim\limits_{x \to 4} x + 4 = f(4)$

La función es continua para x = 4

2. Sea $y = f(x) = \dfrac{x^2 - 4}{x^2 - 5x + 6}$

Evitarla discontinuidad Para x =2

$= \dfrac{(x+2)(x-2)}{(x-2)(x-3)}$

Factorizacion de la fracción

$$= \frac{x+2}{x-3} \ldots \ldots 1$$

Simplificando x – 2

$$f(2) = \frac{2+2}{2-3}$$

$$1° = \frac{4}{-1}$$

Para x = 2 existe $f(x)$...1

$$= -4$$

$$\lim_{x \to 2} \frac{x+2}{x-3}$$

$$2° = \frac{2+2}{2-3}$$

Para x = 2 el limite existe

$$= \frac{4}{-1}$$

$$= -4$$

$$\Rightarrow \lim_{x \to 2} \frac{x+2}{x-3} = f(2)$$

f(x) es continua para x =2

3. Sea $y = f(x) = \dfrac{x^3 - 8}{x - 2}$

Evitar la discontinuidad Para x =2

$$= \frac{8-8}{2-2} = \frac{0}{0}$$

Para x = 2 existe indeterminación

$$= \frac{(x-2)(x^2 + 2x + 4)}{x - 2}$$

Factorizando el numerador

$$= x^2 + 2x + 4 \ldots 1$$

Simplificando x-2

$$1° \ f(2) = 4+4+4 = 12$$

Para x = 2 existe $f(x)$...1

$$\lim_{x \to 2}(x^2 + 2x + 4)$$

$2° = 4 + 4 + 4$ Para x = 2 el limite existe

$= 12$

$\Rightarrow \lim_{x \to 2}(x^2 + 2x + 4) = f(2)$ La función es continua para x =2

4. Sea $y = f(x) = \dfrac{x^3 + 4x^2 - 2x - 3}{x - 1}$ Evitar la discontinuidad Para x =1

$= \dfrac{1 + 4 - 2 - 3}{1 - 1}$

$= \dfrac{5 - 5}{1 - 1}$ Para x = 1 existe indeterminación

$= \dfrac{0}{0}$

$= \dfrac{(x - 1)(x^2 + 5x + 3)}{x - 1}$ Factorizando el numerador

$= x^2 + 5x + 3 \dots\dots 1$ Simplificando x – 1

$1°\ f(1) = 1 + 5 + 3 = 9$ Para x = 1 existe en $f(x)\dots 1$

$$\lim_{x \to 1}(x^2 + 5x + 3)$$

$2° = 1 + 5 + 3$ Para x = 1 el limite existe

$= 9$

$\Rightarrow \lim_{x \to 1}(x^2 + 5x + 3) = f(1)$ La función es continua para x = 1

5. Sea $y = f(x) = \dfrac{x^2 - 5x + 6}{x^2 - 7x + 12}$ Evitar la discontinuidad Para x = 3

$$= \frac{9-15+6}{9-21+12}$$

$$= \frac{15-15}{21-21}$$ Para x = 1 existe
indeterminación

$$= \frac{0}{0}$$

$$= \frac{(x-2)(x-3)}{(x-4)(x-3)}$$ Factorizando la fracción

$$= \frac{x-2}{x-4} \text{.......} 1$$ Simplificando x – 3

$$f(3) = \frac{3-2}{3-4}$$

$$1° \quad = \frac{1}{-1}$$ Para x = 3 existe $f(x)$...1

$$= -1$$

$$\lim_{x \to 3} \frac{x-2}{x-4}$$

$$= \frac{3-2}{3-4}$$

$$2° \qquad\qquad$$ Para x = 3 el limite existe

$$= \frac{1}{-1}$$

$$= -1$$

$$\Rightarrow \lim_{x \to 3} \left(\frac{x-2}{x-4} \right) = f(3)$$ La función es continua para
x = 3

Encontrar los valores para los cuales las funciones no son continuas y para cuales es discontinua.

1. Sea $y = f(x) = \dfrac{1}{x^2 - 4}$

a) Se encuentra las raíces del denominador.

b) $x^2-4=(x-2)(x+2)$ Factorizando el denominador

$(x-2)(x+2)=0$

$\therefore x = 2$ y $x = -2$

$\Rightarrow$ Qué para $x = \pm\ 2$ la función es discontinua.

Para $x = \pm\ 2$ la función es discontinua

Continua $\Re - \{\ 2, -2\ \}$

Discontinua ± 2

2. Sea $y = f(x) = \dfrac{x+1}{x^2 - 7x + 6}$

a) Se encuentra las raíces del denominador.

$x^2-7x+6=(x+1)(x-6)$ Factorizando el trinomio

$x-1= 0$ y $x-6=0$

$\therefore x = 1$ y $x = 6$ Raíces de la ecuación

Discontinua $[\,1,6\,]$ Para $x = (1,6)$ la función discontinua

Continua $\Re - \{1,6\}$ La función es continua

3. Sea $y = f(x) = \dfrac{x^2 - 16}{x - 4}$

a) Se encuentra las raíces del denominador.

$x - 4 = 0 \Rightarrow x = 4$ Solución de la ecuación

Continua $\Re - \{\, 4 \,\}$ La función es continua

Discontinua $x = 4$ La función es discontinua

3.11.- EJERCICIOS PROPUESTOS.

I. Encontrar si las funciones son continuas en los puntos dados.

1. $y = f(x) = x^5 - 1$ Para x =1 y x =2   si , si

2. $y = f(x) = \dfrac{2}{x}$ x =2 y x =0   si , no

3. $y = f(x) = \dfrac{x^4 + 5x^3 - 2x^2 + 6x}{2x}$ x =0 y x =2   no , si

II. Evitar la discontinuidad de las funciones dadas.

4. sea $y = f(x) = \dfrac{x^2 + 3x + 2}{x^2 + 4x + 3}$ Para   x = - 1

5. $y = f(x) = \dfrac{x - 2}{x^2 - 4}$ x =2

6. $y = f(x) = \dfrac{x^3 - a^3}{x^2 - a^2}$ x = a

7. $y = f(x) = \dfrac{x^3 - 27}{x^2 - 9}$ x =3

8. $y = f(x) = \dfrac{x^2 - 6x + 8}{x^2 - 3x - 4}$ x = 2 ?

III. Encontrar en cuales puntos existe discontinuidad.

9. $y = f(x) = 3x^2 + 5x - 1$ ninguna

10. $y = f(x) = \dfrac{3x + 2}{x^2 - 9}$ ± 3

11. $y = f(x) = \dfrac{x^2 + 7x + 6}{x^2 + 9x + 8}$ -1, - 8

12. $y = f(x) = \dfrac{7x - 9}{x^2 - 81}$ $\pm$ 9

13. $y = f(x) = \dfrac{5x^2 - 10x + 9}{x^3 - 1}$ 1

LA DERIVADA

4.1.- Interpretación geométrica

4.2.- Derivada de una función

4.3.- Regla de los cuatro pasos y cociente de Newton

4.4.- Deducción de formulas para obtener la derivada algebraicas

4.5.- Deducción de formulas de funciones trascendentes

4.6.- Resumen de formulas de derivación

4.1.- Interpretación geométrica.

Antecedentes.

1. pendiente de una recta. Sean los puntos coordenados $A(x_1, y_1)$, $B(x_2, y_2)$, encontrar la ecuación de la pendiente = m

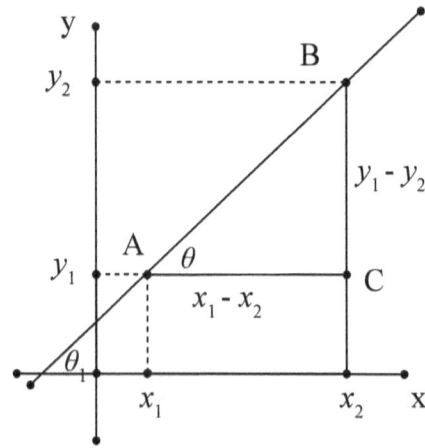

De acuerdo a la figura tenemos:

1ro.- El ángulo $\theta_1 = \theta$ son iguales por ser correspondientes entre paralelas.

2do.- La pendiente del ángulo θ es igual al cateto opuesto al ángulo entre el cateto adyacente., es decir:

$$\tan \theta = \frac{cateto\ opuesto}{cateto\ adyacente}$$

Como la pendiente m= a la tangente trigonométrica tenemos.

$$m_{\overline{AB}} = \frac{y_2 - y_1}{x_2 - x_1}$$

1. Pendiente de una curva. Cuando P tiende hacia Q, Q se mueve hacia P a lo lago de la curva

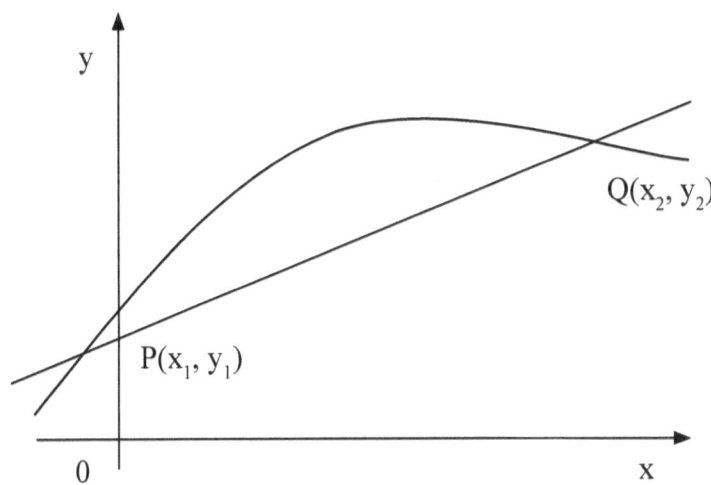

3. Incrementos.

Si x pasa de 2 a 20 el incremento es 18 Porqué 20-2=18

Si x pasa de 10 a 8 el decremento es –2 Porqué 8-10=-2

Para denotar el incremento se emplea Δ Delta

Δx Incremento en x $\Delta x = x_2 - x_1 \therefore x_2 = \Delta x + x_1$

Δy Incremento en y $\Delta y = y_2 - y_1 \therefore y_2 = \Delta y + y_1$

Incremento:

Es la diferencia obtenida de los valores cuando una variable pasa de un valor a otro.

Si el resultado es positivo incremento.

Si el resultado es negativo decremento.

4.2.- Derivada de una función.- Encontrar los incrementos

$\Delta x = x_2 - x_1$

Longitud de segmentos

$\Delta y = y_2 - y_1$

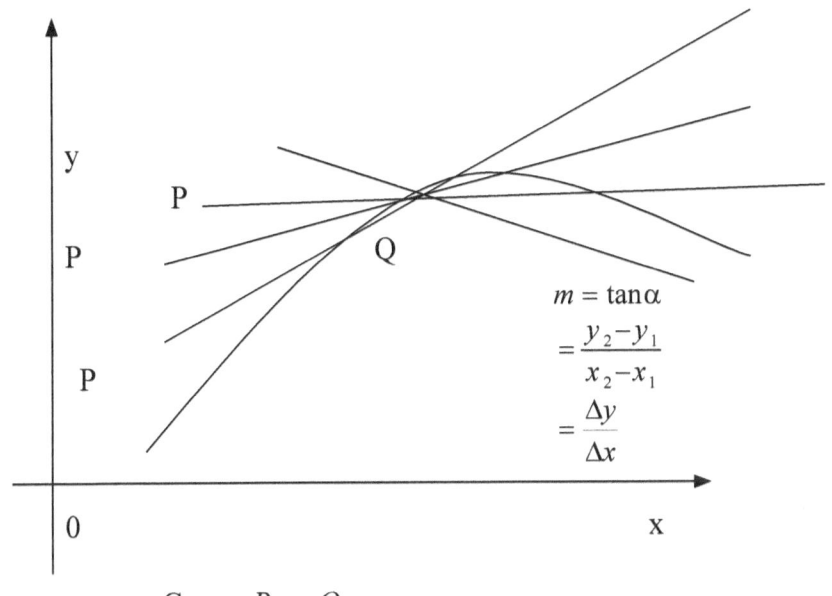

$$m = \tan \alpha$$
$$= \frac{y_2 - y_1}{x_2 - x_1}$$
$$= \frac{\Delta y}{\Delta x}$$

Como $P \rightarrow Q$

$\Delta x \rightarrow 0$ y $\Delta y \rightarrow 0$

$$\lim_{\Delta x \to 0} \frac{\Delta y}{\Delta x} = m = Derivada$$

Para encontrar la derivada se utiliza el siguiente proceso:
Conociendo como el binomio de Newton.

$$f(x) = \lim_{h \to o} \frac{f(x+h) - f(x)}{h}$$

LA DERIVADA:

Es el límite del incremento de $\dfrac{\Delta y}{\Delta x}$

Cuando $\Delta x \to 0$

Formas para denotar la derivada de una función:

y' ó $f'(x)$ = Lagrange.

Joseph Louis Lagrange (1736-1813), matemático y astrónomo francés nacido en Turín (Italia), Fue uno de los matemáticos más importantes del siglo XVIII; creó el cálculo de variaciones, sistematizó el campo de las ecuaciones diferenciales y trabajó en la teoría de números. Entre sus investigaciones en astronomía destacan los cálculos de la libración de la Luna y los movimientos de los planetas. Su obra más importante es Mecánica analítica (1788).

$Df(x)$ = Cauchy.

Augustin L. Cauchy. Fue uno de los analistas matemáticos del siglo XIX que basaron su visión del cálculo en cantidades finitas, estableciendo el concepto de límite

$\dfrac{\Delta y}{\Delta x}$ = Leibnitz.

Gottfried Wilhelm Leibniz Está considerado uno de los mayores intelectuales del siglo XVII. No en vano, su actividad abarcó ciencias y disciplinas tan dispares como las matemáticas (enumeró los principios fundamentales del cálculo infinitesimal).

:4.3.- Regla de los cuatro pasos.

a)   Regla de los cuatro pasos

I. Se incrementa la función.

II. A la función incrementada se le resta la inicial.

III. Se divide entre Δx

IV. Se toma el $\dfrac{\lim}{\Delta x \to 0} \dfrac{\Delta y}{\Delta x}$

Deducción de las formulas para obtener la derivada de funciones algebraicas y trascendentes, por medio de la regla de los cuatro pasos y el cociente de Newton.

Cociente de Newton. $f(x) = \lim\limits_{h \to o} \dfrac{f(x+h) - f(x)}{h}$

4.4.- Deducción de fórmulas para obtener la derivada

Funciones algebraica.

1.- Derivada de una constante.

Sea $y = f(x) = c$

I. $y + \Delta y = c$ Se incrementa la función

II. $y + \Delta y - y = c - c$ A la función incrementada se

     $\Delta y = 0$ resta la inicial

III. $\dfrac{\Delta y}{\Delta x} = \dfrac{0}{\Delta x} = 0$ Se divida entre Δx

VI. $\lim\limits_{\Delta x \to 0} \dfrac{\Delta y}{\Delta x} = 0$ Se toma límite cuando

                                      $\Delta x \to 0$

     $\dfrac{d}{dx}(c) = 0$

Sea $y = f(x) = k$

$f(x) = \lim\limits_{h \to o} \dfrac{f(x+h) - f(x)}{h}$ Cociente de Newton

$= \lim\limits_{h \to o} \dfrac{k-k}{h} = \lim\limits_{h \to o} \dfrac{0}{h} = \lim\limits_{h \to o} 0 = 0$ Como f(x +h) = k, tomando el límite cuando $h \to 0$

CONCLUSIÓN: La derivada de una constante es cero. $\dfrac{d}{dx}(c) = 0$

2.- Derivada de una variable con respecto a sí misma.

Sea y = f(x) = x

I. $y + \Delta y = x + \Delta x$ Se incrementa la función.

II. $y + \Delta y - y = x + \Delta x - x$ la función incrementada se

     $\Delta y = \Delta x$ resta la inicial

III. $\dfrac{\Delta y}{\Delta x} = \dfrac{\Delta x}{\Delta x} = 1$ Se divida entre Δx

VI. $\lim\limits_{\Delta x \to 0} \dfrac{\Delta y}{\Delta x} = 1$ Se forma cuando $\Delta x \to 0$

Sea y = f(x) = x

$f(x) = \lim\limits_{h \to o} \dfrac{f(x+h) - f(x)}{h}$ Cociente de Newton

$= \lim\limits_{h \to o}\left(\dfrac{x+h-x}{h} \right)$ x = x + h

$= \lim\limits_{h \to o}\left(\dfrac{h}{h} \right) = \lim\limits_{h \to o} 1$ Simplificando x y h

$= \lim\limits_{h \to o} 1 = 1$ límite cuando $h \to 0$

$\dfrac{d}{dx} x = 1$

CONCLUSIÓN: La derivada de una variable con respecto a sí misma es igual a la unidad

$\dfrac{d}{dx} x = 1$

3.- Derivada de una suma de variables

Sea y =f(x) = u + v - w

I. $y + \Delta y = (u + \Delta u) + (v + \Delta v) - (w + \Delta w)$

Se incrementa la función.

II. $y + \Delta y - y = u + \Delta u + v + \Delta v - w + \Delta w - u - v - w$

A la función incrementada se

$\Delta y = \Delta u + \Delta v - \Delta w$ resta la inicial

III. $\dfrac{\Delta y}{\Delta x} = \dfrac{\Delta u}{\Delta x} + \dfrac{\Delta v}{\Delta x} - \dfrac{\Delta w}{\Delta x}$ Se divida entre Δx

IV. $\lim\limits_{\Delta x \to 0} \dfrac{\Delta y}{\Delta x} = \lim\limits_{\Delta x \to 0} \dfrac{\Delta u}{\Delta x} + \lim\limits_{\Delta x \to 0} \dfrac{\Delta v}{\Delta x} - \lim\limits_{\Delta x \to 0} \dfrac{\Delta w}{\Delta x}$ Se toma el límite $\Delta x \to 0$

Sea y = f(x) + g(x)

$f(x) = \lim\limits_{h \to o} \dfrac{f(x+h) - f(x)}{h}$ Cociente de Newton

$= \lim\limits_{h \to o} \dfrac{\left[f(x+h) + g(x+h)\right] - \left[f(x) + g(x)\right]}{h}$ Sustituyendo f(x) y g(x)

$= \lim\limits_{h \to o} \dfrac{\left[f(x+h) - f(x)\right] + \left[f(x)g(x+h) - g(x)\right]}{h}$

Prop. Asociativa: se pueden asociar los sumando s en formas diferentes separando los sumandos.

$$= \lim_{h \to o} \frac{f(x+h)-f(x)}{h} + \lim_{h \to o} \frac{g(x+h)-g(x)}{h}$$ Separando los sumandos.

$$\frac{d\,(u+v-w)}{dx} = \frac{du}{dx} + \frac{dv}{dx} - \frac{dw}{dx}$$

CONCLUSIÓN: La derivada de una suma de funciones es igual, a la suma de las derivadas de las funciones

$$\frac{d\,(u+v-w)}{dx} = \frac{du}{dx} + \frac{dv}{dx} - \frac{dw}{dx}$$

4.- Derivada de un producto

Sea y = f(x) = u • v

I. $y + \Delta y = (u + \Delta u) * (v + \Delta v)$ Se incrementa la función.

II. $y + \Delta y - y = uv + u\Delta v + v\Delta u + \Delta u * \Delta v - uv$

A la función incrementada se

$\Delta y = u\Delta v + v\Delta u + \Delta u * \Delta v$ resta la inicial

III. $\dfrac{\Delta y}{\Delta x} = u\dfrac{\Delta v}{\Delta x} + v\dfrac{\Delta u}{\Delta x} + \dfrac{\Delta u * \Delta v}{\Delta x}$ Se divida entre Δx

IV. $\lim\limits_{\Delta x \to 0} \dfrac{\Delta y}{\Delta x} = u\dfrac{\Delta v}{\Delta x} + v\dfrac{\Delta u}{\Delta x}$ Se forma cuando $\Delta x \to 0$

$\dfrac{d}{dx}(uv) = u\dfrac{dv}{dx} + v\dfrac{du}{dx}$

Sea G(x)=(f(x))(g(x))

$G(x) = \lim\limits_{h \to o} \dfrac{f(x+h) - f(x)}{h}$ Cociente de Newton

$= \lim\limits_{h \to o} \dfrac{f(x+h)g(x+h) - f(x)g(x)}{h}$ Sustituyendo f(x) y g(x)

$= \lim\limits_{h \to o} \dfrac{f(x+h)g(x+h) - f(x+h)g(x) + f(x+h)g(x) - f(x)g(x)}{h}$

Desarrollando el producto

$= \lim\limits_{h \to o} \left[\dfrac{f(x+h)g(x+h) + g(x)f(x+h) - f(x)}{h} \right]$

Prop. Asociativa Separando los sumandos.

$$= \lim_{h\to 0}\frac{f(x+h)}{h} * \lim_{h\to 0}\frac{g(x+h)-g(x)}{h} + \lim_{h\to 0}g(x) * \lim_{h\to 0}\frac{f(x+h)-g(x)}{h}$$

Aplicando el límite de Newton.

$$=f(x) \bullet g'(x) + g(x) \bullet f'(x)$$

CONCLUSIÓN: La derivada de un producto de funciones es iguala la primera por la derivada de la segunda, más la segunda por la derivada de la primera.

$$\frac{d}{dx}(uv) = u\frac{dv}{dx} + v\frac{du}{dx}$$

5.- Derivada de una constante por una variable.

Sea y = f(x)= c v

I. $y + \Delta y = c(v + \Delta v) = cv + \Delta v * c$ Se incrementa la función.

II. $y + \Delta y - y = cv + c\Delta v - cv$ A la función incrementada se

   $\Delta y = c\Delta v$ resta la inicial

III. $\dfrac{\Delta y}{\Delta x} = c\dfrac{\Delta v}{\Delta x}$ Se divida entre Δx

IV. $\lim\limits_{\Delta x \to 0}\dfrac{\Delta y}{\Delta x} = c\lim\limits_{\Delta x \to 0}\dfrac{\Delta v}{\Delta x}$ Se forma cuando $\Delta x \to 0$

$\dfrac{d}{dx}(cv) = c\dfrac{dv}{dx}$

Sea y = f(x)=c v

$f(x) = \lim\limits_{h \to o}\dfrac{f(x+h) - f(x)}{h}$ Cociente de Newton

$= \lim\limits_{h \to o}\dfrac{[c]g(x+h) - g(x)}{h}$ Sustituyendo f(x) y g(x)

$= \lim\limits_{h \to o}[c]\left[\dfrac{g(x+h) - g(x)}{h}\right]$ Realizando el producto

$= \lim\limits_{h \to o}[c]\left[\lim\limits_{h \to o}\dfrac{g(x+h) - g(x)}{h}\right]$ Limite de un producto

$= (c) \ g'(x)$ *Aplicando* el limite de una
constante y el cociente de Newton

CONCLUSIÓN: La derivada de una constante por una variable es igual a la constante por la derivada de la variable.

$$\frac{d}{dx}(cv) = c\frac{dv}{dx}$$

6.- Derivada de una potencia.

Sea y = f(x) = x^n

I. $y + \Delta y = (x + \Delta x)^n = x^n + (x^{n-1}\Delta x + \dfrac{n(x^{n-1})}{2!}x^{n-2}(\Delta x)^2 + ... + x^n$

                                     Se incrementa la función.

II. $y + \Delta y - y = x^n + nx^{n-1}\Delta x + \dfrac{n(x^{n-1})}{2!}n^{n-2}(\Delta x)^2 + ... + x^n$

                                     A la función incrementada se

     $\Delta y = x^{n-1}\Delta x + n(x^{n-1})x^{n-2}(\Delta x^2 + ...$ resta la inicial

III.- $\dfrac{\Delta y}{\Delta x} = \left(\dfrac{1}{\Delta x}\right)x^{n-1}\Delta x + \left(\dfrac{n(x^{n-1})x^{n-2}.}{2(\Delta x)}\right)..$ Dividiendo entre Δx

     $= x^{n-1} + \dfrac{n(n-1)x^{n-2}.}{2}..$

IV. $\lim\limits_{\Delta x \to 0} \dfrac{\Delta y}{\Delta x} = nx^{n-1}$ Tomando el límite cuando

                                         $\Delta x \to 0$

     $\dfrac{d}{dx}(n^n) = n\,x^{\,n-1}$

Sea f(x) = x^n

$G(x) = \lim\limits_{h \to o} \dfrac{f(x+h) - f(x)}{h}$ Cociente de Newton

$= \lim\limits_{h \to o} \dfrac{f(x+h)^n - f(x)^n}{h}$ Sustituyendo x = x + h

$= \lim\limits_{h \to o} \left(\dfrac{x^n nx^{n-1}h + \dfrac{n(n-1)x^{n-2}}{2} + ... - x^n}{h} \right)$ Desarrollando el binomio

$$= \lim_{h \to o} \left(\frac{x^n n x^{n-1} h + \dfrac{n(n-1)x^{n-2}}{2} h^2 + \ldots}{h} \right)$$ Simplificando x^n

$$= \lim_{h \to o} \left(\frac{n x^{n-1} + n(n-1)x^{n-2}}{2} h + \ldots \right)$$ Simplificando h

$$= n x^{n-1}$$ Tomando el límite $h \to 0$

CONCLUSIÓN: La derivada de una potencia, es igual al exponente por la base a la n menos uno.

$$\frac{d}{dx}(n^n) = nx^{n-1}$$

7.- Derivada de un cociente.

Sea y = f(x) = $\dfrac{u}{v}$

I. $y + \Delta y = (x + \Delta x)^n = \dfrac{v + \Delta u}{u + \Delta v}$ Incrementa función y variable.

II. $y + \Delta y - y = \dfrac{u + \Delta u}{v + \Delta v} - \dfrac{u}{v} = \dfrac{uv + v\Delta u - uv - u\Delta v}{u(v + \Delta v)}$

La incrementada restar la inicial.

$\Delta y = \dfrac{v\Delta u - u\Delta v}{u(v + \Delta v)}$ Realizando las operaciones

III. $\lim\limits_{\Delta x \to 0} \dfrac{\Delta y}{\Delta x} = \dfrac{v\dfrac{\Delta v}{\Delta x} - u\dfrac{\Delta y}{\Delta x}}{v(v + \Delta v)}$ Dividiendo entre Δx

IV. $\lim\limits_{\Delta x \to 0} \dfrac{\Delta y}{\Delta x} = \dfrac{v\dfrac{\Delta v}{\Delta x} - u\dfrac{\Delta y}{\Delta x}}{v^2}$ Tomando el límite $\Delta x \to 0$

$\dfrac{d}{dx}\left(\dfrac{u}{v}\right) = \dfrac{v\dfrac{du}{dx} - u\dfrac{dv}{dx}}{v^2}$

Sea G(x)= $\dfrac{f(x)}{g(x)}$ **con g(x)** $\neq 0$

$G(x) = \lim\limits_{h \to o} \dfrac{f(x + h) - f(x)}{h}$ Cociente de Newton

$= \lim\limits_{h \to o} \dfrac{\dfrac{f(x + h)}{g(x + h)} + \dfrac{f(x)}{g(x)}}{h}$ Sustituyendo en el cociente.

$$= \lim_{h \to o} \frac{g(x)f(x+h) - f(x)g(x+h)}{h[g(x+h)g(x)]}$$ Efectuando operaciones

$$= \lim_{h \to o} \frac{g(x)\dfrac{f(x+h) - f(x)}{h} - f(x)\dfrac{g(x+h) - g(x)}{h}}{g(x+h)g(x)}$$

Dividiendo entre h

$$= \frac{g(x)f(x) - f(x)g(x)}{[g(x)]^2}$$ Tomando el límite $h \to 0$

CONCLUSIÓN: La derivada de un cociente es igual al denominador al cuadrado, al denominador por la derivada del numerador menos el numerador por la derivada del denominador.

$$\frac{d}{dx}\left(\frac{u}{v}\right) = \frac{v\dfrac{du}{dx} - u\dfrac{dv}{dx}}{v^2}$$

8.- Derivada de un radical.

Sea y = f(x) = $\sqrt{x}$

I. $y + \triangle y = \sqrt{x + \triangle x}$ Incrementa función y variable

II. $y + \triangle y - y = \sqrt{x + \triangle x} - \sqrt{x}$ A incrementada se resta inicial.

$$\triangle y = \left(\sqrt{x + \triangle x} - \sqrt{x}\right)$$

$$\triangle y = \left(\sqrt{x + \triangle x} - \sqrt{x}\right)\left(\frac{\sqrt{x + \triangle x} + \sqrt{x}}{\sqrt{x + \triangle x} + \sqrt{x}}\right)$$ Multiplicando por su conjugado

$$= \frac{x + \triangle x - x}{\sqrt{x + \triangle x} + \sqrt{x}}$$ Realizando producto.

$$= \frac{\triangle x}{\sqrt{x + \triangle x} + \sqrt{x}}$$

$$= \frac{\triangle x}{\sqrt{x + \triangle x} + \sqrt{x}}$$ Eliminando $\triangle x$

III. $\dfrac{\triangle y}{\triangle x} = \dfrac{\triangle x}{\triangle x(\sqrt{x \triangle x} + \sqrt{x})}$ Dividiendo ente $\triangle x$

IV. $\lim\limits_{\triangle x \to 0} \dfrac{\triangle y}{\triangle x} = \dfrac{1}{\sqrt{x} + \sqrt{x}} = \dfrac{1}{2\sqrt{x}}$ Tomando el límite $\triangle x \to 0$

$$\frac{d}{dx}\left(\sqrt{x}\right) = \frac{dx}{2\sqrt{x}}$$

Sea y = f(x) = $\sqrt{x}$

$$f'(x) = \lim\limits_{h \to 0} \frac{f(x+h) - f(x)}{h}$$ Cociente de Newton

$$= \lim\limits_{h \to 0} \frac{\sqrt{x+h} - \sqrt{x}}{h}$$ Sustituyendo x = $\sqrt{x+h}$

$$= \lim_{h \to 0} \frac{\sqrt{x+h} - \sqrt{x}}{h} \cdot \frac{\sqrt{x+h} + \sqrt{x}}{\sqrt{x+h} + \sqrt{x}}$$

Multiplicando por su conjugado

$$= \lim_{h \to 0} \frac{x+h-x}{h\sqrt{x+h} + \sqrt{x}}$$

Realizando el producto indicado

$$= \lim_{h \to 0} \frac{h}{h\sqrt{x+h} + \sqrt{x}}$$

Simplificando x

$$= \lim_{h \to 0} \frac{1}{\sqrt{x+h} + \sqrt{x}}$$

Simplificando h

$$= \frac{1}{2\sqrt{x}}$$

Tomando el límite $h \to 0$

CONCLUSIÓN: La derivada de un radical (raíz cuadrada)es igual a la derivada de la cantidad subradical entre el doble de la raíz cuadrada.

$$\frac{d}{dx}\left(\sqrt{x}\right) = \frac{dx}{2\sqrt{x}}$$

4.5.- Derivadas de formulas de funciones trascendentes

9.- Derivada de la función seno.

Sea y = f(x) = sen x

$$f'(x) = \lim_{h \to o} \frac{f(x+h) - f(x)}{h}$$ Cociente de Newton

$$= \lim_{h \to o} \frac{sen(x+h) - senx}{h}$$ Sustituyendo x = x + h

$$= \lim_{h \to o} \frac{sen\, x \cos\ h + \cos x sen\ h - sen\ h}{h}$$ Identidad sen(a + b)

$$= \lim_{h \to o} \frac{sen\, x(\cos\ h - 1) + \cos x sen\ h}{h}$$ Factorizando sen x

$$= \lim_{h \to o} \frac{sen\, x(\cos\ h - 1)}{h} + \lim_{h \to o} \cos x \frac{sen\ h}{h}$$ Límite de una suma

$$= 0 + \cos(x)(1)$$ $$\frac{\cos h - 1}{h} = 0 \ \text{y} \ \frac{senh}{h} = 0$$

$$= 0 + \cos x = \cos x$$ Realizando operaciones

$$\frac{d}{dx}\left(sen\ x\right) = \cos x$$

CONCLUSIÓN: La derivada de la función seno, es igual al coseno.

$$\frac{d}{dx}\left(sen\ x\right) = \cos x$$

10.- Derivada de la función coseno.

Sea $y = f(x) = \cos x$

$$f'(x) = \lim_{h \to o} \frac{f(x+h) - f(x)}{h}$$ Cociente de Newton

$$= \lim_{h \to o} \frac{\cos(x+h) - \cos x}{h}$$ Sustituyendo x = x + h

$$= \lim_{h \to o} \frac{\cos x \cos\ h - sen\ x\ sen\ h - \cos x}{h}$$ Identidad cos (x + y)

$$= \lim_{h \to o} \frac{\cos x(\cos\ h - 1) - sen\ x\ sen\ h}{h}$$ Factorizando cos x

$$= \lim_{h \to o} \cos x \frac{(\cos\ h - 1)}{h} - \lim_{h \to o} sen\ x \frac{sen\ h}{h}$$ Límite de una suma

$$= \cos(0) - sen\ x\ (1)$$ $\dfrac{\cosh - 1}{h} = 0$ y $\dfrac{sen\ h}{h} = 0$

$$= 0 - sen\ x$$ Realizando operaciones

$$\frac{d}{dx}\left(\cos x\right) = -sen\ x$$

CONCLUSIÓN: La derivada de la función coseno, es igual a menos sen x.

$$\frac{d}{dx}\left(\cos x\right) = -sen\ x$$

11. Derivada de la tangente.

Sea y = f(x) $= \tan x = \dfrac{sen\, x}{\cos x}$

$\tan x = \dfrac{sen\, x}{\cos x}$ Identidad $\tan x = \dfrac{sen\, x}{\cos x}$

$y' = \dfrac{\cos x\left(\dfrac{d}{dx}sen\, x\right) - sen\, x\left(\dfrac{d}{dx}\cos x\right)}{(\cos x)^2}$ Derivada de un cociente

$= \lim\limits_{h\to o} \dfrac{\cos x(\cos x) - sen\, x(-sen\, x)}{\cos^2 x}$ Derivada de seno y coseno

$= \lim\limits_{h\to o} \dfrac{sen^2 x + \cos^2 x}{\cos^2 x}$ Realizando operaciones

$= \lim\limits_{h\to o} \dfrac{1}{\cos^2 x}$ Como $sen^2 x + \cos^2 x = 1$

$\dfrac{d}{dx}(\tan x) = \sec^2 x$ Identidad $\dfrac{1}{\cos} = \sec x$

CONCLUSIÓN: La derivada de la tangente es igual a la secante cuadrada.

$\dfrac{d}{dx}(\tan x) = \sec^2 x$

12. Derivada de la cotangente.

Sea $y = f(x) = \cot x$

$$\cot x = \frac{\cos x}{sen x}$$
Identidad $\cot x = \dfrac{\cos x}{sen x}$

$$y' = \frac{sen\, x\left(\dfrac{d}{dx}\cos x\right) - \cos x\left(\dfrac{d}{dx}sen\, x\right)}{(sen\, x)^2}$$
Derivada de un cociente

$$= \frac{sen\, x(-sen\, x) - \cos x(\cos x)}{sen^2 x}$$
Derivada seno y coseno

$$= \frac{-sen^2 x - \cos^2 x}{sen^2 x}$$
Efectuando operaciones

$$= \frac{-(sen^2 x + \cos^2 x)}{sen^2 x}$$
Sacando el signo menos

$$= -\frac{1}{sen^2 x}$$
Identidad $sen^2 x + \cos^2 x = 1$

$$\frac{d}{dx}(\cot x) = -\csc^2 x$$
Identidad $\dfrac{1}{sen\, x} = \csc x$

CONCLUSIÓN: La derivada de la cotangente es igual a menos la secante cuadrada.

$$\frac{d}{dx}(\cot x) = -\csc^2 x$$

13. Derivada de la secante.

Sea $y = f(x) = \sec x$

$$\sec x = \frac{1}{\cos x}$$

Identidad $\sec x = \dfrac{1}{\cos x}$

$$y' = \frac{\cos x \dfrac{d}{dx}(1) - \dfrac{d}{dx}(\cos x)}{(\cos x)^2}$$

Derivada de un cociente

$$= \frac{\cos x(0) - (1)(-senx)}{\cos^2 x}$$

Derivada constante y coseno

$$= \frac{0 + senx}{\cos^2 x} = \frac{senx}{\cos^2 x}$$

Efectuando operaciones

$$= \frac{senx}{\cos x} * \frac{1}{\cos x}$$

$\cos^2 x = \cos x * \cos x$

$$\frac{d}{dx}(\sec x) = \tan x * \sec x$$

$\dfrac{senx}{\cos x} = \tan x \quad \dfrac{1}{\cos x} = \sec x$

CONCLUSIÓN: La derivada de la secante es igual a la tangente por la secante.

$$\frac{d}{dx}(\sec x) = \tan x * \sec x$$

14. Derivada de la cosecante.

Sea $y = f(x) = \csc x$

$$\csc x = \frac{1}{senx}$$

Identidad $\csc x = \dfrac{1}{senx}$

$$y' = \frac{sex \dfrac{d}{dx}(1) - \left(\dfrac{d}{dx}senx\right)}{(senx)^2}$$

Derivada de un cociente

$$= \frac{senx(0) - (1)(\cos x)}{sen^2x}$$

Derivada constante y seno

$$= \frac{0 - \cos x}{sen^2x} = -\frac{\cos x}{sen^2x}$$

Efectuando operaciones

$$= -\frac{\cos x}{senx} * \frac{1}{senx}$$

$sen^2x = sen\ x * senx$

$$\frac{d}{dx}(\csc x) = -\cot x * \csc x$$

$\dfrac{\cos x}{senx} = \cot x \quad \dfrac{1}{senx} = \csc x$

CONCLUSIÓN: La derivada de la cosecante es igual a menos la cotangente por la cosecante.

$$\frac{d}{dx}(\csc x) = -\cot x * \csc x$$

DERIVADA DE LAS FUNCIONES INVERSAS.

15. Derivada de la función inversa del seno.

Sea y = arc sen u

Sen y = u   y = arc sen u => u = sen y

$$\frac{d}{dx}(seny) = \frac{d}{dx}(u)$$ Obteniendo la derivada.

$$\cos y * \frac{dy}{dx} = \frac{d(u)}{dx}$$

$$\frac{dy}{dx} = \frac{\dfrac{d(u)}{dx}}{\cos y}$$ Despejando $\dfrac{dy}{dx}$

$$\frac{dy}{dx} = \frac{\dfrac{d(u)}{dx}}{\sqrt{1 - sen^2 y}}$$ $\cos y = \sqrt{1 - sen^2 y}$

$$\frac{d}{dx}(arcsenu) = \frac{\dfrac{du}{dx}}{\sqrt{1 - u^2}}$$ Sen y = u

CONCLUSIÓN: La derivada de la función arco seno, es igual a la derivada de esa función, entre la raíz cuadrada de uno menos la función al cuadrado.

$$\frac{d}{dx}(arcsenu) = \frac{\dfrac{du}{dx}}{\sqrt{1 - u^2}}$$

16. Derivada de la función inversa del coseno.

y = arc cos u   **u = f(x) u = función de x**

$\cos y = u$ $y = \text{arc cos } u \Rightarrow u = \cos y$

$$\frac{d}{dx}(\cos y) = \frac{du}{dx}$$

$$-seny * \frac{dy}{dx} = \frac{du}{dx}$$ Derivando ambos miembros

$$\frac{dy}{dx} = -\frac{\dfrac{d(u)}{dx}}{seny}$$ Despejando $\dfrac{dy}{dx}$

$$\frac{dy}{dx} = -\frac{\dfrac{d(u)}{dx}}{\sqrt{1-\cos^2 y}}$$ $seny = \sqrt{1-\cos^2 y}$

$$\frac{d}{dx}(\text{arccos} u) = -\frac{\dfrac{du}{dx}}{\sqrt{1-u^2}}$$ $u = \cos y$

CONCLUSIÓN: La derivada de la función arco coseno, es igual a menos la derivada de esa función, entre la raíz cuadrada de uno menos la función al cuadrado

$$\frac{d}{dx}(\text{arccos} u) = -\frac{\dfrac{du}{dx}}{\sqrt{1-u^2}}$$

17. Derivada de la función inversa de la tangente.

y = arc tan u

$\tan y = u$ $\qquad\qquad\qquad\qquad$ $u = f(x)$

$$\frac{d}{dx}(\tan y) = \frac{du}{dx}$$

$$\sec^2 y * \frac{dy}{dx} = \frac{du}{dx}$$ $\qquad$ Derivando ambos miembros

$$\frac{dy}{dx} = \frac{\dfrac{d(u)}{dx}}{\sec^2 y}$$ $\qquad$ Despejando $\dfrac{dy}{dx}$

$$\frac{dy}{dx} = \frac{\dfrac{d(u)}{dx}}{1 + \tan^2 y}$$ $\qquad$ $\sec^2 y = 1 + \tan^2 y$

$$\frac{d}{dx}\left(\arctan u\right) = \frac{\dfrac{du}{dx}}{1 + u^2}$$ $\qquad$ $u = \tan y$

CONCLUSIÓN: La derivada de función arco tangente, es igual a la derivada de esa función, entre uno mas la función al cuadrado

$$\frac{d}{dx}\left(\arctan u\right) = \frac{\dfrac{du}{dx}}{1 + u^2}$$

18. Derivada de la función inversa de la cotangente.

y = arc cot u

cot y = u   u = f(x)

$$\frac{d}{dx}(\cot y) = \frac{du}{dx}$$

$$-\csc^2 y * \frac{dy}{dx} = \frac{du}{dx}$$ Derivando ambos miembros

$$\frac{dy}{dx} = -\frac{\dfrac{d(u)}{dx}}{\csc^2 y}$$ Despejando $\dfrac{dy}{dx}$

$$\frac{dy}{dx} = -\frac{\dfrac{d(u)}{dx}}{1 + \cot^2 y}$$ $\csc^2 y = 1 + \cot^2 y$

$$\frac{d}{dx}(arc \cot u) = -\frac{\dfrac{du}{dx}}{1 + u^2}$$ u = cot y

CONCLUSIÓN: La derivada de la función arco cotangente, es igual a menos la derivada de la función, entre uno más la función al cuadrado.

$$\frac{d}{dx}(arc \cot u) = -\frac{\dfrac{du}{dx}}{1 + u^2}$$

19. Derivada de la función inversa de la secante.

y = arc sec u

$\sec y = u$ $u = f(x)$

$$\frac{d}{dx}(\sec y) = \frac{du}{dx}$$

$$\sec y \tan y * \frac{dy}{dx} = \frac{du}{dx}$$ Derivando ambos miembros

$$\frac{dy}{dx} = \frac{\dfrac{d(u)}{dx}}{\sec y \tan y}$$ Despejando $\dfrac{dy}{dx}$

$$\frac{d}{dx}(arc\sec u) = \frac{\dfrac{du}{dx}}{u\sqrt{u^2 - 1}}$$ $u = \sec y \ \tan y = \sqrt{\sec^2 y - 1}$

CONCLUSIÓN: La derivada la función arco secante, es igual a la derivada de la función, entre la función multiplicada por la raíz cuadrada de la función menos uno.

$$\frac{d}{dx}(arc\sec u) = \frac{\dfrac{du}{dx}}{u\sqrt{u^2 - 1}}$$

20. Derivada de la función inversa de la cosecante.

y = arc csc u

$\csc y = u$ $\qquad\qquad\qquad\qquad$ $u = f(x)$

$\dfrac{d}{dx}(\csc y) = \dfrac{du}{dx}$

$-\csc y \cot y * \dfrac{dy}{dx} = \dfrac{du}{dx}$ $\qquad\qquad$ Derivando ambos miembros

$\dfrac{dy}{dx} = -\dfrac{\dfrac{d(u)}{dx}}{\csc y \cot y}$ $\qquad\qquad$ Despejando $\dfrac{dy}{dx}$

$\dfrac{d}{dx}(arc\, \csc u) = -\dfrac{\dfrac{du}{dx}}{u\sqrt{u^2 - 1}}$ $\qquad\qquad$ $u = \sec y \;\; \cot y = \sqrt{\csc^2 y - 1}$

CONCLUSIÓN: La derivada la función cosecante, es igual a menos la derivada de la función, entre la función multiplicada por la raíz cuadrada de la función menos uno

$$\dfrac{d}{dx}(arc\, \csc u) = -\dfrac{\dfrac{du}{dx}}{u\sqrt{u^2 - 1}}$$

DERIVADA DE FUNCIONES LOGARÍTMICAS.

21. Derivada de un logaritmo vulgar.

y = f(x)= log u   Recordemos que
$$\log_a u = \log u$$

I. $y + \Delta y = \log(u + \Delta u)$ Se incrementa la función

II. $y + \Delta y - y = \log(u + \Delta u) - \log u$ A la función incrementada se
resta la inicial

$$\Delta y = \log\left(\frac{u + \Delta u}{u}\right)$$ $\log(\Delta / B) = \log A - \log B$

$$= \left(\frac{u + \Delta u}{u}\right)\left(\frac{\Delta u}{u} * \frac{u}{\Delta u}\right) = \frac{u}{\Delta u}\log\left(\frac{u + \Delta u}{u}\right)\frac{\Delta u}{u} \quad \text{Multiplicado por} \left(\frac{\Delta u}{u}\right)\left(\frac{u}{\Delta u}\right)$$

III. $\dfrac{\Delta y}{\Delta x} = \dfrac{u}{\Delta x(\Delta u)}\log\left(\dfrac{u + \Delta u}{u}\right)\left(\dfrac{\Delta u}{u(\Delta x)}\right)$ Dividiendo entre Δx

$$= \log\left(\frac{u + \Delta u}{u}\right)^{\frac{u}{\Delta u}}\left(\frac{\Delta u}{u(\Delta x)}\right) \qquad \log A^n = n\log A$$

VI. $\displaystyle\lim_{\Delta x \to 0}\frac{\Delta y}{\Delta x} = \log e * \frac{1}{u} * \lim_{\Delta x \to 0}\frac{\Delta u}{\Delta x}$ $\quad \dfrac{\Delta u}{u(\Delta x)} = \dfrac{1}{u} * \dfrac{\Delta u}{\Delta x} \quad \displaystyle\lim_{\Delta x \to 0}\left(\frac{u + \Delta u}{u}\right)^{\frac{u}{\Delta u}} = e$

$$\frac{dy}{dx}(\log u) = \frac{\log e}{u} * \frac{du}{dx}$$ Sustituyendo por su derivada

CONCLUSIÓN: La derivad de la función logaritmo vulgar o base 10, es igual al logaritmo del numero e entre la función por la derivada de la función

$$\frac{dy}{dx}(\log u) = \frac{\log e}{u} * \frac{du}{dx}$$

22. Derivada de un logaritmo natural Lu ó ln.

y = ln u   **u = f(x)**

$$\frac{dy}{dx}(\log u) = \frac{\log e}{u} * \frac{du}{dx}$$ ya demostrado

$$\frac{dy}{dx}(\ln u) = \frac{\ln e}{u} * \frac{du}{dx}$$ Si la base a = base e

$$= \frac{1}{u} * \frac{du}{dx}$$ El logaritmo de la misma base es 1

$$\frac{d}{dx}(\ln u) = \frac{\frac{du}{dx}}{u}\ \frac{d}{dx}(lu) = \frac{1}{u} * \frac{du}{dx}$$

CONCLUSIÓN: La derivada de la función logaritmo natural Ln o ln, es igual a uno entre la función (u), multiplicado por la derivada de la función

$$\frac{d}{dx}(\ln u) = \frac{\frac{du}{dx}}{u}\ \frac{d}{dx}(lu) = \frac{1}{u} * \frac{du}{dx}$$

DERIVADAS DE FUNCIONES EXPONENCIALES

23.- Derivada de una función exponencial.

$y = a^u$ **Donde c=cte. arbitraria**

$\ln y = u \ln a$ Extrayendo ln en ambos mi6embros.

$u = \dfrac{\ln y}{\ln a} = \dfrac{1}{\ln a}(\ln y)$ Despejando u

$\dfrac{dy}{dx} = \dfrac{1}{\ln a}\dfrac{1}{y}\dfrac{dy}{dx}$ Derivado con respecto a x

$\dfrac{dy}{dx} = \ln a * y \dfrac{dy}{dx}$ Despejando $\dfrac{dy}{dx}$

$\dfrac{d}{dx}(a^u) = \ln a * a^y \dfrac{dy}{dx}$ Sustituyendo y = a^u

CONCLUSIÓN: La derivada de una constante elevada a una variable, es igual, al logaritmo natural de la constante por la constante elevada a la variable por la derivada de la variable con respecto a x

$\dfrac{d}{dx}(a^u) = \ln a * a^y \dfrac{dy}{dx}$

24.- Derivada de la función exponencial e ^{u}

$y = e^u$ $u = f(x)$

$$\frac{d}{dx}(a^u) = \ln a * a^u \frac{dy}{dx}$$ Ya demostrado

$$\frac{d}{dx}(e^u) = \ln e * e^u \frac{dy}{dx}$$ Haciendo a = e

$$= (1) * e^u \frac{dy}{dx}$$ Porque h $e = 1$ misma base

$$\frac{d}{dx}(e^u) = e^u \frac{dy}{dx}$$

CONCLUSIÓN: La derivada de la función exponencial, e^u es igual a e^u por la derivada de la variable (u)

$$\frac{d}{dx}(e^u) = e^u \frac{dy}{dx}$$

4.6.- Resumen de fórmulas.

1. $\dfrac{d}{dx}(c) = 0$

2. $\dfrac{d}{dx}x = 1$

3. $\dfrac{d(u+v-w)}{dx} = \dfrac{du}{dx} + \dfrac{dv}{dx} - \dfrac{dw}{dx}$

4. $\dfrac{d}{dx}(uv) = u\dfrac{dv}{dx} + v\dfrac{du}{dx}$

5. $\dfrac{d}{dx}(cv) = c\dfrac{dv}{dx}$

6. $\dfrac{d}{dx}\left(\dfrac{u}{v}\right) = \dfrac{v\dfrac{du}{dx} - u\dfrac{dv}{dx}}{v^2}$

7. $\dfrac{d}{dx}(n^n) = nx^{n-1}\dfrac{du}{dx}$

8. $\dfrac{d}{dx}(\sqrt{u}) = \dfrac{\dfrac{du}{dx}}{2\sqrt{u}}$

9. $\dfrac{d}{dx}(senu) = \cos u\dfrac{du}{dx}$

10. $\dfrac{d}{dx}(\cos x) = -senx\dfrac{du}{dx}$

11. $\dfrac{d}{dx}(\cos x) = -senx\dfrac{du}{dx}$

12. $\dfrac{d}{dx}(\cot x) = -\csc^2 x\dfrac{du}{dx}$

13. $\dfrac{d}{dx}(\sec x) = \tan x * \sec x\dfrac{du}{dx}$

14. $\dfrac{d}{dx}(\csc x) = \cot x * \csc x\dfrac{du}{dx}$

15. $\dfrac{d}{dx}(arcsenu) = \dfrac{\dfrac{du}{dx}}{\sqrt{1-u^2}}$

16. $\dfrac{d}{dx}(arccosu) = -\dfrac{\dfrac{du}{dx}}{\sqrt{1-u^2}}$

17. $\dfrac{d}{dx}\left(\arctan u\right)=\dfrac{\dfrac{du}{dx}}{1+u^2}$

18. $\dfrac{d}{dx}\left(arc\cot u\right)=-\dfrac{\dfrac{du}{dx}}{1+u^2}$

19. $\dfrac{d}{dx}\left(arc\sec u\right)=\dfrac{\dfrac{du}{dx}}{u\sqrt{u^2-1}}$

20. $\dfrac{d}{dx}\left(arc\csc u\right)=-\dfrac{\dfrac{du}{dx}}{u\sqrt{u^2-1}}$

21. $\dfrac{dy}{dx}\left(\log u\right)=\dfrac{\log e}{u}*\dfrac{du}{dx}$

22. $\dfrac{d}{dx}\left(lu\right)=\dfrac{1}{u}*\dfrac{du}{dx}$

23. $\dfrac{d}{dx}\left(a^u\right)=\ln a*a^y\,\dfrac{dy}{dx}$

24. $\dfrac{d}{dx}\left(e^u\right)=e^u\,\dfrac{dy}{dx}$

DERIVADAS ALGEBRAICAS

5.1.- Formulas básicas de derivación algebraica

5.2.- Antecedentes

5.3.- Ejercicios resueltos

5.4.- Ejercicios propuestos

5.1.- Fórmulas básicas de derivación algebraica

1.- $\dfrac{d}{dx}(c) = 0$ 2.- $\dfrac{d}{dx}(x) = 1$

3.- $\dfrac{d}{dx}(u + v - w) = \dfrac{d}{dx}(u) + \dfrac{d}{dx}(v) - \dfrac{d}{dx}(w)$ 4.- $\dfrac{d}{dx}(uv) = u\dfrac{dv}{dx} + v\dfrac{du}{dx}$

5.- $\dfrac{d}{dx}(cv) = c\dfrac{dv}{dx}$ 6.- $\dfrac{d}{dx}\left(\dfrac{u}{v}\right) = \dfrac{v\dfrac{du}{dx} - u\dfrac{dv}{dx}}{v^2}$

7.- $\dfrac{d}{dx}(u^n) = nu^{n-1}\dfrac{du}{dx}$ 8.- $\dfrac{d}{dx}(\sqrt{u}) = \dfrac{\dfrac{du}{dx}}{2\sqrt{u}}$

5.2.- Antecedentes

1.- Factorizacion

a.- Trinomio cuadrado perfecto $a^2 \pm 2ab + b^2 = (a \pm b)^2$

b.- Diferencia de cuadrados $a^2 - b^2 = (a+b)(a-b)$

c.- Trinomio de la forma $ax^2 + bx + c = 0$

2- Propiedades de las fracciones

Producto de extremos = Producto de medios $\dfrac{\dfrac{a}{b}}{\dfrac{c}{d}} = \dfrac{ad}{bc}$

Extremos   medios

a y d   **b y c**

3.- Manejo de exponente negativo

$$x^{-3} = \frac{1}{x^3} \qquad\qquad \frac{1}{e^{-x}} = e^x$$

4.- Manejo de radicales

a.- Conversión de radical a exponente fraccionario

$$\sqrt[3]{x^5} = x^{\frac{5}{3}} \qquad\qquad y^{\frac{7}{8}} = \sqrt[8]{x^7}$$

b.- Producto de radicales

$$\left(\sqrt{x}\right)\left(\sqrt{x}\right) = \left(\sqrt{x}\right)^2 = x \qquad\qquad \left(\sqrt{x}\right)\left(\sqrt{y}\right) = \sqrt{xy}$$

5.3.- EJERCICIOS RESUELTOS

1.- $y = 3x^8 - 4x^6$

$y' = 3(8)x^{8-1} - 4(6)x^{6-1}$ Derivada de una potencia

$= 24x^7 - 24x^5$ Realizando operaciones

$= 24x^5(x^2-1)$ Factorizando $24x^5$

2.- $y = (4x)^3$

$y' = 64x^3$ Realizando la potencia

$= 64(3)x^{3-1}$ Derivada de una potencia

$= 192x^2$ Realizando las operaciones

3.- $y = (5x+2)^3$

$y' = 3(5x + 2)^2(5)$ Derivada de $y = x^n$

$= 15(5x + 2)^2$ Realizando las operaciones

4.- $y = \sqrt{x^3} + \sqrt{x}$

$y' = \dfrac{3x^2}{2\sqrt{x^3}} + \dfrac{1}{2\sqrt{x}}$ Derivada de una raíz cuadrada

$= \dfrac{3x^2}{2x\sqrt{x}} + \dfrac{1}{2\sqrt{x}}$ Extrayendo la raíz cuadrada

$= \dfrac{3x}{2\sqrt{x}} + \dfrac{1}{2\sqrt{x}}$ Simplificando x

$= \dfrac{3x\sqrt{x}}{2\sqrt{x}\sqrt{x}} + \dfrac{1}{2\sqrt{x}} = \dfrac{3x\sqrt{x}}{2x} + \dfrac{1}{2\sqrt{x}}$ Racionalizando el denominador $\sqrt{x}$

$$= \frac{3\sqrt{x}}{2} + \frac{1}{2\sqrt{x}}$$

Realizando el producto del denominador

$$\mathbf{y} = \sqrt{x^3} + \sqrt{x}$$

Simplificando x

$$= x^{3/2} + x^{1/2}$$

Manejo de exponentes fraccionarios

$$y' = \frac{3}{2}x^{\frac{3}{2}-\frac{2}{2}} + \frac{1}{2}x^{\frac{1}{2}-\frac{2}{2}}$$

Derivada de una potencia

$$= \frac{3}{2}x^{\frac{1}{2}} + \frac{1}{2}x^{-\frac{1}{2}}$$

Realizando las operaciones

$$= \frac{3}{2}\sqrt{x} + \frac{1}{2\sqrt{x}}$$

Exponte negativo y la conversión de exponente fraccionarios a radicales

5.- $y = \sqrt[3]{x^2} + 4\sqrt{x^3}$

$$= x^{\frac{2}{3}} + 4x^{\frac{3}{2}}$$

Conversión radical exponente fraccionario

$$y' = \left(\frac{2}{3}\right)x^{\frac{2}{3}-\frac{3}{3}} + 4\left(\frac{3}{2}\right)x^{\frac{3}{2}-\frac{2}{2}}$$

Derivada de una potencia

$$= \frac{2}{3}x^{-\frac{1}{3}} + 6x^{\frac{1}{2}}$$

Realizando las operaciones.

$$= \frac{2}{3\sqrt[3]{x}} + 6\sqrt{x}$$

Conversión a radical

6.- $y = \left(4x^2\right)\left(5x\right)$

$$y' = (4x^2)(5) + (5x)(8x)$$

Derivada de un producto

$= 20x^2 + 40x^2$ Realizando operaciones

$= 60x^2$ Simplificando

$y = 20x^3$ Realizando el producto

$y' = (3)(20x^{3-1})$ Derivada de una potencia

$y' = 60x^2$ Realizando operaciones

7.- $y = \dfrac{x+2}{x-5}$

$y' = \dfrac{(x-5)(1) - (x+2)(1)}{(x-5)^2}$ Derivada de un cociente

$= \dfrac{x-5-x-2}{(x-5)^2}$ Realizando el producto

$= \dfrac{-7}{(x-5)^2}$ Simplificando x

8.- $y = \dfrac{ax+b}{cx+d}$

$y' = \dfrac{(cx+d)(a) - (ax+b)(c)}{(cx+d)^2}$ Derivada de un cociente

$= \dfrac{acx+ad-acx-b}{(cx+d)^2}$ Realizando el producto

$= \dfrac{ad-bc}{(cx+d)^2}$ Simplificando acx

9.- $y = \dfrac{x^2 + 2x + 1}{x^2 - 2x + 1}$

$= \dfrac{(x+1)^2}{(x-1)^2}$
Factorizando el trinomio
$x^2 \pm 2x + 1$

$y' = \dfrac{(x-1)^2(2)(x+1)(1) - (x+1)^2(2)(x-1)(1)}{\left[(x-1)^2\right]^2}$
Derivada de un cociente

$= \dfrac{2(x-1)^2(x+1) - 2)(x+1)^2(x-1)}{(x-1)^4}$
Realizando las operaciones

$= \dfrac{[(x+1)(x-1)][2(x-1) - 2(x+1)]}{(x-1)^4}$
Factorizando (x +1)(x - 1)

$= \dfrac{(x+1)(x-1)(2x - 2 - 2x - 2)}{(x-1)^3}$
Simplificando x - 1

$= \dfrac{-4x - 4}{(x-1)^3}$
Simplificando 2x y –2

$= \dfrac{-4(x+1)}{(x-1)^3}$
Factorizando – 4

10.- $y = x\sqrt{1 - x^2}$

$= \sqrt{x^2(1 - x^2)}$
Introduciendo el factor x

$= \sqrt{x^2 - x^4}$
Realizando el producto

$y' = \dfrac{2x - 4x^3}{2\sqrt{x^2 - x^4}}$
Derivada de una raíz cuadrada

$= \dfrac{2(x - 2x^3)}{2\sqrt{x^2 - x^4}}$
Factorizando 2 en el numerador

$$= \frac{x - 2x^3}{\sqrt{x^2 - x^4}}$$ Simplificando el 2

$$= \frac{x(1 - 2x^2)}{\sqrt{x^2(1 - x^2)}}$$ Factorizando x y x²

$$= \frac{x(1 - 2x^2)}{x\sqrt{(1 - x^2)}}$$ Extrayendo la raíz cuadrada de x²

$$= \frac{1 - 2x^2}{\sqrt{1 - x^2}}$$ Simplificando x

11.- y = x⁻¹+ x⁻²

$$= \frac{1}{x} + \frac{1}{x^2}$$ Manejo de exponentes negativos

$$y' = \frac{(x)(0) - 1(1)}{x^2} + \frac{(x^2)(0) - 1(2x)}{(x^2)^2}$$ Derivada de un cociente

$$= \frac{-1}{x^2} + \frac{-2x}{x^4}$$ Realizando operaciones

$$= -\frac{1}{x^2} - \frac{2}{x^3}$$ Simplificando x

12.- y = (x²+ 5)x⁻³

$$= \frac{x^2 + 5}{x^3}$$ Manejo de un exponente negativo

$$y' = \frac{x^3(2x) - (x^2 + 5)(3x^2)}{(x^3)^2}$$ Derivada de un cociente

$$= \frac{2x^4 - 3x^4 - 15x^2}{x^6}$$ Realizando operaciones

$$= \frac{x^2(-x^2-15)}{x^6}$$ Factorizando x^2

$$= \frac{-x^2-15}{x^4}$$ Simplificando x^2

13.- $y = \dfrac{x+x^{-1}}{x-x^{-2}}$

$$= \frac{x+\dfrac{1}{x}}{x-\dfrac{1}{x^2}}$$ Manejo de un exponente negativo

$$= \frac{\dfrac{x^2+1}{x}}{\dfrac{x^3-1}{x^2}}$$ Encontrando un común denominador

$$= \frac{x^2(x^2+1)}{x(x^3-1)}$$ Productos extremos = producto de medios

$$= \frac{x(x^2+1)}{(x^3-1)}$$ Simplificando x

$$= \frac{x(x^2+1)}{(x^3-1)}$$

$$= \frac{x(x^2+1)}{(x^3-1)}$$ Realizando el producto de $x(x^2+1)$

$$= \frac{x^3+x}{x^3-1}$$ Derivada de un cociente

$$y' = \frac{(x^3-1)(3x^2+1)-(x^3+x)(3x^2)}{(x^3-1)^2}$$ Realizando el producto indicado

$$= \frac{3x^5 + x^3 - 3x^2 - 1 - 3x^5 - 3x^3}{(x^3 - 1)^2}$$ Simplificando 3x⁵ y x³

$$= \frac{-2x^3 - 3x^2 - 1}{(x^3 - 1)^2}$$

14.- y = (7x+3)⁴(4x+1)⁷

$$y' = (7x+3)^6 (7)(4x+1)^6 (4) + (4x+1)^7 (4)(7x+3)^3 (7)$$
   Derivada de un producto

$$= 28 (7x+3)^6 (4x+1)^6 + 28(4x+1)^7 (7x+3)^3$$
   Realizando operaciones

$$= 28 \left[(7x+3)^6 (4x+1)^6 (7x+3+4x+1) \right]$$ Factorizando

$$= 28 \left[(7x+3)^6 (4x+1)^6 (11x+4) \right]$$ Simplificando

15.- y = x³(4x²-5x+6)

$=4x^5-5x^4+6\ x^3$ Realizando el producto

$y'=4(5)x^4-5(4)x^3+6(3)x^2$ Derivada de una potencia

$=20x^4-20x^3+18\ x^2$ Simplificando

16.- y = $\frac{(1-x)^3}{x}$

$$y' = \frac{x(3)(1-x)^2(-1) - (1-x)^3(1)}{x^2}$$ Derivada de un cociente

$$= \frac{-3x(1-2x+x^2) - (1-3x+3x^2+x^3)}{x^2}$$ Desarrollando los productos notables

$$= \frac{-3x + 6x^2 - 3x^3 - 1 + 3x - 3x^2 + x^3}{x^2}$$

Realizando las operaciones indicadas

$$= \frac{-2x^3 + 3x^2 - 1}{x^2}$$

Reducción de términos semejantes

17.- y $= \left(4 + \dfrac{1}{x}\right)\left(2x - \dfrac{1}{x^2}\right)$

$$= 8x - \frac{4}{x^2} + 2 - \frac{1}{x^3}$$

Realizando el producto

$$y' = 8 - \frac{x^2(0) - 4(2x)}{x^4} + 0 - \frac{x^3(0) - 3x^2}{x^6}$$

Encontrando la derivada de un polinomio

$$= 8 + \frac{8}{x^3} + \frac{3}{x^4}$$

Simplificando

18.- y $= \left(x^2 - \dfrac{1}{x^2}\right)^6$

$$y' = 6\left(x^2 - \frac{1}{x^2}\right)^5 \left(2x - \frac{x^2(0) - 1(2x)}{x^2}\right)$$

Derivada de una potencia y cociente

$$= 6\left(x^2 - \frac{1}{x^2}\right)^5 \left(2x - \frac{-2x}{x^3}\right)$$

Simplificando x

$$= 6\left(x^2 - \frac{1}{x^2}\right)^5 \left(\frac{2x^4 + 2}{x^3}\right)$$

Encontrando un común denominador

$$= 6\left(\frac{2x^4 + 2}{x^3}\right)\left(x^2 - \frac{1}{x^2}\right)^5$$

Ordenando el resultado

19.- $y = \left(\dfrac{x+2}{x-3} \right)^3$

$y' = 3\left(\dfrac{x+2}{x-3} \right)^2 \left[\dfrac{(x-3)(1)-(x+2)(1)}{(x-3)^2} \right]$

Derivada de una potencia y de un cociente

$= 3\left(\dfrac{x+2}{x-3} \right)^2 \left[\dfrac{x-3-x-2}{(x-3)^2} \right]$

Realizando las operaciones

$= 3\left(\dfrac{x+2}{x-3} \right)^2 \left[\dfrac{-5}{(x-3)^2} \right]$

Simplificando x

$= \left[\dfrac{-15}{(x-3)^2} \right] \left(\dfrac{x+2}{x-3} \right)^2$

Realizando operaciones

$= 15\left(\dfrac{(x+2)^2}{(x-3)^3} \right)$

Buscando un común denominador

20.- $y = \dfrac{a-x}{a+x}$

$y' = \dfrac{(a+x)(-1)-(a-x)(1)}{(a+x)^2}$

Derivada de un cociente

$= \dfrac{-a-x-a+x}{(a+x)^2}$

Realizando las operaciones

$= \dfrac{-2a}{(a+x)^2}$

Simplificando x

21.- $y = \dfrac{u^2+1}{u^2-1}$

Para $u = \sqrt{x^2+1}$ $\dfrac{du}{dx} = \dfrac{2x}{2\sqrt{x^2+1}}$

$y = \dfrac{(\sqrt{x^2+1})^2+1}{(\sqrt{x^2+1})^2-1}$

Regla de la cadena

$$=\frac{x^2+1+1}{x^2+1-1}$$

Sustituyendo u realizando operaciones

$$=\frac{x^2+2}{x^2}\ \dots\dots\dots\dots1$$

Si $u=\sqrt{x^2+1}$
Porque $(\sqrt{x})^2=x$

$$=\frac{x^2}{x^2}+\frac{2}{x^2}$$

$$=1+\frac{2}{x^2}\ \dots\dots\dots\dots2$$

Simplificando

$$y'=\frac{(x^2)(2x)-(x^2+2)(2x)}{x^4}$$

Separando términos

$$=\frac{2x^3-2x^3-4x}{x^4}$$

Derivada del cociente (1)

$$=\frac{-4}{x^3}$$

Simplificando $2x^3$ y $\dfrac{x}{x}$

$$y'=0+\frac{(x^2)(0)-(2)(2x)}{x^4}$$

Derivada del cociente (2)

$$=\frac{0-4x}{x^4}$$

Realizando las operaciones

$$=-\frac{4}{x^3}$$

Simplificando $\dfrac{x}{x}$

22.- $y=\sqrt{u}+2$

Si $u=\dfrac{2}{t}$ con $t\neq0$

$$=\sqrt{\frac{2}{t}}+2$$

Regla de la cadena

$$= \sqrt{\frac{2+2t}{t}}$$

$$u = \frac{2}{t}$$

Buscamos un común denominador

$$y' = \frac{\dfrac{t(2)-(2+2t)(1)}{t^2}}{2\sqrt{\dfrac{2+2t}{t}}}$$

Derivada de una raíz cuadrada

$$= \frac{2t-2-2t}{2t^2\sqrt{\dfrac{2+2t}{t}}}$$

Producto extremos = producto de medios

$$= \frac{-1}{t^2\sqrt{\dfrac{2+2t}{t}}}$$

Simplificando 2t y 2

$$= \frac{-1}{\sqrt{\dfrac{t^4(2+2t)}{t}}}$$

Introduciendo t^2 al radical

$$= \frac{-1}{\sqrt{t^3(2+2t)}}$$

Realizando operaciones

$$= -\frac{1}{\sqrt{2t^3+2t^4}}$$

Primer caso

25.- 3x-2y+4= 2x²+ 3y-7x

-2y-3y= 2x²-7x-3x

Función implícita

-5y= 2x²-10x

Despejando y

$$y = \frac{2x^2 - 10x}{-5}$$

Efectuando las operaciones indicadas

$$= -\frac{1}{5}(2x^2 + 10x)$$

Función explicita

$$y' = -\frac{1}{5}(4x + 10)$$

Derivada de un polinomio

$$= -\frac{4x}{5} + 2 \dots\dots 1$$

Simplificando

Segundo caso

3x-2y+ 4 =2x²+ 3y-7x

Derivando ambos miembros

$$3 - 2\frac{dy}{dx} + 0 = 4x + 3\frac{dy}{dx} - 7$$

Factorizando $\frac{dy}{dx}$

$$\frac{dy}{dx}(-2 - 3) = 4x - 7 - 3$$

Despejando $\frac{dy}{dx}$

$$\frac{dy}{dx} = \frac{4x - 10}{-5}$$

$$\frac{dy}{dx} = -\frac{4x}{2}\dots\dots\dots 2$$

$$y' = \frac{2\left(-x^4 - 2x^2 + 1\right)}{x^3\left(x^2 - 1\right)^2}$$

$$y'' = 18x - 4$$

2y + x2

$$\frac{dy}{dx} = -\frac{4x}{2}\dots\dots\dots 2$$

26.- $x = y + y^5$ Función implícita

$1 = \dfrac{dy}{dx} + 5y^4 \dfrac{dy}{dx}$ Derivando ambos miembros

$1 = \dfrac{dy}{dx}(1 + 5y^4)$ Factorizando $\dfrac{dy}{dx}$

$\dfrac{1}{1 + 5y^4} = \dfrac{dy}{dx}$ Despejando $\dfrac{dy}{dx}$

27.- $x^3 + y^3 = 6xy$ Función implícita

$3x^2 + 3y^2 \dfrac{dy}{dx} = 6(x\dfrac{dy}{dx} + y)$ Derivando miembro a miembro

$3x^2 + 3y^2 \dfrac{dy}{dx} = 6x\dfrac{dy}{dx} + 6y$ Factorizando

$\dfrac{dy}{dx}(3y^2 - 6x) = 6y - 3x^2$ Despejando

$\dfrac{dy}{dx} = \dfrac{6y - 3x^2}{3y^2 - 6x}$ Realizando operaciones

$= \dfrac{3(2y - x^2)}{3(y^2 - 3x)}$ Simplificando

$= \dfrac{2y - x^2}{y^2 - 2x}$

28.- $5x^2 - xy - 4y^2 = 0$ Función implícita

$10x - \left(x\dfrac{dy}{dx} + y\right) - 8y\dfrac{dy}{dx} = 0$ Derivando

$\dfrac{dy}{dx}(-x - 8y) = y - 10x$ Factorizando $\dfrac{dy}{dx}$

$$\frac{dy}{dx} = \frac{y - 10x}{-x - 8y}$$

Despejando $\dfrac{dy}{dx}$

29.- $x^2 = \dfrac{x - y}{x + y}$

Función implícita

$x^3 + x^2 y = x - y$

Quitando el denominador

$3x^2 + x^2 \dfrac{dy}{dx} + 2xy = 1 - \dfrac{dy}{dx}$

Derivando ambos miembros

$\dfrac{dy}{dx}(x^2 + 1) = 1 - 2xy - 3x^2$

Factorizando $\dfrac{dy}{dx}$

$\dfrac{dy}{dx} = \dfrac{1 - 2xy - 3x^2}{x^2 + 1}$

Despejando $\dfrac{dy}{dx}$

30.- $y^2 - 2xy + b^2 = 0$

Función implícita

$2y\dfrac{dy}{dx} - 2(x\dfrac{dy}{dx} + y) + 0 = 0$

Derivando ambos miembros

$\dfrac{dy}{dx}(2y - 2x) = 2y$

Factorizando $\dfrac{dy}{dx}$

$\dfrac{dy}{dx} = \dfrac{2y}{2(y - x)}$

Despejando $\dfrac{dy}{dx}$

$= \dfrac{y}{y - x}$

Simplificando 2

31.- $y^2 = 4px$

Derivada implícita

$2y\dfrac{dy}{dx} = 4p$

Derivando ambos miembros

$$\frac{dy}{dx} = \frac{4p}{2y}$$

Despejando $\frac{dy}{dx}$

$$= \frac{2p}{y}$$

Simplificando 2

32.- $y = \dfrac{x^p}{x^m - a^m}$

$$y' = \frac{(x^m - a^m)(px^{p-i}) - x^p(mx^{m-i})}{(x^m - a^m)^2}$$

Derivada de un cociente

$$= \frac{px^{p-i+m} - pa^m x^{p-i} - x^p mx^{m-i}}{(x^m - a^m)^2}$$

Realizando las operaciones

$$= \frac{x^p\left[(p-m)x^m - pa^m\right]}{(x^m - a^m)^2}$$

Factorizando x^{p-1} y $(p-m)$

33.- $y = \sqrt{2px}$

$$y' = \frac{2p}{2\sqrt{2px}}$$

Derivada de una raíz cuadrada

$$= \frac{p}{\sqrt{2px}}$$

Simplificando 2

$$= \frac{p}{y}$$

Sustituyendo $y = \sqrt{2px}$

34.- $y = x^{10} + 3x^6$

$y' = 10x^9 + 18x^5$

1ª. derivada

$y'' = 90x^8 + 90x^4$

2ª. derivada

$y'''= 720x^7+360x^3$ 3ª. derivada

$y^{iv} = 5,049x^6+1080x^2$ 4ª. Derivada

35.- y = x^5

$y'= 5x^4$ 1ª. derivada

$y''= 20x^3$ 2ª. derivada

$y'''= 60x^2$ 3ª. derivada

$y^{iv} = 120x$ 4ª. derivada

$y^v = 120$ 5ª. derivada

$y^{vi} = 0$ 6ª. Derivada

5.4.- EJERCICIOS PROPUESTOS

Encuentra lo que se te indica en los siguientes ejercicios.

1. $y = x^3-12x+2$ $\qquad$ $y'= 3x^2-12$

2. $y = 3x^8-4x^6$ $\qquad$ $y'= 24x^5(x^2-1)$

3 $y =x^3+15 x^2-x$ $\qquad$ $y'=-3x^2+30 x-1$

4 $y =15-x + 4x^2-5x^4$ $\qquad$ $y'=-1+ 8x-20x^3$

5. $y =x^4+3 x^2-6$ $\qquad$ $y'= 4x^3+ 6x$

6. $y =6x^{7/2}+ 4x^{5/2}+ 2x$ $\qquad$ $y'= 21x^{5/2}+ 10x^{3/2}+2$

7. $y =2x^{4/3}-3x^{2/3}$ $\qquad$ $y'=8/3x^{1/3}-2x^{-1/3}$

8. $y =x^{2/3}-a^{2/3}$ $\qquad$ $y'=2/3x^{-1/3}$

9. $y =(1+ 4x^3)(1+ 2x^2)$ $\qquad$ $y'= 4x(10x^3+ 3x+1)$

10. $y =x(2x-1)(3x+2)$ $\qquad$ $y'=2(9x^2+ 7x+1)$

11. $y = x(2x^3-5x-1)(6x^2+7)$ $\qquad$ $y'= 72x^5-64x^3-18x^2-70x-7$

12. $y = \dfrac{x^2-1}{X^2+x-2}$ $\qquad$ $y'= \dfrac{1}{(x+2)^2}$

13. $y = \dfrac{4x}{1+x^2}$ $\qquad$ $y'= \dfrac{4(1-x^2)}{(1+x^2)^2}$

14. $y = \dfrac{ax^2+bx+c}{dx+e}$ $\qquad$ $y'= \dfrac{adx^2+2aex+be-ed}{(dx+e)^2}$

15. $y = (\dfrac{X^2}{2}-\dfrac{X^7}{7})$ $\qquad$ $y'= x-x^6$

16. $y = (3x+5)^{10}$ $\qquad$ $y'=30(3x+5)^9$

17. $y = (2-3x^2)^3$ $y'=-18x(2-3x^2)^2$

18. $y = [(2x+1)^{10}+1]^{10}$ $y'=10(2x+1)^9[(2x+1)^{10}+1]^9$

19. $y =5x^{-3}+ x^{-1}$ $y'= x^{-2}(15x^{-2}-1)$

20. $y = x^{-2}-x^{-5}$ $y'= \dfrac{-2x^3+5}{X^6}$

21. $y = \dfrac{x+x^{-3}}{x-x^{-1}}$ $y' = \dfrac{2\left(-x^4-2x^2+1\right)}{x^3\left(x^2-1\right)^2}$

22. $y = \dfrac{X^2}{(x^2+5)-2}$ $y'= 2x(x^2+5)(3x^2+5)$

23. $y = (8x-7)^{-5}$ $y' = \dfrac{-40}{(8x-7)6}$

24. $y = (1-x)(1+ x^2)^{-1}$ $y' = \dfrac{x^2-2x-1}{(1+x^2)^2}$

25. $y = \dfrac{\sqrt{10-x^2}}{X}$ $y' = \dfrac{-10}{x^2\sqrt{10-x^2}}$

26. $y = (a-\dfrac{b}{x})^2$ $y' = \dfrac{2b}{x}(a-\dfrac{b}{x})$

27. $y = \dfrac{2-1/x^2}{3+1/x^2}$ $y' = \dfrac{10x}{(3x^2+1)^2}$

28. $y = (a+\dfrac{b}{x})^3$ $y' = -\dfrac{6b}{x^3}(a+\dfrac{b}{x})^2$

29. $y = \sqrt{\dfrac{a^2+x^2}{a^2-x^2}}$ $y' = \dfrac{2a2x}{(a^2-x^2)\sqrt{a^4-x^4}}$

30. $x^3-2xy^2+ 3y^3=7$ $y' = \dfrac{2y^2-3x^2}{9y^2-4xy}$

31. $y^2 = 4ax$ $y' = \dfrac{2a}{y}$

32. $2x^3 + x^2 y + y^2 = 8$ $y' = \dfrac{-2xy - 6x^2}{2y + x^2}$ $y' =$

33.- $(x+y)^4 = x^4 + y^4$ $y' = \dfrac{x}{y}$

34.- $\dfrac{1}{x^2} + \dfrac{1}{y^2} = 1$ $y' = \dfrac{xy^2 - x}{y - x^2 y}$

35.- $-x^3 + y^3 - 3axy = 0$ $y' = \dfrac{ay - x^2}{y^2 - ax}$

36.- $y = 3x^3 - 2x^2 + 5x - 1$ $y'' = 18x - 4$

37.- $y = \dfrac{e}{x^n}$ $y'' = \dfrac{n(n+1)e}{x^{n+2}}$

38.- $y = \sqrt{a^2 - x^2}$ $y'' = \dfrac{-a^2}{\sqrt{(a^2 - x^2)^3}}$

39.- $y = \dfrac{x^3}{1-x}$ $y'' = \dfrac{6 - 9x + 2x^2}{(1-x)^2}$

40.- $y = ax^2 + bx + c$ $y'' = 2a$

DERIVADAS TRIGONOMÉTRICAS

6.1.- Formulas de derivación trigonométrica

6.2.- Ejercicios resueltos

6.3.- Ejercicios propuestos

Circunferencia goniométrica, circunferencia de radio unidad sobre la cual se representan los ángulos para que se puedan visualizar sus razones trigonométricas.

Sobre un sistema de ejes coordenados con centro en el origen, O, se traza una circunferencia de radio unidad:

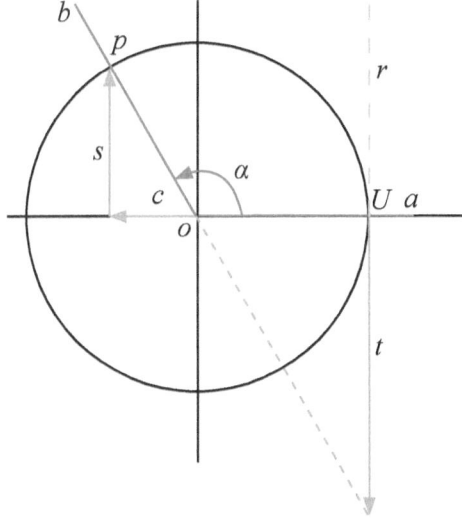

El vértice del ángulo se sitúa en O, el primero de sus lados, a, sobre la parte positiva del eje de las X, y el segundo lado, b, se abre girando en sentido contrario a las agujas del reloj. Este segundo lado corta a la circunferencia goniométrica en un punto P cuyas coordenadas son $c = \cos a$ y $s = \text{sen } a$. La tangente t se sitúa sobre la recta r tangente a la circunferencia en U y queda determinada por el punto T, en el que el lado b, o su prolongación, corta a r.

6.1.- Formulas de derivación trigonométrica

1. $\dfrac{D}{Dx}(\text{sen } u) = \cos u \dfrac{du}{dx}$

2. $\dfrac{d}{dx}(\cos u) = -\text{sen } u \dfrac{du}{dx}$

3. $\dfrac{D}{Dx}(\tan u) = \sec^2 u \dfrac{Du}{Dx}$

4. $\dfrac{d}{dx}(\cot u) = -\csc^2 u \dfrac{du}{dx}$

5. $\dfrac{D}{Dx}(\sec u) = \sec u * \tan u \dfrac{du}{dx}$

6. $\dfrac{d}{dx}(\csc u) = -\csc u * \cot u \dfrac{du}{dx}$

IDENTIDADES FUNDAMENTALES

1.- $\tan u = \dfrac{1}{\cot u}$ $\sec u = \dfrac{1}{\cos u}$ $\csc u = \dfrac{1}{\text{sen } u}$

2.- $\tan u = \dfrac{\text{sen } u}{\text{co } u}$ $\cot u = \dfrac{\cos u}{\text{sen } u}$

3.- $\text{sen}^2 u + \cos^2 u = 1$ $\text{sen}^2 u = 1 - \cos^2 u$ $\cos^2 u = 1 - \text{sen}^2 u$

4.- $1 + \tan^2 u = \sec^2 u$ $\tan^2 u = \sec^2 u - 1$

5.- $1 + \cot^2 u = \csc^2 u$ $\cot^2 u = \csc^2 u - 1$

6.- $\text{sen}(x \pm y) = \text{sen } x \cos y \pm \cos x \, \text{sen } y$

$\cos(x \pm y) = \cos x \cos y \pm \text{sen } x \, \text{sen } y$

$\tan(x+y) = \dfrac{\tan x \pm \tan y}{1 - \tan x \tan y}$

7.- $\text{sen } 2u = 2 \, \text{sen } u \cos u$

$\cos 2u = \cos^2 u - \text{sen}^2 u$

6.2.- EJERCICIOS RESUELTOS

1. $y = sen3x$

    $y' = cos3x(3)$ Regla de la cadena y derivada

    $= 3cos3x$ de función seno.

2. $y = 4cosx$

    $y' = 4(-senx)$ Derivada de una constante por

    $= -4senx$ variable y derivada de cos x.

3. $y = tan\ x - x$

    $y' = sec^2x - 1$ Derivada de la tangente

    $= tan^2x$ porqué $1 + tan^2 x = sec^2x$
                                            $tan^2x = sec^2x - 1$

4. $y = cot(x^3 - 2x)$

    $y' = -csc^2(x^3 - 2x)(3x^2 - 2)$ Derivada de la cot y aplicando

    $= -(3x^2 - 2)csc^2(x^3 - 2x)$ la derivada de la ley de cadena

5. $y = sec\ x$

    $y' = sec\ x\ tan\ x$ Derivada de la secante

6. $y = a\ csc\ bx$

    $y' = a[-csc\ (bx)(b)]cot(bx)$ Derivada de la csc
                                            $x = -cscx\ cotx$

    $= -ab\ csc\ bx\ cot\ bx$

7. $y = 1/2 \text{sen}^2 x$

  $y' = (1/2)2)\text{sen } x \cos x$ Derivada de una potencia y la
                                            ley de la cadena.

  $= \text{senx } \cos x$ simplificando a

8. $y = \cos^2 x^3$

  $y' = 2\cos x^3(-\text{sen } x^3)(3x^2)$ Derivada de una potencia y

  $= -3(2\text{sen } x^3 \cos x^3)x^2$ coseno ordenado.

  $= -3x^2 \text{sen } 2x^3$

9. $y = 1/2 \tan^2 x$

  $y' = (1/2)(2) \tan x \sec^2 x$ Derivada de una potencia y ley
                                            de la cadena.

  $= \tan x \sec^2 x$ Simplificando 2 y (1/2)

10. $y = \cot^3(3x+1)$

  $y' = 3\cot^2(3x+1)[-\csc^2(3x+1)(3)]$ Derivada de una potencia y ley

  $= -9\csc^2(3x+1) \cot^2(3x+1)$ de la cadena.

11. $y = \sec^2(3x)$

  $y' = 2 \sec(3x)(\sec 3x \tan 3x)(3)$ Derivada de una potencia y ley

  $= 6 \sec^2 3x \tan 3x$ de la cadena.
                                            Realizando los productos.

12. $y = \csc^2 2x$

  $y' = 2 \csc 2x(-\csc 2x \cot 2x)(2)$ Derivada de una potencia y ley

$= -4 \csc^2 2x \cot 2x$ de la cadena.
         Realizando los productos.

13. y =x senx

$y'= x(\cos x)+\text{sen } x(1)$ Derivada de un producto.

$=\text{sen } x +x \cos x$ Realizando los productos.

14. y =sen 2x cos 3x

$y'= \text{sen } 2x(-\text{sen } 3x)(3)+\cos 3x(\cos 2x)(2)$
       Derivada de un producto.

$= - 3 \text{ sen } 2x \text{ sen } 3x+2 \cos 2x \cos 3x$ Realizando los productos.

$=2 \cos 2x \cos 3x-3 \text{ sen } 2x \text{ sen} 3x$ Ordenando.

15. $y =\sqrt{x} \cos \sqrt{x}$

$y' = \sqrt{x} (-\text{sen } \sqrt{x}))(1/2\sqrt{x})+\cos\sqrt{x} (1/2\sqrt{x})$
       Derivada de un producto.

$= -1/2 \text{ sen } \sqrt{x} + 1/2\sqrt{x} \cos\sqrt{x}$ Simplificando $\sqrt{x}$

16. $y = \tan^2 x \sec^3 x$

$y'=\tan^2 x(3\sec^2 x)(\sec x \tan x)+\sec^3 x(2\tan x)\sec^2 x$
       Derivada de un producto.

$=3\sec^3 x \tan^3 x+2 \sec^5 x \tan x$ Realizando los productos.

17. $y = x^2 \csc 5x$

$y'= x^2(-\csc 5x \cot 5x)(5) +\csc 5x(2x)$
       Derivada de un producto.

$=-5x^2\csc 5x \cot 5x+2 \csc 5x$ Realizando los productos.

18. $y = \dfrac{\cot x}{x+1}$

$y' = \dfrac{(x+1)(-\csc^2 x) - \cot x (1)}{(x+1)^2}$ Derivada de un cociente.

$= \dfrac{-x\csc^2 x - \csc^2 x - \cot x}{(x+1)^2}$ Realizando los productos.

$= \dfrac{x\csc^2 x + \csc^2 x + \cot x}{(x+1)^2}$ Sacando el signo (-) como factor.

19. $Y123 = \dfrac{\cos 4x}{1 - sen 4x}$

$y' = \dfrac{(1-sen\ 4x)(-sen\ 4x)(4) - \cos 4x\ (-\cos 4x)(4)}{(1-sen\ 4x)^2}$

Derivada de un cociente

$= \dfrac{-4sen\ 4x + 4sen^2\ 4x + 4\cos^2\ 4x}{(1-sen\ 4x)^2}$ Realizando los productos.

$= \dfrac{4(-sen\ 4x + sen^2\ 4x + \cos^2\ 4x)}{(1-sen\ 4x)^2}$ Factorizando 4

$= \dfrac{4(-sen\ 4x)}{(1-sen\ 4x)^2}$ $sen^2 u + \cos^2 u = 1$

$= \dfrac{4}{(1-sen\ 4x)}$ Simplificando 1-sen 4x Numerador y denominador.

20.- $y = \dfrac{\tan x - 1}{\sec x}$

$= \dfrac{\dfrac{senx}{\cos x} - 1}{\dfrac{1}{\cos x}} \dfrac{\dfrac{senx}{\cos x} - 1}{\dfrac{1}{\cos x}}$ Tan u = sen u /cos u

$= \dfrac{\dfrac{senx - \cos x}{\cos x}}{\dfrac{1}{\cos x}}$ Buscando un común denominador

$= \dfrac{\cos x(senx - \cos x)}{\cos x}$ Producto extremos = producto de medios

$=$ senx-cos x   simplificando cos x

$y' = $ cos x-(-senx)   Derivada de seno y coseno

$=$ senx + cos x   Realizando el producto.

21 y $= \dfrac{senx}{x}$

$y' = \dfrac{x(\cos x) - senx(1)}{x^2}$ Derivada de un cociente.

$= \dfrac{x\cos x - senx}{x^2}$ Realizando los productos.

22 y $= \sqrt{\cos 2x}$

$y' = \dfrac{(\text{-}sen^2x)\,(2)}{2\,\sqrt{\cos 2x}}$ Derivada de una raíz cuadrada.

$$= \frac{-\text{sen } 2x}{\sqrt{\cos 2x}}$$

Simplificando 2.

23 $y = \sqrt[3]{\tan 3x}$

$$= \left(\tan 3x\right)^{\frac{1}{3}}$$

Exponente fraccionario.

$$y' = \frac{1}{3}\left(\tan 3x\right)^{\frac{1}{3} - \frac{3}{3}}\left(\sec^2 3x\right)(3)$$

Derivada de una potencia.

$$= \left(\sec^2 3x\right)\left(\tan 3x\right)^{-\frac{2}{3}}$$

Realizando las operaciones.

$$= \frac{\sec^2 3x}{\left(\tan 3x\right)^{\frac{2}{3}}}$$

Exponente negativo.

24 $y = a\sqrt{\cos 2x}$

$$y' = (a)\left[\frac{(-sen2x)(2)}{2\sqrt{\cos 2x}}\right]$$

Derivada de una constante por una variable y de una raíz cuadrada

$$= -\frac{asen2x}{\sqrt{\cos 2x}}$$

Simplificando 2.

25 $y = \sec\sqrt{x-1}$

$$y' = \sec\sqrt{x-1}\ \tan\sqrt{x-1}\ \frac{1}{2\sqrt{x-1}}$$

Derivada de la secante y de la raíz cuadrada.

$$= \frac{1}{2\sqrt{x-1}}\sec\sqrt{x-1}\ \tan\sqrt{x-1}$$

26 y = (x² + senx) sec x

y' = (x²+ senx)(sec x tan x)+sec x(2x+ cos x)

Derivada de un producto.

=x²secxtanx +sen x sec x tan x + 2xsec x +sec x cos x

Realizando las operaciones

=x²secx tan x + tan²x +2x sec x +1

sen x sec x tan x =sen²/cos²= tan²x

y se c x cos x =1

=x²secxtanx+ 2x sec x + sec²x   sec²x =1+ tan²x

27.- y = (2 + x sen x)⁻³

y'=-3(2+ x senx)⁻⁴(x cos x + senx) Derivada de una potencia.

$= -\dfrac{3(x\cos x + senx)}{(2 + xsenx)^4}$

Realizando la potencia
negativa.

28 y = (sec 4x+ tan 2x)⁵

$y'=5\left(4\sec 4x \tan 4x + 2\sec\,^2 2x\right)(\sec 4x + \tan 2x)^4$

Derivada de una potencia

=5(4sec4xtan2x+2 sec²2x)(sec4x+ tan2x)⁴

ordenando los términos.

29 y = sen (x +a)cos(x +a)

=sen m cos m   Haciendo (m =x +a)

y'= (sen m)(-sen m)(1)+cos m(cos m)

Derivada de un producto.

= - sen²m+ cos²m   Realizando los productos

$=\cos^2 m - \operatorname{sen}^2 m$	Ordenando.
$=\cos 2m$	$\cos 2x = \cos^2 x - \operatorname{en}^2 x$
$=\cos 2x(x + a)$	como $m = x - a$

30 y = sen x tan x

$y'= \operatorname{sen} x \sec^2 x + \tan x \cos x$	Derivada de un producto.
$= \operatorname{sen} x \sec^2 x + \operatorname{sen} x$	$(\operatorname{sen} x/\cos x) \cos x = \operatorname{sen} x$
$= \operatorname{sen} x (\sec^2 x + 1)$	factorizando sen x

31 y = sen k x

$y'= \cos kx \, (k)$	Derivada del seno.
$= k \cos(kx)$	
$y''= k(-\operatorname{sen} kx)(k)$	Derivada de coseno
$= -k^2 \operatorname{sen} kx$	multiplicando la constante k

32 y = x cos x

$y'= x(-\operatorname{sen} x) + \cos x$	Derivada de un producto.
$= -x \operatorname{sen} x + \cos x$	
$y''= -(x \cos x + \operatorname{sen} x) - \operatorname{sen} x$	Obteniendo la 2a derivada
$= -x \cos x - \operatorname{sen} x - \operatorname{sen} x$	Realizando el producto.
$= -x \cos x - 2 \operatorname{sen} x$	Simplificando sen x.

33 y = tan x

$y'= \sec^2 x$	Derivada de la tan x

y"= 2 sec x (sec x tan x)   Derivada de una potencia.

=2 sec² x tan x   Realizando el producto.

34 y + x = sen y cos x   Función implícita.

$$\frac{dy}{dx}+1 = seny\left(-senx\right)+\cos x\left(\cos y\right)\frac{dy}{dx}$$

Derivada de un producto.

$$\frac{dy}{dx}(1-\cos\ x\cos y) = -\ sen\ x\ seny -1$$

Factorizando $\frac{dx}{dy}$

$$\frac{dx}{dy} = \frac{-1- sen\ x\ sen\ y}{1-\cos x\cos y}$$

Despejando $\frac{dx}{dy}$

35 xy = sen y + cos x   **Función implícita.**

$$x\frac{dx}{dy} + y = \cos\frac{dx}{dy}\text{ -sen x}$$

Derivando ambos miembros

$$\frac{dx}{dy}(x - \cos y) = - sen\ x - y$$

Factorizando $\frac{dx}{dy}$

$$\frac{dx}{dy} = \frac{- y - senx}{x-\cos y}$$

Despejando $\frac{dx}{dy}$

36.- y² = x cos y   Función implícita.

$$2y\frac{dx}{dy} = x(-\ sen\ y)\frac{dx}{dy} +\cos y(1)$$

Derivando ambos miembros.

$$\frac{dx}{dy}(2y +x\ sen\ y) = \cos y$$

Factorizando $\frac{dx}{dy}$

$$\frac{dx}{dy} = \frac{\cos y}{2y + xseny}$$

Despejando $\dfrac{dx}{dy}$

37 xy = sen(x +y)

Función implícita.

$$x\frac{dx}{dy} + y = \cos(x +y)(1 + \frac{dx}{dy})$$

Derivando ambos miembros.

$$x\frac{dx}{dy} + y = \cos(x +y) + \frac{dx}{dy}\cos(x +y)$$

Realizando el producto.

$$\frac{dx}{dy}[x - \cos(x +y)] = \cos(x +y) - y$$

Factorizando $\dfrac{dx}{dy}$

$$\frac{dx}{dy} = \frac{\cos(x + y) - y}{x - \cos(x + y)}$$

Despejando $\dfrac{dx}{dy}$

6.3.- EJERCICIOS PROPUESTOS

Dados los siguientes casos comprueba su resultado.

1. $y = \cos 7x$ $y' = -7\,\text{sen}\,7x$

2. $y = 3\cos 3x$ $y' = -6\,\text{sen}\,3x$

3. $y = \text{sen}(x + 1)$ $y' = \cos(x + 1)$

4. $y = \cos(-2x)$ $y' = -2\,\text{sen}(2x)$

5. $y = \text{sen}(3x + 4)$ $y' = 3\cos(3x + 4)$

6. $y = \sec(1-x)$ $y' = -\tan(1-x)\sec(1-x)$

7. $y = a \sec bx$ $y' = -ab\csc bx \cot bx$

8. $y = 2\cot x/2$ $y' = -\csc x/2$

9. $y = \sec\sqrt{x-1}$ $y' = \dfrac{1}{2\sqrt{x-1}}\sec\sqrt{x-1}\,\tan\sqrt{x-1}$

10. $y = \tan x - x$ $y' = \tan^2 x$

11. $y = \cos 3x^2 + \cos^2 3x$ $y' = -6x\,\text{sen}\,3x^2 - 6\,\text{sen}\,3x\cos 3x$

12. $y = \cos^2 5x$ $y' = -5\,\text{sen}\,10x$

13. $y = \text{sen}^3 x^2$ $y' = 6x\,\text{sen}^2 x^2 \cos x^2$

14. $y = \text{sen}^2 x \cos^3 x$ $y' = -3\,\text{sen}^3 x \cos^2 x + 2\cos^4 x\,\text{sen}\,x$

15. $y = \sqrt{\cos 2x}$ $y' = \dfrac{\text{sen}\,2x}{\sqrt{\cos 2x}}$

16. $y = \cos^2 5x$ $y' = -10\,\text{sen}\,5x\cos 5x - 5\,\text{sen}\,10x$

17. $y = \text{sen}(x^2 + 2)$ $y' = 2x\cos(x^2 + 2)$

18. $y = sen(\Pi x + 1)$ $y' = \pi \cos(\pi x + 1)$

19. $y = a(1 - \cos^2 x/2)^2$ $y' = 2a\,sen^3 x/2 \cos x/2$

20. $y = 1/3\,tan^3 x - \tan x + x$ $y' = tan^4 x$

21. $y = x^2 \csc 5x$ $y' = -5x^2 \sec 5x \cot 5x + 2x \csc 5x$

22. $y = sen x \cos x$ $y' = \cos 2x$

23. $y = \cos^2 x + sen^2 x$ $y' = 0$

24. $y = sen 2x \cos x$ $y' = -sen x\, sen 2x + 2 \cos x \cos 2x$

25. $y = 2\, sen x \cos x$ $y' = 2 \cos 2x$

26. $y = x\, sen \tan x$ $y' = x^2 sen x \sec^2 x + x^2 sen x + 2 sen x \tan x$

27. $y = sen(\cos x)$ $y' = -sen(\cos x) \cos x$

28. $y = \sqrt{2 + \cos 2x}$ $y' = -\dfrac{sen x}{y}$

29. $y = \dfrac{1}{\cos x}$ $y' = \tan x \sec x$

30. $Y = \dfrac{1}{sen\, x}$ $y' = \dfrac{\cos x}{sen 2x} = -\cot x \csc x$

31. $y = \dfrac{x^2}{1 + 2\, tanx}$ $y' = \dfrac{3x + 4x\, tanx - 2x^2 \sec^2 x}{(1 + 2 \tan x)^2}$

32. $y = \dfrac{Sen x}{2\cos^2 x}$ $y' = \dfrac{1 + sen^2 x}{2\cos^3 x}$

33. $y = \dfrac{\cos 4x}{1 - sen 4x}$ $y' = \dfrac{4}{1 - sen 4x}$

34. $y = \dfrac{4}{\sqrt{\sec x}}$ $y' = -\dfrac{2\tan x}{\sqrt{\sec x}}$

35. $y = \dfrac{\operatorname{Sen} x}{1+\cos x}$ $y' = \dfrac{1}{1+\cos x}$

36. $y = \dfrac{\csc 3x}{x^3+1}$ $y' = \dfrac{3\csc 3x[(x^3+1)\cot 3x + x^2]}{(x^3+1)^2}$

37. $y = (\operatorname{sen}5x - \cos 5x)^5$ $y' = 25(\cos 5x + \operatorname{sen}5x)(\operatorname{sen}5x - \cos 5x)^4$

38. $y = (\csc x)^{-1}$ $y' = \cos x$

39. $y = \sqrt{\dfrac{1+\cos 2x}{2}}$ $y' = \sqrt{\cos^2 x} = \cos x$

40. $x = \tan y$ $\dfrac{dy}{dx} = \operatorname{Cos}^2 y$

41. $y^2 = \operatorname{sen}^4 2x + \cos^4 2x$ $\dfrac{dy}{dx} = -\dfrac{1}{y}\operatorname{sen}2x$

42. $x = \sec y$ $\dfrac{dy}{dx} = \cos y \cot y$

43. $x + y = \operatorname{sen} y$ $\dfrac{dy}{dx} = -\dfrac{1}{1-\operatorname{sen} y}$

44. $y \tan x + x \sec y = 1$ $\dfrac{dy}{dx} = -\dfrac{\sec y + y\sec^2 x}{\tan x + x\sec y\tan y}$

45. $x + \tan(x\,y)$ $\dfrac{dy}{dx} = -\dfrac{1}{x}[y + \cos^2(xy)]$

46. $y = \tan x$ $y'' = 2\sec^2 x \tan x$

47. $y = x \operatorname{sen} x$ $y'' = -x \operatorname{sen} x + 2 \cos x$

48. $y = \cos 10 x$ $y'' = -100 \cos 10x$

49. $y = \dfrac{1}{3+2 \cos x}$ $y'' = \dfrac{6\cos x + 4\cos^2 x + 8\operatorname{sen}^2 x}{(3+2 \cos x)^3}$

50. $y = \tan x$ $y''' = 6 \sec^4 x - 4 \sec^2 x$

DERIVADAS TRIGONOMETRICAS INVERSAS.

1. $\dfrac{d}{dx}$ (arc sen u)$=\dfrac{\frac{du}{dx}}{\sqrt{1-u^2}}$ **2.** $\dfrac{d}{dx}$ (arc cos u)$= -\dfrac{\frac{du}{dx}}{\sqrt{1-u^2}}$

3. $\dfrac{d}{dx}$ (arc tan u)$=\dfrac{\frac{du}{dx}}{1+u^2}$ **4.** $\dfrac{d}{dx}$ (arc cot u)$= -\dfrac{\frac{du}{dx}}{1+u^2}$

5. $\dfrac{d}{dx}$ (arc sec u)$=\dfrac{\frac{du}{dx}}{u\sqrt{u^2-1}}$ **6.** $\dfrac{d}{dx}$ (arc csc u)$= -\dfrac{\frac{du}{dx}}{u\sqrt{u^2-1}}$

Recomendaciones

1- arc sen u = sen^{-1} u

2- Tener mucho cuidado al encontrar u^2

   a) $u = \dfrac{2}{X}$ $u^2 = \dfrac{4}{x^2}$

   b) $u = \sqrt{x}$ $u^2 = x$

3- Manejar las derivadas tanto algebraicas como trigonométricas ya expuestas.

4- Utilizar todas las pruebas algebraicas.

EJERCICIO RESUELTOS.

1. $y = \text{sen}^{-1} \dfrac{x}{a}$

$$y' = \frac{\dfrac{1}{a}}{\sqrt{1 - \left(\dfrac{x}{a}\right)^2}}$$

Derivada de arco seno

$$= \frac{\dfrac{1}{a}}{\sqrt{1 - \left(\dfrac{x^2}{a^2}\right)}}$$

Efectuando la potencia $\left(\dfrac{x^2}{a^2}\right)$

$$= \frac{\dfrac{1}{a}}{\sqrt{\dfrac{a^2 - x^2}{a^2}}}$$

Encontrando un común denominador

$$= \frac{\dfrac{1}{a}}{\dfrac{\sqrt{a^2 - x^2}}{a}}$$

Extrayendo la raíz cuadrada
$\sqrt{a^2} = a$

$$= \frac{\left(\dfrac{1}{a}\right)(a)}{\sqrt{a^2 - x^2}}$$

Productos de extremos y productos de medios

$$= \frac{1}{\sqrt{a^2 - x^2}}$$

Simplificando (1/a)(a)=1

2.- y = cos^{-1} x^2

$$y' = -\frac{2x}{\sqrt{1-(x^2)^2}}$$

Derivando la función arco coseno

$$= -\frac{2x}{\sqrt{1-x^4}}$$

Realizando operaciones

3.- y = tan^{-1}(3x-5)

$$y' = \frac{3}{1+(3x-5)^2}$$

Derivando la función arco tangente

4.- y = cot^{-1} $\dfrac{x}{a}$

$$y' = -\frac{\dfrac{1}{a}}{1+(x/a)^2}$$

Derivada de arco cotangente

$$= -\frac{\dfrac{1}{a}}{1+\dfrac{x^2}{a^2}}$$

Efectuando la potencia

$$= -\frac{\dfrac{1}{a}}{\dfrac{a^2+x^2}{a^2}}$$

Encontrando un común denominador

$$= -\frac{\left(\dfrac{1}{a}\right)\left(a^2\right)}{a^2+x^2}$$

Productos de extremos = productos de medios

$$= -\frac{a}{a^2+x^2}$$

Simplificando a.

5.- y = sec⁻¹ $\sqrt{x^2-1}$

$$y' = \frac{\dfrac{2x}{2\sqrt{x^2-1}}}{\sqrt{x^2-1}\sqrt{x^2-1}-1}$$ Derivada de arco secante

$$= \frac{\dfrac{x}{\sqrt{x^2-1}}}{\sqrt{x^2-1}\sqrt{x^2-1}-1}$$ Simplificando 2

$$= \frac{x}{\sqrt{x^2-1}\sqrt{x^2-1}\sqrt{x^2-2}}$$ Productos de extremos = productos de medios

$$= \frac{x}{(x^2-1)\sqrt{x^2-2}}$$ $\sqrt{x} * \sqrt{x} = (\sqrt{x})^2 = x$

6.- y = csc⁻¹(x²+1)

$$y' = -\frac{2x}{(x^2+1)\sqrt{(x^2+1)^2-1}}$$ Derivada de arco cosecante

$$= -\frac{2x}{(x^2-1)\sqrt{x^4+2x^2+1-1}}$$ Desarrollando el binomio $(x^2+1)^2$

$$= -\frac{2x}{(x^2-1)\sqrt{x^4+2x^2}}$$ Simplificando 1-1=0

$$= -\frac{2x}{(x^2+1)\sqrt{x^2(x^2+2)}}$$ Factorizando x^2

$$= -\frac{2x}{x(x^2+1)\sqrt{(x^2+2)}}$$ Extrayendo $\sqrt{x^2}=x$

$$= -\frac{2}{(x^2-1)\sqrt{(x^2+2)}}$$ Eliminando x

7.- y = x sen⁻¹x

$$y' = x \frac{1}{\sqrt{1-x^2}} + sen^{-1}x$$ Derivada de un producto y arco seno

$$= \frac{x}{\sqrt{1-x^2}} + sen^{-1}x$$ Efectuando el producto

8.- y = x cot⁻¹(1+ x²)

$$y' = -x\left[-\frac{2x}{1+(1+x^2)^2}\right] + \cot^{-1}(1+x^2)$$ Derivada de un producto y arco cotangente

$$= -\frac{2x^2}{1+(1+x^2)^2} + \cot^{-1}(1+x^2)$$ Realizado el producto

9. $y = \cot^{-1}\dfrac{2}{x} + \tan^{-1}\dfrac{x}{2}$

$$y' = -\frac{-\dfrac{2}{x^2}}{1+\left(\dfrac{2}{x}\right)^2} + \frac{\dfrac{1}{2}}{1+\left(\dfrac{x}{2}\right)^2}$$ Derivada de arco cotangente y cociente

$$= \frac{\dfrac{2}{x^2}}{1+\dfrac{4}{x^2}} + \frac{\dfrac{1}{2}}{1+\dfrac{x^2}{4}}$$ Efectuando las potencias

$$= \frac{\dfrac{2}{x^2}}{\dfrac{x^2+4}{x^2}} + \frac{\dfrac{1}{2}}{\dfrac{4+x^2}{4}}$$ Buscando común denominador

$$= \frac{\left(\dfrac{2}{x^2}\right)\left(\dfrac{x^2}{1}\right)}{x^2+4} + \frac{\left(\dfrac{1}{2}\right)\left(\dfrac{4}{1}\right)}{4+x^2}$$ Producto de extremos = productos de medios

$$= \frac{2}{x^2+4} + \frac{2}{x^2+4}$$ Eliminando x^2 y 2

$$= \frac{4}{x^2+4}$$ Porque tienen el mismo denominador

10. $y = 2\sqrt{x}\ \tan^{-1}\sqrt{x}$

$$y' = 2\sqrt{x}\left[\frac{\frac{1}{2\sqrt{x}}}{1+x}\right] + \tan^{-1}\sqrt{x}\left(\frac{2}{2x}\right)$$ Derivada de un producto arco tangente y raíz

$$= \frac{1}{1+x} + \frac{1}{\sqrt{x}}\tan^{-1}\sqrt{x}$$ Eliminando $2\sqrt{x}$ y 2

$$= \frac{1}{1+x} + x^{-\frac{1}{2}}\tan^{-1}\sqrt{x}$$ Porque $\frac{1}{\sqrt{x}} = x^{-1}$ exponente negativo

11. $y = x^2\cos^{-1}x$

$$y' = x^2\left(-\frac{1}{\sqrt{1-x^2}}\right) + 2x\cos^{-1}x$$ Derivada de un producto

$$= -\frac{x^2}{\sqrt{1-x^2}} + 2x\cos^{-1}x$$ Efectuando el producto

12. $y = (\text{sen}^{-1}x)^2$

$$y' = 2(\text{sen}^{-1}x)\left(\frac{1}{\sqrt{1-x^2}}\right)$$ Derivada de un a potencia y arco seno

$$= \frac{2\text{sen}^{-1}x}{\sqrt{1-x^2}}$$ Efectuando el producto

13.- y = (x²-9tan⁻¹ $\frac{x}{3}$)³

$$y'=3\left(x^2-9\tan^{-1}\frac{x}{3}\right)^2\left[2x-9\left(\frac{1/3}{1+x^2/9}\right)\right]$$

Derivada de una potencia y arco tangente

$$=3\left(x^2-9\tan^{-1}\frac{x}{3}\right)^2\left[2x-\frac{3}{\dfrac{9+x^2}{9}}\right]$$

Efectuando el producto y común denominador

$$=3\left(x^2-9\tan^{-1}\frac{x}{3}\right)^2\left[2x-\frac{27}{9+x^2}\right]$$

Producto de extremos = producto de medios

14. y = $\dfrac{\cos^{-1}x}{x}$

$$y'=\frac{x\left(-\dfrac{1}{\sqrt{1-x^2}}\right)-\cos^{-1}x(1)}{x^2}$$

Derivada de un cociente y arco coseno

$$=\frac{\dfrac{-x}{\sqrt{1-x^2}}-\cos^{-1}x}{x^2}$$

Efectuando el producto

$$=\frac{\dfrac{-x-\sqrt{1-x^2}\cos^{-1}x}{\sqrt{1-x^2}}}{x^2}$$

Buscando un común denominador

$$=\frac{-(x+\sqrt{1-x^2}\cos^{-1}x)}{x^2\sqrt{1-x^2}}$$

Productos de extremos = productos de medios

15. $y = \dfrac{1}{sen^{-1}x}$

$$y' = \frac{sen^{-1}x(0) - 1\left(\dfrac{1}{\sqrt{1-x^2}}\right)}{(sen^{-1}x)^2}$$

*Se puede realizar como cociente o como exponente negativo

$$= \frac{-\dfrac{1}{\sqrt{1-x^2}}}{(sen^{-1}x)^2}$$

Derivada de un cociente y arco seno

$$= -\frac{1}{\sqrt{1-x^2}\,(sen^{-1}x)^2}$$

Productos de extremos = productos de medios

16. $y = \dfrac{x}{\sqrt{1-x^2}} + \cos^{-1} x$

$$y' = \frac{\sqrt{1-x^2} - x\left(\dfrac{-2x}{2\sqrt{1-x^2}}\right)}{1-x^2} - \frac{1}{\sqrt{1-x^2}}$$

Derivada de un cociente y arco coseno

$$== \frac{\sqrt{1-x^2} - x\left(\dfrac{-2x}{2\sqrt{1-x^2}}\right)}{(1-x^2)\sqrt{(x^2+2)}} - \frac{1}{\sqrt{1-x^2}}$$

Efectuando el producto y simplificando

$$= \frac{\dfrac{1-x^2+x^2}{\sqrt{1-x^2}}}{1-x^2} - \frac{1}{\sqrt{1-x^2}}$$

Buscando común denominador
$\sqrt{1-x^2}$

$$= \frac{1+0}{(1-x^2)\sqrt{1-x^2}} - \frac{1}{\sqrt{1-x^2}}$$

Eliminando la x^2 producto de
extremos = medios

$$= \frac{1-1+x^2}{(1-x^2)\sqrt{1-x^2}}$$

Buscando común denominador

$$= \frac{x^2}{(1-x^2)\sqrt{1-x^2}}$$

Eliminando el 1-1=0

17. $y = \dfrac{sen^{-1}2x}{\cos^{-1}2x}$

$$y' = \frac{\cos^{-1}2x\left(\dfrac{2}{\sqrt{1-4x^2}}\right) - sen^{-1}2x\left(-\dfrac{2}{\sqrt{1-4x^2}}\right)}{(\cos^{-1}2x)^2}$$

Derivada de un cociente

$$= \frac{\dfrac{2\cos^{-1}2x}{\sqrt{1-4x^2}} + \dfrac{2sen^{-1}2x}{\sqrt{1-4x^2}}}{(\cos^{-1}2x)^2}$$

Efectuando las operaciones
indicadas

$$= \frac{\dfrac{2\cos^{-1}2x + 2sen^{-1}2x}{\sqrt{1-4x^2}}}{(\cos^{-1}2x)^2}$$

Común denominador
$\sqrt{1-4x^2}$

$$= \frac{2\cos^{-1}2x + 2sen^{-1}2x}{\sqrt{1-4x^2}(\cos^{-1}2x)^2}$$

Productos de extremos =
productos de medios

18. y = sen⁻¹(senx)

$$y' = \frac{\cos x}{\sqrt{1 - sen^2 x}}$$ Derivada de arco seno

$$= \frac{\cos x}{\sqrt{\cos^2 x}}$$ Identidad $1 - sen^2 x = \cos^2 x$

$$= \frac{\cos x}{\left| \cos^2 x \right|}$$ Valor absoluto $\left| \ \ \right|$

19. y = sen⁻¹(cos4x)

$$y' = \frac{-4sen4x}{\sqrt{1 - \cos^2 4x}}$$ Derivada de arco seno y derivada de coseno

$$= -\frac{4sen4x}{\sqrt{sen^2 4x}}$$ Identidad $1 - \cos^2 = sen^2$

$$= -\frac{4sen4x}{\left| sen^2 4x \right|}$$ Extrayendo la raíz cuadrada

20. y = x(sen⁻¹x)²-2x+2 $\sqrt{1-x^2}$ sen⁻¹x

$$y' = x(2)\,(sen^{-1}x)\left(\frac{1}{\sqrt{1-x^2}} \right) + (sen^{-1}x)^2$$
          Derivada de un producto y arco seno

$$-2 + 2\sqrt{1-x^2}\left(\frac{1}{\sqrt{1-x^2}} \right) + sen^{-1}x$$

$$\left(-\frac{4x}{2\sqrt{1-x^2}} \right)$$

$$= \frac{2xsen^{-1}x}{\sqrt{1-x^2}} + (sen^{-1}x)^2 - 2 + 2 - \frac{4xsen^{-1}x}{2\sqrt{1-x^2}}$$

Efectuando productos y simplificando

$$= \frac{2xsen^{-1}x}{\sqrt{1-x^2}} + (sen^{-1}x)^2 - \frac{2xsen^{-1}x}{\sqrt{1-x^2}}$$

Eliminando el 2

$$= (sen^{-1}x)^2$$

Eliminando $\dfrac{2xsen^{-1}x}{\sqrt{1-x^2}}$

EJRCICIOS PROPUESTOS

Comprueba el resultado que se indica.

1. $y = \text{sen}^{-1}\sqrt{x}$

$$y' = \frac{1}{2\sqrt{x - x^2}}$$

2. $y = \text{sen}^{-1}(5x-1)$

$$y' = \frac{5}{\sqrt{1 - (5x)^2}}$$

3. $y = \text{sen}^{-1}\dfrac{x+1}{\sqrt{2}}$

$$y' = \frac{1}{\sqrt{-x^2 - 2x + 1}}$$

4. $y = \cos^{-1}\dfrac{x}{a}$

$$y' = -\frac{1}{\sqrt{a^2 - x^2}}$$

5. $y = 5\tan^{-1}3x$

$$y' = \frac{15}{1 + 9x^2}$$

6. $y = \tan^{-1}\dfrac{3}{x}$

$$y' = -\frac{3}{x^2 + 9}$$

7. $y = 4\cot^{-1}\dfrac{x}{2}$

$$y' = -\frac{8}{4 + x^2}$$

8. $y = \cot^{-1}\dfrac{2x}{1 - x}$

$$y' = \frac{2}{1 + x^2}$$

9. $y = \sqrt{x}\,\sec^{-1}\sqrt{x}$

$$y' = \frac{1}{2\sqrt{x^2 - x}} + \frac{1}{2\sqrt{x}}\sec^{-1}\sqrt{x}$$

10. $y = \csc^{-1}\sqrt{x+1}$

$$y' = \frac{1}{2\sqrt{x}(x+1)}$$

11. $y = \tan^{-1}\dfrac{x-1}{x+1}$

$$y' = \frac{1}{x^2 + 1}$$

12. $y = x\,sen^{-1}2x$

$$y' = \frac{2x}{\sqrt{1-4x^2}} + sen^{-1}2x$$

13. $y = x^2 tan^{-1}x^2$

$$y' = \frac{2x^3}{1+x^4} + 2x\tan x^2$$

14. $y = 2\,sen^{-1}x + x\,cos^{-1}x$

$$y' = \frac{2-x}{\sqrt{1-x^2}} + cos^{-1}x$$

15. $y = (1 + cos^{-1}3x)^3$

$$y' = -\frac{9}{\sqrt{1-9x^2}}(1 + cos^{-1}3x)^2$$

16. $y = \dfrac{1}{\sqrt{3}}\,tan^{-1}\dfrac{x\sqrt{3}}{1-x^2}$

$$y' = \frac{x^2+1}{x^4 + x^2 + 1}$$

17. $y = \dfrac{1}{tan^{-1}x^2}$

$$y' = \frac{-2x}{(1+x^4)(tan^{-1}x^2)^2}$$

18. $y = \dfrac{tan^{-1}x}{x^2+1}$

$$y' = \frac{1 - 2x\,tan^{-1}x}{x^2+1}$$

19. $y = \dfrac{x}{\sqrt{a^2-x^2}} - sen^{-1}\dfrac{x}{a}$

$$y' = \left(\frac{x^2}{a^2-x^2}\right)\left(\frac{1}{\sqrt{a^2-x^2}}\right)$$

20. $y = x\sqrt{a^2-x^2} + a^2 sen^{-1}\dfrac{x}{a}$

$$y' = 2\sqrt{a^2-x^2}$$

21. $y = \dfrac{x}{\sqrt{a^2-x^2}} - sen^{-1}\dfrac{x}{a}$

$$y' = -\frac{x^2}{\left(a^2-x^2\right)^{\frac{3}{2}}}$$

22. $tan^{-1}y = x^2 + y^2$

$$y' = \frac{2x\left(1+y^2\right)}{-2y^3 - 2y + 1}$$

DERIVADAS LOGARÍTMICAS Y EXPONENCIALES

7.1.- Formulas básicas de derivación logarítmica

7.2.- Propiedades de los logaritmos

7.3.- Ejercicios resueltos

7.4.-Ejercicios propuestos

7.5.- Derivadas exponenciales

7.6.- Formulas de derivación exponencial

7.7.- Ejercicios resueltos

7.8.- Ejercicios propuestos

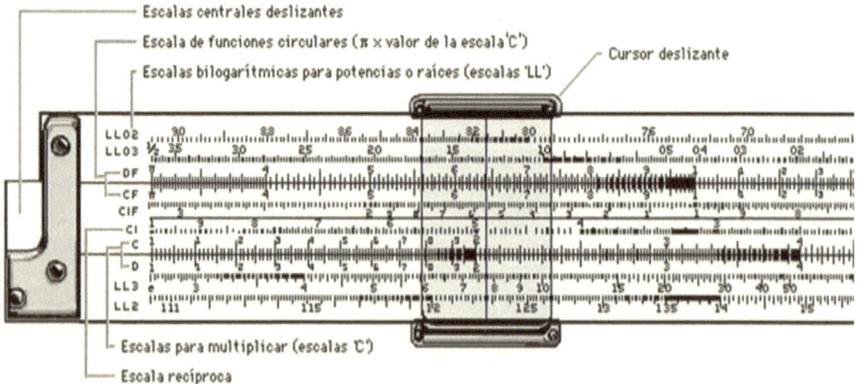

Regla de cálculo

Antes de que se inventaran las calculadoras electrónicas manuales, la regla de cálculo era utilizada habitualmente por ingenieros y científicos. El instrumento, dotado de una sección central móvil, aprovecha el principio de que todos los cálculos matemáticos pueden realizarse mediante escalas lineales y logarítmicas deslizantes. Los usuarios avanzados eran capaces de realizar cálculos complicados con gran rapidez. Estos sistemas se siguieron empleando aproximadamente hasta finales de la década de 1960.

7.1.- Formulas básicas de derivación logarítmica.

$$\frac{d}{dx}(\log_a u) = \frac{\log e}{u}\frac{dy}{dx} \qquad\qquad \frac{d}{dx}(\ln u) = \frac{1}{u}\frac{dy}{dx}$$

7.2.- Propiedades de los logaritmos.

1. $\log (A\,B) = \log A + \log B$

Forma exponencial	Forma logarítmica
$A = b^{x}$	$x = \log A$
$B = b^{y}$	$y = \log B$
$A\,B = b^{x}\,b^{y}$	multiplicando miembro a miembro
$A\,B = b^{x+y}$	Potencias de la misma base
$\log. (AB) = x + y$	sacando logaritmos
$\log. (AB) = \log. A + \log. B$	sustituyendo x y

2. $\log (A/B) = \log A - \log B$

Forma exponencial	Forma logarítmica
$A = b^{x}$	$x = \log A$
$B = b^{y}$	$y = \log B$
$A \div B = b^{x} \div b^{y}$	dividiendo miembro a miembro
$A \div B = b^{x-y}$	cociente de potencias
$\log. (A \div B) = x - y$	sacando logaritmos
$\log. (A \div B) = \log. A - \log. B$	sustituyendo x y

3. $\log(A^n) = n \log A$

Forma exponencial	Forma logarítmica
$A = b^x$	$x = \log A$
$A^n = \left(b^x\right)^n$	elevando a una potencia
$A^n = b^{nx}$	potencias de potencias
lóg. $\left(A^n\right) = n\,x$	sacando logaritmos
lóg. $\left(A^n\right) = n$ lóg. A	sustituyendo x

4. $\log\left(\sqrt[n]{A}\right) = \dfrac{\log A}{n}$

Forma exponencial	Forma logarítmica
$A = b^x$	$x = \log A$
$\sqrt[n]{A} = \sqrt[n]{b^x}$	extrayendo raíz enésima
$\sqrt[n]{A} = b^{\frac{x}{n}}$	exponente fraccionario
lóg. $\sqrt[n]{A} = x \div n$	sacando logaritmos
lóg. $\sqrt[n]{A} = \log A \div n$	sustituyendo x

7.3.- EJERCICIOS RESUELTOS

1.- y = ln (x + 1)

$$y' = \frac{1}{x+1}$$

Aplicando $(\ln u) = \dfrac{\dfrac{du}{dx}}{u}$

Derivada $(x + 1) = 1$

2.- y = ln cos x

u = cos x   u' = - sen x

Haciendo u = cos x

$$y' = \frac{-sen\,x}{\cos x}$$

Derivada de un logaritmo natural

$$= - \tan x$$

Identidad trigonométrica $\tan x = \dfrac{senx}{\cos x}$

3. y = ln sen a x

u = sen a x   u' = a cos a x

Haciendo u = sen a x

$$y' = \frac{a\,\cos\,ax}{sen\,ax}$$

Derivada de un logaritmo natural

$$= a \cot ax$$

Sustituyendo $\cot x = \dfrac{\cos x}{sen\,x}$

4. y = ln tan x

u = tan x   u' = sec²x

Haciendo u = tan x

$$y' = \frac{sec^2 x}{\tan x}$$

Derivada de un logaritmo natural

$$= \frac{\dfrac{1}{\cos^2 x}}{\dfrac{sen\,x}{\cos x}}$$

Sustituyendo

$$sec\,x = \frac{1}{\cos x} \quad y \quad \tan x = \frac{sen\,x}{\cos x}$$

$$= \frac{\cos x}{\cos^2 x \cdot sen\ x}$$

Producto de extremos = productos de medios

$$= \frac{1}{\cos\ x \cdot sen\ x}$$

Simplificando cos x

$$= \frac{2}{2sen\ x \cdot \cos x}$$

Multiplicando por 2 y dividiendo

$$= \frac{2}{sen\ 2x}$$

Sustituyendo
$sen\ 2x = 2\ sen\ x \cdot \cos x$

5. $y = ln\ (x^6 + 3x^2 + 1)$

$u = x^6 + 3x^2 + 1 \quad u' = 6x^5 + 6x$

Haciendo $u = x^6 + 3x^2 + 1$

$$y' = \frac{6x^5 + 6x}{x^6 + 3x^2 + 1}$$

Derivada de un logaritmo natural

$$= \frac{6x(x^4 + 1)}{x^6 + 3x^2 + 1}$$

Factorizando 6x

6. $y = ln\ (x^2 + x)$

$u = x^2 + x \quad u' = 2x + 1$

Haciendo $u = x^2 + x$

$$y' = \frac{2x + 1}{x^2 + x}$$

Derivada de un logaritmo natural

7. $y = ln\ \sqrt{3 - x^2}$

$u = \sqrt{3 - x^2} \quad u' = -\dfrac{2x}{2\sqrt{3 - x^2}}$

Haciendo $u = \sqrt{3 - x^2}$ y derivada de una raíz cuadrada

$$= -\frac{x}{\sqrt{3 - x^2}}$$

Simplificando 22

$$y' = \frac{-\dfrac{x}{\sqrt{3-x^2}}}{\sqrt{3-x^2}}$$

Derivada de un logaritmo natural

$$= -\frac{x}{\sqrt{3-x^2}\,\sqrt{3-x^2}}$$

Producto de extremos = productos de medios

$$= -\frac{x}{3-x^2}$$

$\sqrt{x} \cdot \sqrt{x} = (\sqrt{x})^2 = x$

8. y = 3 ln (5x+5)

$u = 5x + 5 \quad u' = 5$

Haciendo $u = 5x + 5$

$$y' = \frac{3(5)}{5x+5}$$

Derivada de un logaritmo natural

$$= \frac{5(3)}{5(x+1)}$$

Factorizando 5

$$= \frac{3}{x+1}$$

Simplificando 5

9. y = x ln x

$$y' = x\frac{1}{x} + \ln x\,(1)$$

Derivada de un producto y un logaritmo

$$y' = \frac{x}{x} + \ln x$$

Realizando los productos

$$y' = 1 + \ln x$$

Simplificando x

10. $y = x^2 \ln x$

$y' = x^2 \dfrac{1}{x} + \ln x \,(2x)$ Derivada de un producto y
logaritmo

$y' = \dfrac{x^2}{x} + 2x \ln x$ Realizando las operaciones

$y' = x + 2x \ln x$ Simplificando x

$y' = x(1 + 2 \ln x)$ Factorizando x

11. $y = \dfrac{\ln x}{x}$

$y' = \dfrac{x \dfrac{1}{x} - \ln x(1)}{x^2}$ Derivada de un cociente y
logaritmo

$= \dfrac{\dfrac{x}{x} - \ln x}{x^2}$ Realizando los productos

$= \dfrac{1 - \ln x}{x^2}$ Simplificando $\dfrac{x}{x}$

12. $y = \ln \dfrac{x}{x+1}$

$= \ln x - \ln (x + 1)$ Propiedad logaritmo de un
cociente

$y' = \dfrac{1}{x} - \dfrac{1}{x+1}$ Derivada de un logaritmo

$= \dfrac{x+1-x}{x(x+1)}$ Buscando un común
denominador

$$= \frac{1}{x(x+1)}$$

Simplificando x

13. y = ln $\dfrac{1+x^2}{1-x^2}$

$$= \ln(1+x^2) - \ln(1-x^2)$$

Propiedad logaritmo de un cociente

$$y' = \frac{2x}{1+x^2} + \frac{2x}{1-x^2}$$

Derivada de un logaritmo

$$= \frac{2x - 2x^3 + 2x + 2x^3}{1-x^4}$$

Realizando el producto indicado $(1+x^2)(1-x^2)$ común denominador

$$= \frac{2x + 2x}{1-x^4}$$

Simplificando $2x^3$

$$= \frac{4x}{1-x^4}$$

Ordenando el resultado

14. y = ln³x

$$y' = 3 \ln^2 x \; \frac{1}{x}$$

Derivada de una potencia

$$y' = \frac{3 \ln^2 x}{x}$$

Ordenando el resultado

15. y = ln 2x $\sqrt{x^2+4}$

$$= \ln 2x + \ln \sqrt{x^2+4}$$

Propiedad de los logaritmos de un producto

$$y' = \frac{2}{2x} + \frac{\dfrac{2x}{2\sqrt{x^2+4}}}{\sqrt{x^2+4}}$$

Derivada de un logaritmo

$$= \frac{1}{x} + \frac{\dfrac{x}{\sqrt{x^2+4}}}{\sqrt{x^2+4}}$$

Simplificando el 2

$$= \frac{1}{x} + \frac{x}{\sqrt{x^2+4}\sqrt{x^2+4}}$$

Producto de extremos = productos de medios

$$= \frac{1}{x} + \frac{x}{x^2+4}$$

$\sqrt{x} \cdot \sqrt{x} = (\sqrt{x})^2 = x$

$$= \frac{x^2+4+x^2}{x(x^2+4)}$$

Buscando el común denominador

$$= \frac{2x^2+4}{x(x^2+4)}$$

Sumando x^2

16. $y = \ln \dfrac{(x+1)(x+2)}{x+3}$

$$= \ln(x+1) + \ln(x+2) - \ln(x+3)$$

Logaritmo de un producto y cociente

$$y' = \frac{1}{x+1} + \frac{1}{x+2} - \frac{1}{x+3}$$

Derivada de logaritmos

$$= \frac{x^2+5x+6+x^2+4x+3-x^2-3x-2}{(x+1)(x+2)(x+3)}$$

Buscando común denominador

$$= \frac{x^2+6x+7}{(x+1)(x+2)(x+3)}$$

Simplificando la expresión

17. $y = \ln(\ln x)$

$u = \ln x \qquad u' = \dfrac{1}{x}$

Haciendo $u = \ln x$

$$y' = \frac{\frac{1}{x}}{\ln x}$$
Derivada de un logaritmo

$$y' = \frac{1}{x \ln x}$$
Producto de extremos = productos de medios

18. y = ln (sec x + tan x)

$$y' = \frac{\sec x \tan x + \sec^2 x}{\sec x + \tan x}$$
Derivada de un logaritmo

$$= \frac{\sec x(\tan x + \sec x)}{\sec x + \tan x}$$
Factorizando sec x

$$= \sec x$$
Simplificando $\sec x + \tan x$

19. 3y - x² + ln x y = 2 Función implícita

$$3\frac{dy}{dx} - 2x + \frac{x\frac{dy}{dx} + y}{xy} = 0$$
Derivando la función

$$3xy\frac{dy}{dx} - 2x^2 y + x\frac{dy}{dx} + y = 0$$
Multiplicando todo por x y

$$\frac{dy}{dx}(3xy + x) = 2x^2 y - y$$
Factorizando $\frac{dy}{dx}$ y despejando

$$\frac{dy}{dx} = \frac{2x^2 y - y}{3xy + x}$$

20. x y = ln (x² + y²)   Función implícita

$$x\frac{dy}{dx} + y = \frac{2x + 2y\dfrac{dy}{dx}}{x^2 + y^2}$$ Derivando la función

$$x^3\frac{dy}{dx} + xy^2\frac{dy}{dx} + x^2y + y^3 = 2x + 2y\frac{dy}{dx}$$ Multiplicando por $x^2 + y^2$

$$\frac{dy}{dx}(x^3 + xy^2 - 2y) = 2x - yx^2 - y^3$$ Factorizando $\dfrac{dy}{dx}$

$$\frac{dy}{dx} = \frac{2x - yx^2 - y^3}{x^3 + xy^2 - 2y}$$ Despejando $\dfrac{dy}{dx}$

7.4.- EJERCICIOS PROPUESTOS

Compruebe el resultado que se indica.

1. $y = \ln(x+1)$ $y' = \dfrac{1}{x+1}$

2. $y = \ln(3x^2-2x+1)$ $y' = \dfrac{6x-2}{3x^2-2x+1}$

3. $y = \ln 3x^5$ $y' = \dfrac{5}{x}$

4. $y = \ln(x^2)(3x^2+6)$ $y' = \dfrac{4(x^2+1)}{x(x^2+2)}$

5. $y = \ln \operatorname{sen}^2 x$ $y' = 2\cot x$

6. $y = \ln \sec x^2$ $y' = 2x \tan x^2$

7. $y = \ln(5x-7)^4(2x+3)^3$ $y' = \dfrac{20}{5x-7} + \dfrac{6}{2x+3}$

8. $y = \dfrac{\ln x}{x}$ $y = \dfrac{1-\ln x}{x^2}$

9. $y = \dfrac{\ln x^2}{x^2}$ $y' = \dfrac{2-4\ln x}{x^3}$

10. $y = x\ln x^2 - 2x$ $y' = \ln x^2$

11. $y = x[\operatorname{sen}(\ln x) + \cos(\ln x)]$ $y' = 2\cos(\ln x)$

12. $y = x\ln(4+x^2)+4\arctan 1/2(x-2)$ $y' = \ln(4+x^2)$

13. $y = x[\operatorname{sen}(\ln x)-\cos(\ln x)]$ $y' = 2\operatorname{sen}(\ln x)$

14. $y = \ln \sqrt{\dfrac{x^2 - 1}{x^2 + 1}}$

$y' = \dfrac{2x}{x^4 - 1}$

15. $y = \ln \tan \left(\dfrac{\pi}{4} + \dfrac{x}{2} \right)$

$y' = \dfrac{1}{\cos x}$

16. $y = \tan (\ln x)$

$y' = \dfrac{\sec^2 (\ln x)}{x}$

17. $y = \ln (\ln \tan x)$

$y' = \dfrac{2}{sen\ 2x \bullet \ln \tan\ x}$

18. $y^2 = \ln x\, y$

$\dfrac{dy}{dx} = \dfrac{y}{x(2y^2 - 1)}$

19. $y = \ln (x + y)$

$\dfrac{dy}{dx} = \dfrac{1}{x + y - 1}$

20. $x \ln y + y \ln x = 1$

$\dfrac{dy}{dx} = \dfrac{y^2 - xy \ln y}{x^2 - xy \ln y}$

7.5.- DERIVADAS EXPONENCIALES

.6.- Fórmulas básicas de derivación exponencial

1.- $\dfrac{d}{dx}(a^u) = a^u \ln a \dfrac{du}{dx}$

cuando la base es cantidad variable

2.- $\dfrac{d}{dx}(e^u) = e^u \dfrac{du}{dx}$

cuando la base es una constante

e número trascendente y es la base de los logaritmos naturales

RECOMENDACIONES.

1. Se aplican la derivada algebraica y trascendente.

2. Manejar los productos notables y sus factorizaciones.

3. Propiedades de los logaritmos.

4. Identidades trigonométricas.

7.7.- EJERCICIO RESUELTOS.

1. $y = e^{-4x+2}$

$u = -4x+2$	Haciendo $u = -4x+2$
$u' = -4$	Derivando $u' = -4$
$y' = e^{u} du$	Derivada exponencial
$= -4\,e^{-4x+2}$	Sustituyendo u y u'.

2. $y = e^{nx^2}$

$u = nx^2 \qquad du = 2n\,x$	Haciendo $u = nx^2$
$y' = e^{u} du$	Derivada exponencial
$= = 2nxe^{nx^2}$	Sustituyendo u y du.

3. $y = e^{\sqrt{2x^3}}$

$u = \sqrt{2x^3}$ Haciendo $u = \sqrt{2x^3}$.

$du = \dfrac{6x^2}{2\sqrt{2x^3}}$ Derivada de una raíz cuadrada.

$= \dfrac{3x^2}{x\sqrt{2x}}$ Extrayendo $\sqrt{x^2}$ y simplificando 2.

$= \dfrac{3x}{\sqrt{2x}}$ Simplificando x.

$y' = e^{u} du$ Derivada exponencial

$= \dfrac{3x\,e^{\sqrt{2x^3}}}{\sqrt{2x}}$ Sustituyendo u y du.

4. $y = e^x (2 + x^2)$

$y' = e^x (2x) + (2 + x^2)e^x$ — Derivada de un producto.

$= e^x(2x + 2 + x^2)$ — Factorizando e^x-.

$= (x^2 + 2x + 2) e^x$ — Realizando el producto indicado.

Observación importante.

$y = 2e^x + x^2e^x$ — Realizando el producto indicado

$y' = 2e^x + x^2e^x + 2x\ ex$ — Derivando la expresión

$= e^x(2 + x^2 + 2x)$ — Factorizando e^x

$= (x^2 + 2x + 2) e^x$ — Ordenando en forma decreciente de x

5. $y = \dfrac{e^{2x} + e^{-2x}}{e^{2x} - e^{-2x}}$

$$y' = \frac{(e^{2x} - e^{-2x})(2)(e^{2x} - e^{-2x}) - (e^{2x} + e^{-2x})(2)(e^{2x} + e^{-2x})}{(e^{2x} - e^{-2x})^2}$$

Derivada de un cociente.

$$= \frac{(2)[(e^{2x} - e^{-2x})^2 - (e^{2x} + e^{-2x})^2]}{(e^{2x} - e^{-2x})^2}$$

Factorizando 2.

$$= \frac{(2)[(e^{4x} - 2 + e^{-4x} - e^{4x} - 2 - e^{-4x}]}{(e^{2x} - e^{-2x})^2}$$

Desarrollo de los binomios al cuadrado.

$$= \frac{2(-2 - 2)}{(e^{2x} - e^{-2x})^2}$$

Simplificando e^{4x} y e^{-4x}

$$= \frac{-8}{(e^{2x} - e^{-2x})^2}$$

Realizando la operación indicada.

6. $y = \dfrac{e^x + 5}{e^x + 12}$

$y' = \dfrac{(e^x + 12)(e^x) - (e^x + 5)(e^x)}{(e^x + 12)^2}$ Derivada de un cociente.

$= y' = \dfrac{e^x + 12 - e^x - 5}{(e^x + 12)^2}$ Factorizando e^x

$= \dfrac{(e^x)(7)}{(e^x + 12)^2}$ Simplificando e^x y 12-5

$= \dfrac{7e^x}{(e^x + 12)^2}$ Realizando el producto indicado.

7. $y = \dfrac{e^{3x}}{x^2 - 1}$

$y' = \dfrac{(x^2 - 1)(3)e^{3x} - e^{3x}(2x)}{(x^2 - 1)^2}$ Derivada de un cociente

$= \dfrac{e^{3x}(3x^2 - 2x - 3)}{(x^2 - 1)^2}$ Factorizando e^{3x}.

8. $y = x^4 e^{3x^2}$

$y' = x^4(6x)e^{3x^2} + e^{3x^2}(4x^3)$ Derivada de un producto.

$= e^{3x^2}(6x^5 + 4x^3)$ Factorizando e^{3x^2}.

9.- $y = (e^{2x} + 3x)^2$

$y' = 2(e^{2x} + 3x)(2e^{2x} + 3)$ Derivada de una potencia

$= 2(2e^{4x} + 3e^{2x} + 6x\,e^{2x} + 9x)$ Realizando el producto

$= 2[2e^{4x} + e^{2x}(3 + 6x)9x]$ Factorizando e^{2x}

$= 4e^{4x} + 2e^{2x}(3 + 6x) + 18x$ Realizando operaciones

$= 2e^{4x}(2e^{2x} + 3 + 6x) + 18x$ Factorizando $2e^{4x}$

10. y $= e^{5x} \cdot e^{-3x} \cdot e^{-4x}$

$= e^{-2x}$ Multiplicación de potencias de la misma base

$u = -2x \quad du = -2$ Haciendo $u = -2x \quad du = -2$

$y' = e^u \, du$ Derivada de e^u

$= -2e^{-2x}$

11. y $= \sqrt[3]{1 + e^{3x}}$

$= (1 + e^{3x})^{\frac{1}{3}}$ Convertir un radical a exponente a fracción

$u = 1 + e^{3x} \quad du = 3e^{3x}$

$y' = \dfrac{1}{3}(1 + e^{3x})^{-\frac{2}{3}}(3e^{3x})$ Derivada de una potencia

$= \dfrac{e^{3x}}{(1 + e^{3x})^{\frac{2}{3}}}$ Exponente negativo

$= \dfrac{e^{3x}}{\sqrt[3]{(1 + e^{3x})^2}}$ En forma radical.

12. y $= e^{e^{2x}}$

$u = e^{2x} \quad\quad du = 2e^{2x}$ Haciendo $u = e^{2x}$ y derivando u

$y' = e^u \, du$ Derivada de e^u

$= 2e^{2x} e^{e^{2x}}$ Sustituyendo u y du.

13. $y = me^{\sqrt[3]{x^2}}$

$= me^{x^{\frac{2}{3}}}$

Radical en forma de un exponente fraccionario.

$u = x^{\frac{2}{3}} \quad du = \frac{2}{3}x^{-\frac{1}{3}}$

Haciendo $u = x^{\frac{2}{3}} \quad du = \frac{2}{3}x^{-\frac{1}{3}}$

$y' = e^{u}\, du$

Derivada de la función exponencial

$= \frac{2me^{x^{\frac{2}{3}}}}{3\sqrt[3]{x}}$

Sustituyendo u y du.

14. $y = b^{x^{-2}}$

$u = x^{-2} \qquad du = -2x^{-3}$

Haciendo $u = x^{-2}$ y derivando

$y' = b^{u} \ln b\, (du)$

Derivada de una constante elevada a una variable

$= b^{x-2} \ln b(-2x^{-3})$

Sustituyendo u y du.

15. $y = 5^{2x+x^{3}}$

$u = 2x + x^{3} \quad du = 2 + 3x^{2}$

Haciendo $u = 2x + x^{3}$ y derivando

$y' = 5^{u} \ln 5\, du$

Derivando $a^{u}\, du$

$= (2 + 3x^{2})\, 5^{2x+x^{3}} \ln 5$

Sustituyendo u y du

16. $y = e^{\operatorname{sen} 5x}$

$u = \operatorname{sen} 5x \qquad du = 5 \cos 5x$

Haciendo $u = \operatorname{sen} 5x$ y derivando

$y' = e^{u}\, du$

Derivando e^{u}

$= 5 \cos 5x\, e^{\operatorname{sen} 5x}$

Sustituyendo u y du.

17. $y = e^{\cos^2 2x}$

$u = \cos^2 2x \quad du = 2\cos 2x(2)(-\sen 2x)$

         Haciendo $u = \cos^2 2x$ y derivando

$= -2(2\sen 2x \cos 2x)$

         Como $2\sen 2x \cos 2x = \sen 2x$

$= -2\sen 4x$

$y' = e^u\, du$

         Derivando e^u

$= -2\sen 4x\; e^{\cos^2 2x}$

         Sustituyendo u y du.

18. $y = e^{\tan \pi^2}$

$u = \tan nx^2 \quad du = 2\,2n\,\sec^2 nx^2$

         Haciendo $u = \tan nx^2$ y derivando

$y' = e^u\, du$

         Derivando e^u

$y' = 2n\,\sec^2 nx^2\; e^{\tan \pi^2}$

         Sustituyendo u y du.

19. $y = e^{\sec 3x}$

$u = \sec 3x \quad du = 3\sec 3x \tan 3x$

         Haciendo $u = ec\,3x$ y derivando

$y' = e^u\, du$

         Derivando e^u

$= 3\sec 3x \tan 3x\, e^{\sec 3x}$

         Sustituyendo u y du.

20. $y = e^{\sen^{-1} x^2}$

$u = e^{\sen^{-1} x^2} \quad du = \dfrac{2x}{\sqrt{1 + x^4}}$

         Haciendo $u = e^{\sen^{-1} x^2}$ y derivando

$y' = e^u\, du$

         Derivando e^u

$$= \frac{2xe^{sen^{-1}x^2}}{\sqrt{1-x^4}}$$ Sustituyendo u y du.

21. $y = e^{\cos^{-1}5x}$

$u = \cos^{-1}5x \quad du = -\dfrac{5}{\sqrt{1-(5x)^2}}$ Haciendo u = cos⁻¹5x y derivando

$y' = e^u du$ Derivando e ^{u}

$$= -\frac{5e^{\cos^{-1}5x}}{\sqrt{1-(5x)^2}}$$ Sustituyendo u y du.

22. $y = e^{\tan^{-1}(x^2+2x)}$

$u = \tan^{-1}(x^2 + 2x) \quad du = \dfrac{2x+2}{1+(x^2+2x)^2}$ Haciendo $u = e^{sen^{-1}x^2}$ y derivando

$y' = e^u du$ Derivando e^u

$$= \frac{(2x+2)e^{\tan^{-1}(x^2+2x)}}{1+(x^2+2x)^2}$$ Sustituyendo u y du.

23. $y = \ln(e^{x^2+7} e^{9x^3-6})$

$= \ln e^{x^2+7} + \ln e^{9x^3-6}$ Logaritmo de un producto = suma de logaritmos.

$u = x^2+7 \quad u = 9x^3 - 6$ Haciendo u = x²+7, u = 9x³-6 y derivando

$du = 2x \quad du = 27x^2$ Derivada de un logaritmo

$y' = \dfrac{du}{u}$ Sustituyendo u y du.

$$=\frac{2xe^{x^2+7}}{e^{x^2+7}}-\frac{27x^2e^{9x^3-6}}{e^{9x^3-6}}$$

Simplificando e^u

$$=2x-27x^2$$

24. $y = \dfrac{e^{x^3}}{e^{x^2}-5}$

$=\ln e^{x^3} - \ln(e^{x^2}-5)$

Logaritmo de un cociente = diferencia de logaritmos

$y'=\dfrac{du}{u}$

Derivada de un logaritmo

$u=e^{x^3}$ $u=e^{x^2}-5$

Haciendo $u=e^{x^3}$, $u=e^{x^2}-5$ y derivando

$du=3x^2e^{x^3}$ $du=2xe^{x^2}$

$y'=\dfrac{3x^2e^{x^3}}{e^{x^3}}-\dfrac{2xe^{x^2}}{e^{x^2}-5}$

Sustituyendo u y du.

$=3x^2-\dfrac{2xe^{x^2}}{e^{x^2}-5}$

Simplificando e^{x^3}

25. $y = \sqrt{\ln(e^{5x}-e^{-5x})}$

$y'=\sqrt{u}$ $y'=\dfrac{du}{2\sqrt{u}}$

Derivada de un a raíz cuadrada

$u = \ln(e^{5x}-e^{-5x})$

Haciendo $u = \ln(e^{5x}-e^{-5x})$

$du=\dfrac{du'}{u}$

Derivada de un logaritmo

$$= \frac{5(e^{5x} + e^{-5x})}{(e^{5x} - e^{-5x})}$$

Sustituyendo u y du.

$$y' = \frac{\dfrac{5(e^{5x} + e^{-5x})}{(e^{5x} - e^{-5x})}}{2\sqrt{\ln(e^{5x} - e^{-5x})}}$$

Producto de extremos = productos de medios

$$y' = \frac{5(e^{5x} + e^{-5x})}{(e^{5x} - e^{-5x})2\sqrt{\ln(e^{5x} - e^{-5x})}}$$

26. $y = x^n e^{\cos 2x}$

$$y' = x^n(-2sen2xe^{\cos 2x}) + e^{\cos 2x}(nx^{n-1})$$

Derivada de un producto.

$$= x^{n-1}e^{\cos 2x}(-2xsen2x + n)$$

Factorizando $x^{n-1}e^{\cos 2x}$

27. $y^2 - xe^y = 5x + 10$

Función implícita

$$2y\frac{dy}{dx} - \left(xe^y\frac{dy}{dx} + e^y\right) = 5$$

Derivando miembro a miembro

$$2y\frac{dy}{dx} - xe^y\frac{dy}{dx} - e^y = 5$$

Realizando las operaciones indicadas

$$\frac{dy}{dx}(2y - xe^y) = 5 + e^y$$

Factorizando $\dfrac{dy}{dx}$

$$\frac{dy}{dx} = \frac{5 + e^y}{2y - xe^y}$$

Despejando $\dfrac{dy}{dx}$

28. $y^3 = e^{x+2y}$

Función implícita

$$3y^2\frac{dy}{dx} = \left(1 + 2\frac{dy}{dx}\right)e^{x+2y}$$

Derivando

$$3y^2 \frac{dy}{dx} = e^{x+2y} + 2e^{x+2y} \frac{dy}{dx}$$
     Realizando las operaciones

$$\frac{dy}{dx}\left(3y^2 - 2e^{x+2y}\right) = e^{x+2y}$$
     Factorizando $\frac{dy}{dx}$

$$\frac{dy}{dx} = \frac{e^{x+2y}}{3y^2 - 2e^{x+2y}}$$
     Despejando $\frac{dy}{dx}$

29. $\ln x^2 y = e^{x+y^2}$ Función implícita

$$\frac{x^2 \dfrac{dy}{dx} + 2xy}{x^2 y} = \left(1 + 2y\frac{dy}{dx}\right)e^{x+y^2}$$
     Derivando la función

$$x^2 \frac{dy}{dx} + 2xy = x^2 y e^{x+y^2} + 2x^2 y^2 e^{x+y^2} \frac{dy}{dx}$$

     Quitando el denominador

$$\frac{dy}{dx}\left(x^2 - 2x^2 y^2 e^{x+y^2}\right) = x^2 y e^{x+y^2} - 2xy$$

     Factorizando $\frac{dy}{dx}$

$$\frac{dy}{dx} = \frac{x^2 y e^{x+y^2} - 2xy}{x^2 - 2x^2 y^2 e^{x+y^2}}$$
     Despejando $\frac{dy}{dx}$

30. $x^3 - y = e^{\frac{2x}{y}}$

Función implícita

$$3x^2 - \frac{dy}{dx} = \left[\frac{y(2) - 2x\frac{dy}{dx}}{y^2} \right] e^{\frac{2x}{y}}$$

Derivando la función

$$3x^2 y^2 - y^2 \frac{dy}{dx} = 2ye^{\frac{2x}{y}} - 2xe^{\frac{2x}{y}} \frac{dy}{dx}$$

Realizando los productos

$$\frac{dy}{dx}\left(2xe^{\frac{2x}{y}} - y^2 \right) = 2ye^{\frac{2x}{y}} - 3x^2 y^2$$

Factorizando $\frac{dy}{dx}$

$$\frac{dy}{dx} = \frac{2ye^{\frac{2x}{y}} - 3x^2 y^2}{2xe^{\frac{2x}{y}} - y^2}$$

Despejando $\frac{dy}{dx}$

7.8.- EJERCICIOS PROPUESTOS.

Comprueba el resultado que se te indica.

1. $y = e^{-7x^2}$ $\qquad\qquad\qquad$ $y' = -14xe^{-7x^2}$

2. $y = e^{-\frac{2}{x^3}}$ $\qquad\qquad\qquad$ $y' = \dfrac{6e^{-\frac{2}{x^3}}}{x^4}$

3. $y = e^{3ax^2}$ $\qquad\qquad\qquad$ $y' = 6axe^{3ax^2}$

4. $y = e^{x+2}$ $\qquad\qquad\qquad$ $y' = e^{x+2}$

5. $y = x^3 e^x$ $\qquad\qquad\qquad$ $y' = e^x\left(x^3 + x^2\right)$

6. $y = xe^{-4x}$ $\qquad\qquad\qquad$ $y' = e^{-4x}\left(-4x + 1\right)$

7. $y = \dfrac{e^{3x}}{e^x}$ $\qquad\qquad\qquad$ $y = 2e^{2x}$

8. $y = \dfrac{e^x + 1}{e^x + 2}$ $\qquad\qquad\qquad$ $y' = \dfrac{e^x}{\left(e^x + 2\right)^2}$

9. $y = \sqrt{e^x + 5x}$ $\qquad\qquad\qquad$ $y' = \dfrac{5 + e^x}{2\sqrt{e^x + 5x}}$

10. $y = e^{senx^2}$ $\qquad\qquad\qquad$ $y' = 2x\cos x^2 e^{senx^2}$

11. $y = x + e^{-\cos x^3}$ $\qquad\qquad\qquad$ $y' = 1 + 3x^2 senx^3 e^{-\cos x^3}$

12. $y = e^{\tan^2 x}$ $\qquad\qquad\qquad$ $y' = 2\tan x \sec^2 x e^{\tan^2 x}$

13. $y = e^{5\cot 2x}$ $\qquad\qquad\qquad$ $y' = -10\csc^2 2x e^{5\cot 2x}$

14. $y = 2e^{3\sec x^2}$ $\qquad\qquad\qquad$ $y' = 12x\sec x^2 \tan x^2 e^{3\sec x^2}$

15. $y = e^x + e^{2\csc 5x}$

$y' = e^x - (10\csc 5x \cot 5x) e^{2\csc 5x}$

16. $y = e^{5x} \ln(2x-1)$

$y' = e^{5x} \left[\dfrac{2}{2x-1} + 5\ln(2x-1) \right]$

17. $y = \dfrac{e^{4x}}{3 - e^{4x}}$

$y' = \dfrac{12 e^{4x}}{e^{4x}(3 - e^{4x})}$

18. $y = e^{-5x} \ln 2x^3$

$y' = e^{-5x} \left(\dfrac{3}{x} - 5\ln 2x^3 \right)$

19. $y = e^{3x} \ln\cos x^2$

$y' = e^{3x} \left(-2x\tan x^2 + 3\ln\cos x^2 \right)$

20. $y = \sqrt{\ln(e^{3x} + e^{-3x})}$

$y' = \dfrac{3(e^{3x} + e^{-3x})}{2(e^{3x} + e^{-3x})\sqrt{\ln(e^{3x} + e^{-3x})}}$

21. $y = e^{3x} sen^{-1} x$

$y' = e^{3x} \left(3 sen^{-1} x + \dfrac{1}{\sqrt{1 - x^2}} \right)$

22. $y = e^{2x} \tan^{-1} x$

$y' = \dfrac{2 e^{2x}}{1 + e^{4x}}$

23. $y = 10^{x\cos 5x}$

$y' = (-5 sen 5x + \cos 5x) 10^{x\cos 5x}$

24. $y = a^{\tan 2x}$

$y' = 2\sec^2 2x \, a^{\tan 2x} \ln a$

25. $y = 2^{e^x}$

$y' = e^x 2^{e^x} \ln 2$

26. $\ln xy = e^{x-y}$

$\dfrac{dy}{dx} = \dfrac{x + xy e^{x-y}}{xy e^{x-y} - y}$

27. $y = sen\, e^{xy}$

$$\frac{dy}{dx} = \frac{y e^{xy} \cos e^{xy}}{1 - x e^{xy} \cos e^{xy}}$$

28. $e^{xy} - x^2 + 2y^3 = 36$

$$\frac{dy}{dx} = \frac{2x - y e^{xy}}{6y^2 + e^{xy}}$$

29. $y = e^{2x+y}$

$$\frac{dy}{dx} = \frac{2e^{2x+y}}{1 - e^{2x+y}}$$

30. $y^4 - x e^y = 5x - 12$

$$\frac{dy}{dx} = \frac{5 + e^y}{4y^3 - x e^y}$$

APLICACIONES DE LA DERIVADA

8.1.- Recomendaciones

8.2.- Problemas resueltos

8.3.- Problemas propuestos

8.1.- Recomendaciones

1- arc sen u = sen^{-1} u

2- Tener mucho cuidado al encontrar u^2

a) $u = \dfrac{2}{x}$ $\qquad\qquad$ $u^2 = \dfrac{4}{x^2}$

b) $u = \sqrt{x}$ $\qquad\qquad$ $u^2 = x$

3- Manejar las derivadas tanto algebraicas como trigonométricas ya expuestas.

4- Utilizar todas las pruebas algebraicas.

El cálculo se considera como uno de los conceptos fundamentales de la matemática, se emplea como una herramienta en la solución de problemas de tipo científico y tecnológico. Para tener un éxito en la solución de los problemas, se deberán considerar las siguientes etapas.

Primera. Comprender el problema.

Es en la cual se deberá hacer cual sea la diferencia entre leer y comprender un problema.

Comprender: Es tener la capacidad de identificar, la incógnita, los datos, alguna conclusión y realizar una figura.

Segunda: Establecer un plan.-Plantear el problema.

Es necesario saber las relaciones entre los datos y la incógnita, recordar si ya resolvimos problemas semejantes, tener presentes los antecedentes matemáticos suficientes y finalmente emplear todos los datos.

Tercera: Realizar el plan.

Por lo cual se recomienda efectuar todos los pasos y las operaciones; si es necesario poder justificar dichos pasos.

Cuarta: Comprobar el problema.

Se recomienda la verificación de los resultados obtenidos.

8.2.- PROBLEMAS RESUELTOS

1.-determine la tangente a cada una de las curvas en el punto dado.

a) $y = f(x) = x^3$ **R(2,8)**

   $y' = 3x^2$ Derivada de una potencia

   $y' = m$ La derivada = pendiente

   $m = 3 x^2$

   $m = 3(2)^2$ La pendiente en el punto R

   $= 12$

b) $y = 2x^2 + 4x - 3$ **Q(0,0) origen**

   $y' = 4x + 4$ Derivada de un polinomio

   $y' = m$ Derivada = pendiente

   $m = 4x + 4$

   $= 4(0)+4$ En el punto Q

   $= 4$

c) $y = x^3 - 6x^2 + 5x$ **P(1,3)**

   $y' = 3x^2 - 12x + 5$ Derivada de un polinomio

   $y' = m$ Derivada = pendiente

   $m = 3x^2 - 12x + 5$

   $= 3(1)^2 - 12(1) + 5$ En el punto P

   $= -4$

2.-Encontrar la ecuación de la recta tangente a la función
y = f(x) = - x^2 + 3x, dado el valor de la abscisa. x = 2

y'= - 2x + 3	Derivada de un polinomio
y' = m	Derivada = pendiente
m = -2x + 3	
= - 2(2) + 3	Para x = 2
= - 4 + 3	
= - 1	
f(2) = - $(2)^2$ + 3(2)	Cálculo de las ordenadas en el punto R(2,)
= - 4 + 6	
= 2	R(2,2)
$y - y_1 = m(x - x_1)$	**Ecuación punto-pendiente**
y – 2 = - 1(x - 2)	m = - 1 R(2,2)
y – 2 = - x + 2	
x + y – 4 = 0	**Ecuación de la tangente,** Ecuación de la recta forma general.

3.-Encontrar la ecuación de la recta perpendicular a la tangente de la curva y = f(x)= x^3 - 3x + 1 en el punto 5(2,3)

y'= $3x^2$ - 3	Derivada de un polinomio
y'= m	Derivada = pendiente

$m = 3x^2 - 3$

$= 3(2)^2 - 3$ Sustituyendo $x = 2$

$= 12 - 3$

$= 9$

$\therefore m_1 = 9$ **Pendiente de la tangente**

$m_2 = -\dfrac{1}{9}$ Pendiente de la perpendicular

$y - y_1 = m(x - x_1)$ **Ecuación punto-pendiente**

$y - 3 = -\dfrac{1}{9}(x - 2)$ m = - 1/9 5(2,3)

$9y - 27 = -x + 2$

x + 9y – 29 = 0   **Perpendicular En su forma general**

4.-Encontrar la ecuación de la recta normal a la función
y = f(x) = 1/2x² + 4x, dado el valor x = - 2

$y' = x + 4$ Derivada de un polinomio

$y' = m$ Derivada = pendiente

$m = -2 + 4$ Para $x = -2$

= 2   **Pendiente de la tangente**

$m_1 = -\dfrac{1}{2}$ Pendiente de la normal

$f(-2) = 1/2(-2)^2 + 4(-2)$ Calcular los valores de la coordenadas del punto R(-2,)

$= \dfrac{4}{2} - 8$

$=2 - 8 = -6$ $\qquad$ R(-2,6)

$y - y_1 = m(x - x_1)$ $\qquad$ **Ecuación punto-pendiente**

$y + 6 = -\dfrac{1}{2}(x + 2)$ $\qquad$ m = -1/2 R(-2,-6)

$2y + 12 = -x - 2$

x + 2y + 14 = 0 $\qquad$ **Forma general.**

5.- Encontrar el punto coordenada de la función y = f(x) = 2x^2 + 3x + 6, para el cual la pendiente de la recta es m = 5.

y'= 4x + 3 $\qquad$ Derivada de un polinomio

y'= m $\qquad$ y'= 4x + 3 m = 5

4x + 3 =5

4x =5 - 3

4x = 2

$x = \dfrac{2}{4}$

$= \dfrac{1}{2}$ $\qquad$ $x = \dfrac{1}{2}$ abscisa del punto p(1/2,)

f(1/2)= 2(1/2)^2 + 3(1/2) + 6 $\qquad$ Ordenada del punto P

$= 2(1/4) + 3/2 + 6$

$= 4/2 + 6 = 2 + 6$

= 8 $\qquad$ **P(1/2,8)**

6.- Hallar los puntos de la curva y = f(x) = 2x³ - 3x² - 12x + 20 en los cuales la tangente es paralela al eje de las abscisas "x"

$y' = 6x^2 - 6x - 12$ Derivada de un polinomio

$x^2 - x - 2 = 0$ Simplificando

$(x - 2)(x + 1) = 0$ Factorizando

$x - 2 = 0 \therefore x_1 = 2$ y $x + 1 = 0 \therefore x_2 = -1$

         Reduciendo la ecuación

$f(2) = 2(2)^3 - 3(2)^2 - 12(2) + 20$ Calculando la ordenada

$= 16 - 12 - 24 + 20$

$= 36 - 36 = 0$ A(2,0)

$f(-1) = 2(-1)^3 - 3(-1)^2 - 12(-1) + 20$

$= -2 - 3 + 12 + 20$

$32 - 5 = 27$ B(-1,27)

7.-Encontrar los puntos de la función y = f(x) = x + cos x en los cuales la tangente sea horizontal, dada el intervalo [0,2π]

$y' = 1 - \text{sen } x$ Derivada de una función trigonométrica

$1 - \text{sen } x = 0$ Como m = 0

$\text{sen } x = 1$ Valor de la función sen

$f\left(\dfrac{\pi}{2}\right) = \dfrac{\pi}{2} + \cos\dfrac{\pi}{2}$ ordenando $R\left(\dfrac{\pi}{2}, \dfrac{\pi}{2}\right)$

$$=\frac{\pi}{2}+0=\frac{\pi}{2} \qquad\qquad \cos\frac{\pi}{2}=0$$

$$R\left(\frac{\pi}{2},\frac{\pi}{2}\right)$$

8.-Se traza una recta tangente a la curva y = x³ - x en el punto P(-1,0) ¿En que otra parte intercepta a la curva?

$y'= 3x^2 - 1$ Derivada de un polinomio

$y' = m$ Derivada = pendiente

$m = 3x^2 - 1$

$= 3(-1)^2 - 1$ Sustituyendo x = - 1

$=3 - 1 = 2$

$y - 0 = 2(x + 1)$ Ecuación punto-pendiente

$y = 2x + 2$

$x^3 - 0x^2 - 3x - 2 \underline{-1}$ Aplicando la división sintética

$$\begin{array}{rrrr} & -1 & +1 & +2 \\ \hline 1 & -1 & -2 & 0 \end{array}$$

$(x - 1)(x + 1)(x - 2) = 0$ Factorizando

$x - 2 = 0 \therefore x = 2$ Igualando a cero

$f(2) = (2)^3 - 2$ Ordenada x =2

$= 8 - 2$

$= 6$ Q(2,6)

9.-Encontrar las ecuaciones que sean tangentes y normal a la función $x^2 + y^2 = 25$ en el punto A(3,4)

$$x^2 + 2y\frac{dy}{dx} = 0$$
Derivada implícita.

$$\frac{dy}{dx} = \frac{-2x}{2y}$$

$$= \frac{-x}{y}$$
Simplificando 2

y'= m
Derivada = pendiente

$$m = -\frac{x}{y}$$

$$= -\frac{3}{-4} = \frac{3}{4}$$

m = 3/4
En el A(3,-4)

$$y - y_1 = m(x - x_1)$$
Ecuación punto-pendiente

y + 4 = 3/4 (x - 3)

m = 3/4
A(3,-4)

4y + 16 = 3x - 9

3x - 4y – 25 = 0 TANGENTE   Forma general.

Para obtener la normal usaremos dos formas

1° Cuando $m_1 = -\frac{4}{3}$ **Recíproca**

$$y + 4 = -\frac{4}{3}(x - 3)$$ Punto A(3,-4), pendiente $m_1 = -\frac{4}{3}$

$3y + 12 = -4x + 12$

$4x + 3y = 0$ NORMAL   Forma general

2° Se cambian los coeficientes a la x y a la y de la tangente y a la "y" se le cambia el signo

Tangente $3x - 4y = 25$ Ecuación dada

Normal $4x + 3y = 0$ Se sustituye A(3,-4)en la normal

$12-12=0$

CONCLUSIÓN: Se usa el criterio de encontrar la perpendicular a una recta dada

10.-Encontrar la ecuación de la tangente a la función y = f(x)= sec x, para el punto

$B\left(\dfrac{\pi}{6},\quad\right) \Rightarrow 0 = 30°$

$sen30° = \dfrac{1}{2}$ $\cos 30° = \dfrac{\sqrt{3}}{2}$ Identidad trigonométrica

$$y = \frac{1}{\cos x}$$

$\cos x \bullet \sec x = 1 \Rightarrow \sec x = 1/\cos x$

$$y' = \frac{\cos x(0) - 1(-senx)}{\cos^2 x} = \frac{senx}{\cos x}$$

Derivada de un cociente

$$y' = m$$

Derivada = pendiente

$$m = \frac{senx}{\cos^2 x}$$

Sustituyendo y'

$$= \frac{\dfrac{1}{2}}{\left(\dfrac{\sqrt{3}}{2}\right)^2}$$

Sustituyendo sen 30° y cos 30°

$$= \frac{\dfrac{1}{2}}{\dfrac{3}{4}}$$

Efectuando la potencia

$$= \frac{2}{3}$$

Simplificando 2

$$f\left(\frac{\pi}{6}\right) = \frac{1}{\cos x} = \frac{1}{\dfrac{\sqrt{3}}{2}}$$

Sustituyendo cos 30°

$$= \frac{2}{\sqrt{3}} = \frac{2\sqrt{3}}{3}$$

Racionalizando al denominador

Para obtener las coordenadas

$$B\left(\frac{\pi}{6}, \frac{2\sqrt{3}}{3}\right)$$

$$y - y_1 = m(x - x_1)$$

$$y - \frac{2\sqrt{3}}{3} = \frac{2}{3}\left(x - \frac{\pi}{6}\right) \qquad\qquad m = \frac{2}{3} \qquad B\left(\frac{\pi}{6}, \frac{2\sqrt{3}}{3}\right)$$

$$3y - 2\sqrt{3} = 2x - \frac{\pi}{3} \qquad\qquad\qquad \text{Multiplicado por 3}$$

Ec. Tangente $\quad \rightarrow 2x - 3y + 2\sqrt{3} - \frac{\pi}{3} = 0 \qquad$ **Forma general**

8.3.- PROBLEMAS PROPUESTOS

Resolver los siguientes problemas, comprueba su resultado.

1. **Encuentra la ecuación de la recta tangente a la función $y = f(x)$ $= x + 1/x$ para el valor $x = 2$**

   R.- 3x-4y+16=0

2. **- Determinar un punto en cada una de las funciones $y = f(x) = x^2 + x$; $g(x) = 2x^2 + 4x + 1$, En el cual las rectas tangentes sea paralelas**

   P(-3/2,-1/2)

3. **- ¿En qué otro punto intercepta a la curva la recta normal o la función $y = f(x) = x^2 + 2x - 3$**

   Q(11/4,17/16)

4. **- Obtener la ecuación de la recta tangente a la función $y = f(x)=x^3 + 3x^2 - 4x + 1$, en el punto E(-1,) en el cual la segunda derivada es cero.**

   y = - 7x

5. **- Determinar una ecuación de la recta tangente y normal a la función $y = f(x)-x^2+2$**

   Normal x - 2y + 1 = 0

6. **- Obtener una ecuación de la recta normal a la función $y = f(x)=sen$ x, en el punto $A(\dfrac{4\pi}{3})$**

   $12x - 6y - 3\sqrt{3} -16\pi = 0$

7.- Determinar la ecuación de la recta tangente a la función
$y = f(x) = x^3 - 2$ para $x = 1/2$

3x-4y-9=0

8.- Encontrar la ecuación normal de la función $y = f(x)=x \cos x$, cuando $D(\pi, \quad)$

x -y- 2π = 0

9.- Obtener una ecuación de la recta tangente a la función tan $y = x$, en el punto $G\left(\quad , \dfrac{\pi}{4} \right)$

$2x - 4y + \pi - 2 = 0$

10.- Determinar una ecuación de la recta tangente a la función $x^4 + y^5 = 24$, para F(-2,2)

$8x - 3y + 22 = 0$

APLICACIONES A LA FÍSICA

9.1.- Conceptos

9.2.- Problemas resueltos

9.3.- Problemas propuestos

Movimiento rectilíneo uniformemente variado.-El movimiento rectilíneo uniformemente variado se caracteriza porque su trayectoria es una línea recta y el módulo de la velocidad varía proporcionalmente al tiempo. Por consiguiente, la aceleración normal es nula porque la velocidad no cambia de dirección y la aceleración tangencial es constante, ya que el módulo de la velocidad varía uniformemente con el tiempo.

Este movimiento puede ser acelerado si el módulo de la velocidad aumenta a medida que transcurre el tiempo y retardado si el módulo de la velocidad disminuye en el transcurso del tiempo. La ecuación de la velocidad de un móvil que se desplaza con un movimiento rectilíneo uniformemente variado con una aceleración a es:

$$v = v_0 + a \cdot t$$

donde v_0 es la velocidad del móvil en el instante inicial. Por tanto, la velocidad aumenta cantidades iguales en tiempos iguales. La ecuación de la posición es:

$$x = x_0 + v_0 \cdot t + \tfrac{1}{2} \cdot a \cdot t^2$$

Un caso particular de movimiento rectilíneo uniformemente variado es el que adquieren los cuerpos al caer libremente o al ser arrojados hacia la superficie de la Tierra, o al ser lanzados hacia arriba, y las ecuaciones de la velocidad y de la posición son las anteriores, en las que se sustituye la aceleración, a, por la aceleración de la gravedad, g.

LA DERIVADA APLICADA A LA FÍSICA.

9.1.- Conceptos

L a parte de la física en la cual se aplica la derivada, será a problemas en los cuales

Intervengan los conceptos de velocidad y aceleración.

Las unidades de dichos conceptos se expresan:

Espacio m.

v = m/seg

a = m/seg^2

Los conceptos se definen como:

Espacio s(t) =?

Velocidad v = $\dfrac{ds}{dt}$

Aceleración a = $\dfrac{d(0)}{dt}$

Finalmente leer los problemas hasta comprender el problema.

9.2.-PROPBLEMAS RESUELTOS

Una partícula se mueve a través de una línea Horizontal, de acuerdo con la ecuación dada; encontrar la velocidad instantánea para el valor de t.

1.- $s(t) = 3t^2 + 1$ **Para t = 3 seg.**

     a) $v = \dfrac{d(s)}{dt} = s'$ Definición de la derivada

         s'= 6t m/seg.   Derivada de un polinomio

     b)   v = s' = 6t

           =6(3)   Para t =3 seg.

           =18 m/seg.

2.- $s(t) = \dfrac{1}{4\ t}$ **Para t = 1/2 seg.**

     a) $v = \dfrac{d(s)}{dt}$ Por definición

         $s' = \dfrac{4t(0) - 1(4)}{(4t)^2}$ Derivada de un cociente

         $= -\dfrac{4}{16t^2}$

         $= -\dfrac{1}{4t^2}$ Simplificando 4

     b) $s' = v = -\dfrac{1}{4t^2}$

         $= -\dfrac{1}{4\left(\dfrac{1}{4}\right)}$ Para t $= \dfrac{1}{2}$

$$= -\frac{1}{1}$$

$$= -1 \text{ m/seg.}$$

3.- s(t)= 2t³ - t² + 5   **Para t = - 1seg.**

   a) $\ v = \dfrac{d(s)}{dt} = s'$ Definición de velocidad

       s'= 6t²-2t m/seg.   Derivada de un polinomio

   b) s'= 6t² - 2t

      = 6(-1)²-2(-1)   Para t = -1

      = 6t²

      = 8 m/seg.

Encontrar la aceleración para cada una de las ecuaciones, en el tiempo t dado.

4.- s(t)=3t² + 2t   **Para t=1 seg.**

$$v = \frac{d(s)}{dt} = s'$$ Definición de velocidad

   = 6t+2   Derivada de un polinomio

   = 6(1)+2   Para t = 1

   = 8 m/seg.

$$a = \frac{d(s)}{dt} = s''$$ Definición de aceleración.

   = 6 m/seg²

5.- $s(t) = \dfrac{1}{t} + t$ **Para t = 9 seg.**

$v = \dfrac{d(s)}{dt} = s'$ Definición de velocidad

$= \dfrac{t(0) - 1(1)}{t^2} + 1$ Derivada de un cociente

$= -\dfrac{1}{t^2} + 1$

$a = \dfrac{d(s)}{dt} = s''$ Definición de aceleración

$= -\dfrac{(t^2)(0) - 1(2t)}{t^4} + 0$ Derivada de un cociente

$= \dfrac{2t}{t^4}$

$= \dfrac{2}{t^3}$ Simplificando t

$= \dfrac{2}{9^3}$ Para t = 9

$= \dfrac{2}{729}$ m/seg^2

6.- s(t)=cos t   **Para t = π**

$v = \dfrac{d(s)}{dt} = s'$ Definición de velocidad

$= -$ sen t   Derivada de la función coseno

$$a = \frac{d(s)}{dt} = s''$$ Definición de aceleración

$= - \cos t$ Derivada de seno

$= - \cos \pi$ Para t $= \pi$

$= -1(-1)$ $\cos 180° = - 1$

$= 1 \text{ m/seg}^2$

7.- Se lanza una piedra hacia arriba, de tal forma que su altura está dada por la ecuación:
s(t)=20t-4.9t².

Encontrar lo que se indica:

a) Velocidad inicial

$$v = \frac{d(s)}{dt} = s'$$ Definición de velocidad

$=20-9.8t$ Derivada de un polinomio

$=20-9.8 (0)$ Como v = inicial => t = 0 seg.

$=20 \text{ m/seg.}$

b) La velocidad después de t =1 seg.

$v = 20-9.8t$

$=20-9.8(1)$ Para t =1 seg.

$=20-9.8$

$=10.2 \text{ m/seg.}$

c) **Determinar la altura máxima de la piedra.**

$v = 20 - 9.8t$

$v = 0 \Rightarrow 20 - 9.8t = 0$ Cuando al punto máximo $v = 0$

$9.8t = 20$

$t = \dfrac{20}{9.8}$ Despejando t

≈ 2 seg. $\approx$ próximo a 2

$s(t) = 20t - 4.9t^2$ Dada

$s(t) = 20(2) - 4.9(2)^2$ Sustituyendo $t = 2$

$= 40 - 4.9(4)$ Realizando operaciones

$= 40 - 19.6$

$= 20.4$ m.

8.- Una partícula se mueve en línea recta de acuerdo con l función $s(t) = 2t^4 + t^2$.
¿En qué instante la velocidad es igual a cero?

$v = \dfrac{d(s)}{dt} = s'$ Definición de velocidad

$= 8t^3 + 2t$ Derivada de un polinomio

$8t^3 + 2t = 0$ Como $v = 0$

$t(8t^2 + 2) = 0$ Factorizando t

$\rightarrow t = 0$ y $8t^2 + 2 = 0$ Igualando a cero los factores

$t^2 = -\dfrac{2}{8} = -\dfrac{1}{4} \Rightarrow t = \sqrt{-\dfrac{1}{4}}$ Valor imaginario $\Rightarrow t = 0$ seg.

**9.- La posición de dos partículas está dada por las ecuaciones s1(t)=4t-t² y
s2(t) = st² - t³... Encontrar v_1 y v_2 cuando dichas partículas tengan la misma aceleración.**

$$v_1 = \frac{d(s_1)}{db} = s_1' \qquad v_2 = \frac{d(s_2)}{db} = s_2'$$ Definición de velocidad.

$$= 4 - 2t \qquad\qquad =10t - 3t^2$$ Derivada de un polinomio

$$a_1 = \frac{d(v_1)}{dt} \qquad\qquad a_2 = \frac{d(v_2)}{dt}$$ Definición de aceleración.

$$= -2 \qquad\qquad =10 - 6t$$ Derivada de un polinomio

$$10-6t = -2$$ Como $a_1 = a_2$

$$12 = 6t$$

$$t = \frac{12}{6}$$

$$t = 2 \text{ seg.}$$ Despejando t.

$$v1 = 4-2t \qquad\qquad v2 = 10t-3t^2$$

$$= 4-2(2) \qquad\qquad =10(2)-3(2)^2$$ Para t = 2 seg.

$$= 4-4 \qquad\qquad = 20-12$$

$$= 0 \qquad\qquad = 8 \text{ m/seg.}$$ Realizando operaciones.

10.- Dada la función s(t) = t⁵ - 10t². Encontrar en que tiempo la aceleración es cero.

$$v_1 = \frac{d(s_1)}{db} = s_1'$$ Definición de la velocidad

$$= 5t^4 - 20t$$ Derivada de un polinomio

$$a = \frac{d(v)}{dt} = s''$$ Definición de aceleración

$$= 20t^3 - 20$$ Derivada de polinomio

$$20t^3 - 20 = 0$$ Como a = 0

$$t^3 = \frac{20}{20}$$

$$t = \sqrt[3]{1}$$

$$t = \sqrt[3]{1}$$

$$= 1 \text{ seg.}$$ Realizando operaciones.

9.3.- PROBLEMAS PROPUESTOS

Resuelve y comprueba los siguientes problemas.

1.- La distancia recorrida por un automóvil que se mueve en línea recta, está dada por la ecuación s(t) = t^3 + 2t ^{2} + t.

Encontrar:

a) velocidad y aceleración instantánea. $v = 3t^2 + 4t + 1$ m/seg.
$a = 6t + 4$ m/seg^2

b) La velocidad para t = 6 seg. $v = 21$ m/seg.
$a = 40$ m/seg^2

2.- Una partícula se desplaza en línea horizontal, encontrar en que instante la aceleración es igual a 1. Si la distancia recorrida está dada por la ecuación s(t)=t^3-2t.

$$t = \frac{1}{6} \text{ seg.}$$

3.- Una partícula se mueve en línea recta de acuerdo a la ecuación s(t)=2/3 t^6. ¿Encontrar la aceleración para t = 2 seg?.

$$a = 320 \text{ m/seg.}$$

4.- calcular las velocidades para cada una de la funciones:

a) s(t)= t^2+4t $v = 2t + 4$ m/seg.

b) s(t)=2t^3+8t^2 $v = 6t^2 + 16t$

c) s(t)=t^2+3t(1+t= $v = 8t + 3$

d) s(t)=4t^2+sent $v = 8t + cost$

5.- **Una partícula recorre un espacio $s(t)=12t+t^2$, después de cruzar una raya inicial. Calcular lo que se indica:**

a) La velocidad instantánea   v=12+2t m/seg.

b) El tiempo cuando su velocidad es 88 m/seg.   t =38 seg.

6.- **La altura a la que se encuentra un objeto por encima del piso en un tiempo t y está dado por la ecuación $s(t)=192+ 160t -16t^2$. Encontrar lo que se indica:**

a) velocidad y aceleración instantánea.   v=160-32t m/seg.
                                                a=32 m/seg^2

b) velocidad y aceleración inicial   v=160 m/seg
                                                a=32 m/seg^2

c) ¿cuál es su altura?   h=592m
                                                t≈11 seg.

d) En que tiempo choca contra el piso

7.- Determine la aceleración vertical de una partícula dada su altura por la ecuación:

a) $h(t)=96t-16t^2$ a=-32 m/seg^2

b) $h(t)=10+64t-16t^2$ a=-52 m/seg^2

c) $h(t)= t^3+4t^2$ a=6t+8 m/seg^2

d) $h(t)=1/(3+t)^2$ a=6/(3+t)^4

e) $h(t)=$ sen 3t   a=-9 sen 3t

f) $h(t)=$ cos 2t   a=-4 cos 2t

8.- **Si $s(t)=t^2-t^3$. ¿Cuándo será cero la velocidad?**

t_1=0 seg $t_2$2/3b seg.

9.- Un móvil se desplaza en línea recta, de tal manera que su posición está dada por la ecuación $s(t)=2t^3-4t^2+2t+3$. Encontrar:

a) ¿Cuál es la posición cuando t=0 seg.?   s=3 m

b) ¿Cuál es la vel. Y la vel. Cuando t=0 seg.?

$$v=2 \text{ m/seg}\quad a=-8 \text{ m/seg}^2$$

10.- Un conductor pisa los frenos cuando ve que cambia la luz roja. Su distancia a la cual está dada por la ecuación $s(t)=430-72t+3t^2$

a) En que tiempo se detiene   t=12 seg.

b) ¿A que distancia se encuentra cuando pisa los frenos? s=430 m.

MÁXIMOS Y MÍNIMOS
10.1.-

10.1.- MÁXIMOS Y MÍNIMOS

Existen dos procedimientos fundamentales, conocidos como criterios de la primera y segunda derivada para encontrar los máximos y mínimos de una función.

1. CRITERIO DE LA PRIMERA DERIVADA.

a) Se encuentra la primera derivada de la función.

b) Se iguala a cero f'(x)=0, se resuelve la ecuación y las raíces reales son los valores críticos.

c) Se dan valores menores a mayores a las raíces, los cuales se sustituyen en la primera derivada, si cambia de – a + si obtiene un mínimo. Si no cambia el signo no existe ni máximo ni mínimo.

d) Finalmente se obtiene la ordenada del punto crítico, sustituyendo la raíz en f(x).

2. CRITERIO DE LA SEGUNDA DERIVADA.

a) Se obtiene la primera derivada.

b) Se iguala f'(x)=0, a cero para encontrar los valores críticos.

c) Se encuentra la segunda derivada de la función.

d) Se sustituyen los valores críticos en la segunda derivada, si resulta positiva entonces se obtiene un mínimo y se es negativo se encuentra un máximo.

e) Finalmente se encuentra la ordenada del punto crítico, sustituyendo cada uno de los valores críticos en f(x).

3. PUNTOS DE INFLEXIÓN.

a) Se encuentra la segunda derivada.

b) Se iguala acero y se resuelve la ecuación.

c) Se dan valores menores a las raíces de la ecuación; si la segunda derivada cambia de signo existe un punto de inflexión.

d) Se obtiene las ordenadas de dichos puntos, sustituyendo las raíces en f(x).

10.2.- CRITERIO DE LA PRIMERA DERIVADA.
EJERCICIOS RESUELTOS

1.- y = f(x) = 2 + 6x - x²

    a) y'= 6 - 2x   Se encuentra la primera derivada.

    b) y'=0 $\Rightarrow$ 6 = 2x   Se iguala a cero la primera derivada.

$$x = \frac{6}{2} = 3$$ x = 3 valor crítico.

c).- Se dan valores menor y mayor al punto crítico.

f'(2) =6 - 2(2) = 6 – 4 = 2 signo +   Se da un valor menor en la 1ª derivada

f'(4) = 6 - 2(4) = 6 – 8 = - 2 signo -

d).- f(3) = 2 + 6(3) - 3² = 2 + 18 – 9 = 11

                                        Se da un valor mayor en la 1ª derivada

P(3,11) ya que la función varía de más a menos.   Ordenado del punto crítico.

2.- y = x³ - 10x² + 2

    a) y'=3x²-20x   Primera derivada

    b) y'=0 $\Rightarrow$ 3x²-20x=0   Igualando la primera derivada a cero
                                          Valores críticos

$$x(3x - 20) = 0 \quad x_1 = 0 \quad x_2 = \frac{20}{3}$$

c) $f'(-1)=3(-1)^2-20(-1)=3+20=23$ +Análisis del valor crítico $x_1=0$

    $f'(1)=3(1)^2-20(1)=3-20=-17$ -

d) $f(0)=0-0+2=2$ A(0,2) máx.

c) $f'(5)=3(5)^2-20(5)=75-100=-25$ - Análisis del valor crítico $x_2=\dfrac{20}{3}$

    $f'(7)=3(7)^2-20(7)=147-140=7$ +

e) $f\left(\dfrac{20}{3}\right)=\left(\dfrac{20}{3}\right)^3-10\left(\dfrac{20}{3}\right)^2+2=-\dfrac{3946}{27}$ $B\left(\dfrac{20}{3},-\dfrac{3946}{27}\right)$ mín.

3.- $y = f(x) = x(x^2 - 9)$

a) $y'= x(2x) + x^2 - 9 = 2x^2 + x^2 - 9 = 3x^2 - 9$

                              Primera derivada

b)$y'=0 \Rightarrow 3x^2-9=0$

$\therefore\ x^2=\dfrac{9}{3}= 3\therefore x =\pm \sqrt{3}$

$\therefore$

$x_1=\sqrt{3}\ \ x_2=-\sqrt{3}$ Valores críticos

c) $f'\!\left(\sqrt{2}\right)= 3\left(\sqrt{2}\right)^2-9 = 3(2)-9 = 6-9 = -3$ -

                         Análisis del valor crítico $x =\sqrt{3}$

d) $f'\!\left(\sqrt{4}\right)= 3\left(\sqrt{4}\right)^2-9 = 3(4)-9 = 12-9 = 3$ +

                         Ordenada del punto crítico
                         $R\left(\sqrt{3},-6\sqrt{3}\right)$ mín.

e) $f'\!\left(\sqrt{3}\right)= \sqrt{3}\left[\left(\sqrt{3}\right)^2-9\right]= \sqrt{3}(3-9) = -6\sqrt{3}$

4.- $y = f(x) = \dfrac{x^3}{9} - \dfrac{x^2}{2} + 5$

a) $y' = \dfrac{3}{9}x^2 - \dfrac{2}{2}x = \dfrac{1}{3}x^2 - x$ 		Derivada de una función

b) $y' = 0 \Rightarrow \dfrac{1}{3}x^2 - x = 0 \, x \left(\dfrac{1}{3}x^2 - x \right) = 0$

$$\text{Factorizando } \dfrac{1}{3}x^2 - x = 0$$

$x_1 = 0 \; x_2 = 3$ 			Valores críticos

c) $f'(-1) = \dfrac{1}{3}(-1)^2 - (-1) = \dfrac{1}{3} + 1 = \dfrac{1}{3} + \dfrac{5}{3} = \dfrac{4}{3} +$

$f'(1) = \dfrac{1}{3}(1)^2 - (1) = \dfrac{1}{3} - 1 = \dfrac{1}{3} - \dfrac{3}{3} = -\dfrac{2}{3} -$

Análisis del valor crítico $x_1 = 0$

d) $f'(0) = 0 - 0 + 5 = 0 + 5 = 5$ 	Ordenada del punto crítico
$Q(0,5)$ máx.

e) $f'(2) = \dfrac{1}{3}(2)^2 - (2) = \dfrac{4}{3} - 2 = \dfrac{4}{3} - \dfrac{6}{3} = -\dfrac{2}{3} -$

Análisis del valor crítico $x_2 = 3$

$f'(4) = \dfrac{1}{3}(4)^2 - (4) = \dfrac{16}{3} - \dfrac{12}{3} = \dfrac{4}{3} +$

$f'(3) = \dfrac{3^2}{9} - \dfrac{3^2}{2} + 5 = 3 - \dfrac{9}{2} + 5 = \dfrac{16}{2} - \dfrac{9}{2} = \dfrac{7}{2} +$

Ordenada del punto crítico
$Q\left(3, \dfrac{7}{2}\right)$ mín.

5.- y = f(x) = 2x³ + 3x² + 12x - 4

a) y'= 6x²+ 6x + 12 = x² + x + 2   Primera derivada

b) y'=0 $\Rightarrow$ x² + x + 2 = 0   Se iguala a cero la primera derivada.

a =1   Se resuelve la ecuación para encontrar los puntos críticos.

$$x = \frac{-1 \pm \sqrt{b^2 - 4(1)(2)}}{2(1)} = \frac{-1 \pm \sqrt{1-8}}{2}$$

b =1

c =2 $x = \dfrac{-1 \pm \sqrt{-7}}{2}$ La solución resulta imaginaria.

CONCLUSIÓN: La función no tiene ni máx., ni mín.

6.- y =f(x)= ⁴+ 4x

a) y'= 4x³ + 4   Primera derivada

b) y'=0 $\Rightarrow$ 4 x³=-4 x³=$-\dfrac{4}{4}$ = -1   Valor crítico

x = $\sqrt[3]{-1}$ = -1

b) f'(2)=4(-2)³+4=4(-8)+4=-32+4=-28 –

     Análisis del valor crítico x=-1

c) f'(0)=4(0)³+4=4(0)+4=0+4=4 +

     Ordenada del punto crítico S(-1,-3) Mín.

d) f'(-1)=4(-1)³+4=1-4=-3

7.- $y = f(x) = x^4 - 8x^2 + 1$

a) $y' = 4x^3 - 16x$ Primera derivada

b) $y'=0 \Rightarrow x^3-4x=0 \; x(x^2-4=0$ Factorizando $x^3-4x=0$

    $x_1=0 \; x_0=-2 \; x_3=2$ Valores críticos

c) $f'(-3)=(-3)^3-4(-3)=-27+12=-15 -$ Análisis del valor crítico $x_0=-2$

    $f'(-1)=(-1)^3-4(-1)=-1+4=3 +$ Ordenada del punto crítico $P(-2,-15)$ Mín.

    $f(-2)=(-2)^3-4(-2)+1=16-32+1=15$ Análisis del valor crítico $x_1=0$

    $f'(-1)=(-1)^3-4(-1)=-1+4=3 +$ Ordenada del punto crítico $Q(0,1)$ Máx.

    $f'(1)=(1)^3-4(1)=1-4=-3 -$

c) $f(0)=(0)^4-8(0)^2+1=0+0+1=0+1=1$ Análisis del valor crítico $x_3=2$

c") $f'(1) =(1)^3-4(1)=1-4=-3 -$ Ordenada del punto crítico $R(2,-15)$ Mín.

    $f'(3) =(3)^3-4(3)=27-12=15 +$

c) $f(2)= (2)^4-8(2)^2+1=16-32+1=-15$

8.- $y = f(x)=x^5 - 5x^4$

a) $y' = 5x^4 - 20x^3$ Primera derivada

b) $y'=0 \Rightarrow 5x^3(x-4)=0$ Factorizando $5x^3$

$x_1=0$ $x_2=4$ Análisis del valor crítico $x_1=0$

c) $f'(-1)=5(-1)^4-20(-1)^3=5+20=25$ +   Ordenada del punto crítico A(0,0) Máx.

$f'(1)= 5(1)^4-20(1)^3=5-20=-15$ -   Análisis del valor crítico $x_2=4$

d) $f(0)=(0)^5-5(0)^4=0-0=0$ Ordenada del punto crítico B(4,-256) Mín.

c') $f'(3)=5(3)^4-20(3)^3=405-540=-135$ -

$f'(5)= 5(5)^4-20(5)^3=3125-2500=625+$

d) $f(4)=(4)^5-5(4)^4=1024-1280=-256$

9.- $y = f(x)=2 - (x - 1)^{2/3}$

a) $y'=-\dfrac{2}{3}(x-1)^{-1/3} = -\dfrac{2}{3(x-1)^{1/3}}$ Derivada de la función

b) $y'=0 \Rightarrow -\dfrac{2}{3(x-1)^{1/3}}=0$ Valor crítico x=1 Analizando el denominador

x-1= $\Rightarrow$ $x_1=1$

c) $f'(0)= -\dfrac{2}{3\sqrt[3]{0-1}} = \dfrac{-2}{3\sqrt[3]{-1}} = \dfrac{-2}{3(-1)} = \dfrac{2}{3}$ +

     Análisis del valor crítico $x_1=1$

$f'(2)= -\dfrac{2}{3\sqrt[3]{2-1}} = \dfrac{-2}{3\sqrt[3]{1}} = -\dfrac{2}{3}$ -

$f(1)=2-(1-1)^{2/3}=2$ C(1,2) Máx.

10.- $y = f(x) = x^2 + \dfrac{2a^3}{x}$

a) $y' = 2x + \dfrac{x(0) - (2a^3)(1)}{x^2} = 2x - \dfrac{2a^3}{x^2}$

Derivada de la función

b) $y' = 0 \Rightarrow \dfrac{2x(x^2) - 2a^3}{x^2} = \dfrac{2x^3 - 2a^3}{x^2} = 0$

$2x^3 - 2a^3 = 0 \therefore 2x^3$ Valor crítico x = a

$= 2a^3 \therefore x^3 = \dfrac{2a^3}{2} = a^3$

$\therefore$ x = a
$\therefore$

c) $f'(-a) \dfrac{2(-a)^3 - 2a^3}{(-a)^2} = \dfrac{-2a^3 - 2a^3}{(-a)^2} = \dfrac{-4a^3}{(-a)^2} = -4a$ -

Análisis del valor crítico x = a

$f'(2a) \dfrac{2(2a)^3 - 2a^3}{(2a)^2} = \dfrac{16a^3 - 2a^3}{4a^2} = \dfrac{14a^3}{4a^2} = \dfrac{7}{2}a$ +

Ordenada del valor crítico
R(a,3a²)= Mín.

d) $f(a) = (a)^2 + \dfrac{2a^3}{x} = a^2 + 2a^2 = 3a^2$

10.3.- EJERCICIO PROPUESTOS.

Aplicando el criterio de la primera derivada, encontrar los máximos y mínimos de las funciones dadas.

1. y1.- $y= 1-12x-9x^2-2x^3$ (-2,5) mín. (-1,6) máx.

2. $y =f(x)=-x^4+ 2x^2$ (0,0) mín. ($\pm 1,1$) máx.

3. $y =f(x)=x^4- 2x^2+1$ (0,1) mín. $\left(-\dfrac{\sqrt{2}}{2},2\right)$ máx. $\left(\dfrac{\sqrt{2}}{2},2\right)$ mín.

4. $y =f(x)=\dfrac{x^3}{27} - x$ (-3,2) máx. (3,-2) mín.

5. $y =f(x)= x^4-5x^2+4$ (0,4) máx. $\left(\pm\dfrac{\sqrt{10}}{2},-\dfrac{9}{2}\right)$ mín.

6. $y =f(x)=2-(x-1)^{2/3}$ (1,2) máx.

7. $y =b + c(x-a)^{2/3}$ (a b) mín.

8. $y =f(x)=x(x-2)^2$ $\left(\dfrac{2}{3},\dfrac{32}{27}\right)$ máx. (2,0) mín.

9. $f(x)=x-12x^{1/3}$ (8,-16) mín.

10. $f(x)=x\sqrt{1-x^2}$ $\left(\dfrac{\sqrt{2}}{2},\dfrac{1}{2}\right)$ máx. $\left(-\dfrac{\sqrt{2}}{2},-\dfrac{1}{2}\right)$ mín.

10.4.- CRITERIO DE LA SEGUNDA DERIVADA.
EJERCICIOS RESUELTOS

1.- $y = f(x) = x^3 - 3x + 4$

a) $y' = 3x^2 - 3$ Primera derivada

b) $y' = 0 \Rightarrow 3x^2 - 3 = 0 \therefore x^2 = 3/1 \Rightarrow x = \pm 1$

   Se iguala a cero

   $x_1 = -1$; $x_2 = 1$ Raíces de la ecuación

c) $y'' = f''(x) = 6x$ Segunda derivada

d) $f''(-1) = 6(-1) = -6$ - Máx.   Se sustituye $x_1 = -1$ en
                                                   $f''(x) = y''$

e) $f(-1) = (-1)^3 - 3(-1) + 4 = -1 + 3 + 4 = -1 + 7 = 6$

   Ordenada del punto crítico
   (-1,6) máximo

f) $f''(1) = 6(1) = 6$ + Mín.   Se sustituye $x_2 = 1$ en la
                                                   segunda derivada

g) $f(1) = (1)^3 - 3(1) + 4 = 1 - 3 + 4 = -3 + 5 = 2$ Ordenada del punto crítico
                                                        (1,2) mínimo

2.- $y = f(x) = 12 - 12x + x^3$

a).- $y' = -12 + 3x^2$ Derivada de una función

a) $y' = 0 \Rightarrow 3x^2 - 12 = 0 \therefore x^2 = 12/3 = 4$ Resolviendo la ecuación

   $x_1 = -2$; $x_2 = 2$

b) $y'' = f''(x) = 6x$ Segunda derivada

d) $f''(-2) = 6(-2) = -12$ Máximo.   Se sustituye $x_1 = -2$ en $f''(x)$

e) $f(-2)=12-12(-2)+(-2)^3=12+24-8=28$

Ordenada del punto crítico
(-2,28) Máximo

f) $f''(2)=6(2)=12$ Mínimo.   Se sustituye $x_2=2$ en $f''(x)$

g) $f(2)=12-12(2)+(2)^3=12-24-8=-4$ Ordenada del punto crítico
(2,-4) Mínimo

si $f''=0 \Rightarrow 6x=0 \therefore x=0$ Abscisa del punto de
inflexión ordenada

    $f(0)=12-12(0)+0=12-0+0=12$ P. inflexión (0,12)

3.- y =f(x)=x³-3x²-9x+10

a) $y'=3x^2-6x-9=x^2-2x-3$ Derivada de la ecuación

b) $y'=0 \Rightarrow (x-3)(x+1)=0$ Raíces de la ecuación

    $\therefore x_1=-1 \ x_2=3$

c) $y''=f''(x)=2x-2$ Segunda derivada

d) $f''(-1)=2(-1)-2=-2-2=-4$ Máx.   Se sustituye $x_1=-1$ en $f''(x)$

d) $f(-1)=(-1)^3-3(-1)^2-9(-1)+10=15$ Ordenada del punto crítico

    cóncava hacia abajo.   (-1,15) Máximo

d) $f''(3)=2(3)-2=6-2=4$ Mín.   Se sustituye $x_2=3$ en $f''(x)$

e) $f(3)=(3)^3-3(3)^2-9(3)+10=-17$ Ordenada del punto crítico

    cóncava hacia arriba.   (3,-17) Mínimo

    $f''(x)=0 \Rightarrow 2x-2=0 \therefore x=\dfrac{2}{2}=1$ Igualando y''=0, se resuelve
    x=1

$f(1)=1^3-3(1)^2-9(1)+10-3-9=-1$ Ordenada del punto de inflexión P. inflexión $(1,-1)$

4.- $y = f(x)=x^3-6x^2+ 9x+1$

a) $y'= f'(x)=3x^2-12x+9$ Derivada de la función

b) $y'=0 \Rightarrow x^2-4x+3=0$ Simplificando la ecuación

$(x-3)(x+1)=0 \Rightarrow x_1=1 \ x_2=3$ Resolviendo la ecuación

c) $y''= f''(x)=2x-4$ Segunda derivada

d) $f''(1)=2(1)-4=2-4=-2$ Máx.   Se sustituye $x_1=1$ en $f''(x)$

e) $f(1)=1^3-6(1)+9(1)+1=5$ Ordenada del punto crítico $(1,5)$ Máximo

d) $f''(3)=2(3)-4=6-4=2$ Mín.   Se sustituye $x_2=3$ en $f''(x)$

e) $f(3)=3^3-6(3)+9(3)+1=1$ Ordenada del punto crítico $(3,1)$ Mínimo

si $f''(x)=0 \Rightarrow 2x-4=0 \therefore x =4/2=2$ Abscisa del punto de inflexión

$f(2)=2^3-6(2)+9(2)+1=3$ Ordenada $P_j(2,3)$

5.- $y =f(x)= -(2x-5)^2$

a) $y'= f'(x)= -2(2x-5)(2)= -4(2x-5)$ Derivada de la función

b) $y'=0 \Rightarrow -8x+20=0 \therefore x =20/8=5/2$ Igualando $y'=0$

c) $y''= f''(x)=-8$ Máx.   Segunda derivada

d) $f\left(\dfrac{5}{2}\right)=-\left[2\left(\dfrac{5}{2}\right)-5\right]^2 = (5-5)^2 = 0^2 = 0$ Ordenada del punto crítico $\left(\dfrac{5}{2},0\right)$ Máx.

6.- y =f(x)=3x⁴-4x³+6

a).- $y'= f'(x)=12x^3-12x^2$ Derivando la función

b) $y'=0 \Rightarrow x^3-x^2=0$ Simplificando la ecuación

   $x^2(x-1)=0\ x_1=0\ x_2=1$ Raíces de la ecuación

c) $y''= f''(x)=3x^2-2x$ Segunda derivada

d) $f''(0)= 3(0)^2-2(0)=0$ Sustituyendo $x_1=0$ en $f''(x)$

Como y''=0 No existe ni hay máx. y mín. Sustituyendo $x_2=1$ en $f''(x)$

e) $f''(1)= 3(1)^2-2(1)=1$ Mín.   Ordenada del punto crítico
                                             (1,5) Mín.

f) $f(1)=3(1)^4-4(1)^3+6=5$

si $f''(x)=3x^2-2x=0 \Rightarrow x(3x-2)=0$ Abscisas de los puntos de
                                             inflexión

   $x_1=0\ x_2=2/3$ Raíces de la ecuación

   $f(0)=3(0)^4-4(0)^3+6=6$ Ordenada del punto de
                                             inflexión

$$f\left(\frac{2}{3}\right) = 3\left(\frac{2}{3}\right)^4 - 4\left(\frac{2}{3}\right)^3 + 6 = \frac{48}{81} - \frac{32}{27} + 6 = \frac{442}{81}$$

$$(0,6)\left(\frac{2}{3},\frac{442}{81}\right) P_{INF}.$$

7.- y = f(x)=2+ 12x + 3x² - 2x³

a) $y'= 12 + 6x - 6x^2$ derivando la función

b) $y'=0 \Rightarrow x^2-x-2=0$ Simplificando y ordenando
                                             la ecuación

$(x-2)(x+1)=0 \; x_1=-1 \; x_2=2$ Resolviendo la ecuación

c) $y''=f''(x)=2x-1$ Segunda derivada

d) $f''(-1)=2(-1)-1=-2-1=-3$ Máx.   Sus. $x_1=-1$ en y''

e) $f(-1)=2+12(-1)+3(-1)^2-2(-1)^3=-5$ Ordenada del punto crítico (-1,-5) Máx.

f) $f''(2)=2(2)-1=4-1=3$ Mín.   Sus. $x_2=2$ en $f''(x)$

g) $f(2)=2+12(2)+3(2)^2-2(2)^3=22$ Ordenada del punto crítico (2,22) Mín.

si $f''(x)=0 \Rightarrow 2x-1=0 \therefore x=1/2$ Igualando $f''(x)=0$

$f(1/2)=2+12(1/2)+3(1/2)^2-2(1/2)^3=17/2$

Ordenada del punto de inflexión $P_1(1/2,17/2)$

8.- $y = f(x)=(4-x)^4$

a) $y'=4(4-x)^3(-1)=-4(4-x)^3$ Derivada de la función

b) $y'=0 \Rightarrow -4(4-x)^3=0 \therefore 4-x=0 \therefore x=4$ Igualando $y'=0$ y resolviendo la ecuación

c) $y''=f''(x)=-12(4-x)^2(-1)=12(4-x)^2$ Segunda derivada

d) $f''(4)=12(4-4)^2=12(0)=0$ Sustituyendo $x_1=4$ en y''

como $x>0 \Rightarrow +$

e) $f(4)=(4-4)^4=0$ Ordenada del punto crítico (4,0) Mín.

9.- y = f(x)= $\dfrac{ax}{x^2 + a^2}$

a) $y' = \dfrac{(x^2 + a^2)(a) - (ax)(2x)}{(x^2 + a^2)^2}$ Derivada de un cociente

$= \dfrac{ax^2 + a^3 - 2ax^2}{(x^2 + a^2)^2} = \dfrac{-ax^2 + a^3}{(x^2 + a^2)^2}$ Realizando las operaciones indicadas

b) $y' = 0 \Rightarrow \dfrac{-ax^2 + a^3}{(x^2 + a^2)^2} = 0$ Igualando y'=0

$-ax^2 = -a^3 \Rightarrow x^2 = -a^3/-a = a^2 \therefore x = \pm a$

$x_1 = -a \quad x_2 = a$ Solución de la ecuación

c) $f''(x) = \dfrac{(x^2 + a^2)^2(-2ax) - (ax^2 + a^3)(2)(x^2 + a^2)(2x)}{(x^2 + a^2)^4}$

             Segunda derivada. Cociente.

$= \dfrac{2x(x^2 + a^2)(-ax^2 - a^3 - 2ax^2 - 2a^3)}{(x^2 + a^2)^3}$

             Factorizando $2x(x^2+a^2)$ y simplificando

$= \dfrac{2x(-3ax^2 - 3a^3)}{(x^2 + a^2)^3}$

d) $f''(a) = \dfrac{2(a)(-3a^3 - 3a^3)}{(a^2 + a^2)^3} = \dfrac{2a(-6a^3)}{(a^2 + a^2)^3}$

             Sustituyendo $x_2 = a$

$= \dfrac{-12a^4}{(2a^2)^3} = -\dfrac{12a^4}{8a^6} = -\dfrac{3}{2a^2}$ Máx.

e) $f(a) = \dfrac{a*a}{a^2 + a^2} = \dfrac{a^2}{2a^2} = \dfrac{1}{2}$ Ordenada del punto crítico (a,1/2) Máx.

f) $f''(-a) = \dfrac{-2a(-3a^3 - 3a^3)}{(a^2 + a^2)^3} = \dfrac{-2a(-6a^3)}{(2a^2)^3}$

Sustituyendo $x_1 = -a$ en $f''(x)$

$= \dfrac{12a^4}{8a^6} = \dfrac{3}{2a^2}$ Mín.

g) $f(-a) = \dfrac{-a^2}{a^2 + a^2} = -\dfrac{a^2}{2a^2} = -\dfrac{1}{2}$ Ordenada del punto crítico

(-a,-1/2) Mín.

10.- $y = f(x) = 2x^3 - 3ax^2 + a^3$ para $a > 0$

a) $y' = 6x^2 - 6ax$ Derivada de la función.

b) $y' = 0 \Rightarrow x^2 - ax = 0$ Simplificando la ecuación

    $x(x-a) = 0 \Rightarrow x_1 = 0 \; x_2 = a$ Raíces de la ecuación

c) $y'' = f''(x) = 12x - 6a$ Segunda derivada

d) $f''(0) = 12(0) - 6a = 0 - 6a = -6a$ Máx.   Sustituyendo $x_1 = 0$ en $f''(x)$

e) $f(0) = 2(0)^3 - 3a(0)^2 + a^3 = a^3$ Ordenada del punto crítico
     (0,a^3) Máx.

f)) $f''(a) = 12a - 6a = 6a$ Mín.   Sustituyendo $x_2 = a$ en $f''(x)$

g) $f(a) = 2(a)^3 - 3(a)^2 + a^3 = 3a^3 - 3a^3 = 0$ Ordenada del punto crítico
     (a,0) Mín.

10.5.- EJERCICIO PROPUESTOS.

Aplicando el criterio de la primera derivada, encontrar los máximos y mínimos de las funciones dadas.

1. $y = f(x)=x^3-3x+3$ $\qquad$ $(-1,5)$ máx. $(1,1)$ mín. P $(0,3)$

2. $y = f(x)=3x^2-2x+1$ $\qquad$ $\left(\dfrac{1}{3},\dfrac{2}{3}\right)$ mín.

3. $y = 3x^4-4x^3-12x^2+2$ $\qquad$ $(0,2)$ máx. $(-1,-3)$ mín. $(2,-30)$ mín.

4. $y = f(x)=f(x)=x^3-2x^2+ x + 1$ $\qquad$ $\left(\dfrac{1}{3},\dfrac{31}{27}\right)$ máx. $(1,1)$ mín.

5. $y =f(x)=x^3-6x^2-135x$ $\qquad$ $(9,1972)$ mín. $(-5,400)$ máx. $P(2,286)$

6. $y =f(x)=x^3+ 3x^2- 2$ $\qquad$ $(-2,2)$ máx. $(0,-2)$ mín.

7. $y = f(x)= x^4 - \dfrac{1}{3}x^3 - \dfrac{3}{2}x^2$ $\quad$ $\left(-\dfrac{3}{4},-\dfrac{99}{256}\right)$ mín. $(0,0)$ máx. $\left(1,-\dfrac{5}{6}\right)$ mín.

8. $f(x)= x\sqrt{x + 3}$ $\qquad$ $(-2,-2)$ mín.

9. $f(x)=(x^2-1)^2$ $\qquad$ $(0,1)$ máx. $(\pm 1,0)$ mín.

10. $y = f(x)= -x^4$ $\qquad$ $(0,0)$ máx.

$\qquad\qquad\qquad\qquad\qquad\qquad$ P $N_o \notin$ existe.

BIBLIOGRAFÍA

1. SWOKOWSKI   Earl W. Cálculo con geometría Analítica.
Segunda Edición.
Editorial Iberoamericana.

2. DENNIS   g. Eill. Cálculo con geometría Analítica.
Editorial Iberoamericana.

3. THOMRS/FINNEY.   et. al. Cálculo con geometría Analítica.
Sexta edición.
Editorial Addison Wesley.

4. AYRES   Jr. Frank. Et. al. Cálculo Diferencial e Integral.
Tercera edición.
Editorial Mc. Graw Hill schoum.

5. GRANVILLE   William Anthony. Cálculo Diferencial e Integral.
Séptima reimpresión.
Editorial Limusa.

6. LEITHOLD. LOUIS. El Cálculo con geometría Analítica.
Quinta edición.
Editorial Harla.

7. PURCELL J. Edwim et al. Cálculo con geometría Analítica.
Cuarta edición.
Editorial Prentice Hall.

CÁLCULO

INTEGRAL

PRIMERA UNIDAD.- INTEGRALES ALGEBRAICAS

Infinito.- Término matemático derivado de la teoria de conjuntos tal y como fue propuesto por el matemático alemán Georg Cantor Los conjuntos se pueden dividir en dos clases dependiendo de si los elementos del conjunto forman una aplicación biunivoca (correspondencia de uno a uno) con los elementos de alguno de sus subconjuntos propios. Un conjunto A es un subconjunto propio del conjunto B si todos y cada uno de los elementos de A pertenece a H pero H tiene al menos un elemento que no pertenece a A

Los elementos del conjunto [I, 2. 3] no pueden formar una correspondencia biunivoca con los elementos de cualquiera de sus subconjuntos propios, este tipo de conjuntos se denomina conjunto finito Los elementos del conjunto [2, 4, 6,   . 2//, ..] pueden formar una aplicación biunivoca con los elementos del subconjunto propio [6, 8, 10, ... $2n$ ♦ 4, ...] haciendo corresponder, para un entero positivo //. El elemento 2n del primer conjunto con el elemento $2n + 4$ del segundo.

Un conjunto que cumple esta propiedad se denomina conjunto infinito De esta manera, el conjunto N de los enteros positivos, el conjunto R de los números racionales y el conjunto Z de los números reales son conjuntos infinitos

Los elementos de los conjuntos N y R pueden formar una aplicación biunivoca entre si por lo que N y R tienen iguales infinitudes, pero ni **A'** ni R pueden formar una correspondencia de uno a uno con un subconjunto de Z. Por tanto, la infinitud de Z es *mayor* que la infinitud de $A^\wedge$. Se puede demostrar que si S es un conjunto cualquiera finito o infinito, el conjunto T de los subconjuntos de S es un conjunto *mayor,* esto es, los elementos de A' forman una correspondencia biunivoca con cualquier subconjunto propio de $T,$ pero no con / mismo

El término *infinito* se utiliza en otros ámbitos similares. Por ejemplo, en la serie infinita 1, 4, 9,   , en la que el termino enésimo, $a_{,,}$, es igual a $n^2,$ donde $n=$ I, 2. 3 se dice que a_n tiende a infinito cuando n tiende a infinito, lo que significa que </" es mayor que un cierto numero arbitrario si // es mayor que determinado valor En la serie infinita 1, y, □,en la que el término enésimo $h_{,,}$ es \ln, donde

«=1,2, 3,   se dice que />,, tiende hacia cero cuando *n* tiende a infinito, lo que significa que la diferencia entre b_n y cero es menor que cierto número positivo arbitrario para *n* mayor que determinado valor También se dice que *j{x)* ■ l/(1 - *xf* se acerca a, o tiende hacia, infinito cuando la *x* tiende hacia 1, y que la función tiende hacia cero si *x* tiende hacia infinito

1.1.-Conceptos básicos

Operación - Entre los elementos de un conjunto, es la correspondencia que asocia a dos de estos elementos otro elemento del mismo conjunto. También se llama ley de composición interna Al igual que en la aritmética, las operaciones fundamentales del álgebra son adición, sustracción, multiplicación, división, potenciación y radicación

a - Directas o básicas Adición, Multiplicación y Potencia

b - Inversas: Sustracción, División, Radicación - Logaritmos

Como ya hemos visto el cálculo diferencial tiene como una de las finalidades encontrar la derivada de una función El cálculo Integral se considera una operación inversa del cálculo diferencial, ya que si se tiene la derivada de una función, se puede obtener la función elemental o primitiva
"Dada la derivada de una función, encontrar la función primitiva"

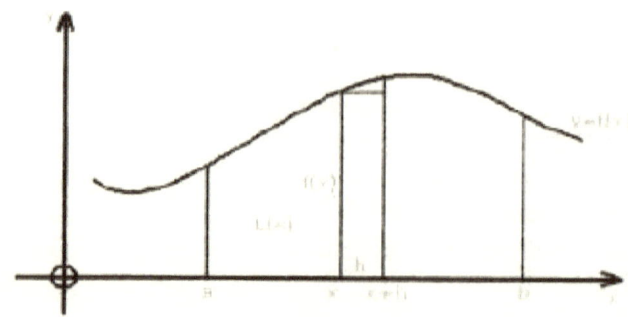

Cálculo integral

El cálculo del área bajo una curva es un ejemplo clásico del uso del cálculo integral En esta figura, el área entre la curva y = ftx) el eje "x" desde *x* =

1.1.- Conceptos básicos   **1.3.- Ejercicios resueltos**
1.2.- Formulas de integración   **1.4.- Constante de integración**
1.5.- Ejercicios propuestos

a hasta $x = h$ es aproximadamente igual a la suma de un gran número de rectángulos como el dibujado

El área de uno de éstos *es ffx)* veces *h.*
Cuando *h* se reduce, los rectángulos son más estrechos y su número crece, con lo que el área total se aproxima cada vez más al área buscada
El cálculo integral es capaz de hallar este valor si se conoce la función, *y* ^
f(x), que describe la curva

$$\int \frac{dy}{dx}(x) = F(x)$$

Propiedades

a - Una cantidad constante puede sacarse del signo de integración

$$\int \frac{2}{3}x_{\llcorner}\, dx = \frac{2}{3}\int x_{\llcorner}\, dx$$

b - Las funciones o variables no pueden sacarse del signo de integración

1.2.- Fórmulas de Integración Algebraica

a.- $\int dx = x + c$

b.- $\int (du + dv - dw) = \int du + \int dv - \int dw$ Suma

c.- $\int c\, du = c \int du$ Constante por función

d.- $\int x^n\, dx = \frac{x^{n+1}}{n+1}$ Con $n \neq -1$ De una potencia

Recomendaciones:

Se debe de tener el dominio de los antecedentes necesarios como son:

1. Conversión de radicales a exponentes fraccionarios

$$\sqrt{x} = x^{\frac{1}{2}} \qquad\qquad \sqrt[3]{x^2} = x^{\frac{2}{3}}$$

2. Suma y diferencia de fracciones

    a) - Con el mismo denominador
    b) - Cuando uno es múltiplo del otro
    c) - Cuando se tiene diferente denominador

3. Productos Notables y Factorización

    a) Binomio elevado al cuadrado
    b) Diferencia de cuadrados
    a) Con un termino común

Factorización

    a) Trinomio cuadrado perfecto
    b) Diferencia de cuadrados
    c) Trinomio de la forma $x^1 + 5x + 6$
    d) Suma y diferencia de cubos

4. Manejo de exponentes negativos y su conversión a positivos

$$x^{-4} = \frac{1}{x^4} \qquad\qquad \frac{2}{x^6} = 2x^{-6}$$

5. La habilidad para establecer el cambio de variable

6. Tener el dominio del cálculo diferencial, para poder completar la diferencial

7. Antes de utilizar cualquier fórmula, es necesario que la verificar que la integral esté completa, sino completarla

8. Es indispensable que el alumno sea capaz de identificar **u** y derivar **u** para obtener **du**

9. Dentro del signo de integración se pueden organizar las variables, pero nunca sacar dichas variables

10. Es necesario que el alumno realice las operaciones que verifique cada uno de los pasos algebraicos que se realizan

1.3.- EJERCICIOS RESUELTOS INTEGRALES ALGEBRAICAS

1.- $\int x^4\, dx =$?

$\quad = \frac{x^{n+1}}{n+1} + c$ $\qquad$ Integral de una potencia

$\quad \frac{x^{4+1}}{4+1} + c$ $\qquad$ Sustituyendo n=4

$\quad \frac{x^5}{5} + c$ $\qquad$ Realizando operaciones

2.- $\int -2x^3\, dx =$?

$\quad = -2 \int x^3\, dx$ $\qquad$ Sacando el valor de constante -2

$\quad = \frac{x^{n+1}}{n+1} + c$ $\qquad$ Integral de una potencia

$\quad = -2 \frac{x^{3+1}}{3+1} + c$ $\qquad$ Sustituyendo n=3

$\quad = \frac{(-2)(x^4)}{4} + c$ $\qquad$ Realizando operaciones

$\quad = -\frac{1}{2}x^4 + c$ $\qquad$ Simplificando

3.- $\int \frac{2}{3}x \, dx$

$= \frac{2}{3}\int x\llcorner dx$ Sacando la constante numérica

$= \frac{x^{n+1}}{n+1} + c$ Integral de una potencia

$= \left(\frac{2}{3}\right)\left(\frac{x^{1+1}}{1+1}\right) + c$ Sustituyendo n=1

$= \left(\frac{2}{3}\right)\left(\frac{x^2}{2}\right) + c$ Realizando operaciones

$= \frac{1}{3}x^2 + c$ Simplificando 2

4.- $\int(2x - 5x^2)dx =$?

$= \int 2x \, dx - \int 5x^2 \, dx$ Integral de una suma

$= 2\int x \, dx - 5\int x^2 \, dx$ Sacando la constante 2 y 5

$= \frac{x^{n+1}}{n+1} + c$ Integral de una potencia

$= (2)\frac{x^{1+1}}{1+1} - (5)\frac{x^{2+1}}{2+1} + c$ Sustituyendo n= 1 y 2

$= (2)\frac{x^2}{2} - (5)\frac{x^3}{3} + c$ Realizando operaciones

$= x^2 - \frac{5}{3}x^3 + c$ Simplificando 2

5.- $\int\left(2x - \frac{5}{3}x^2 - \frac{5}{9}x^6\right)dx =$?

$= \int 2xdx - \int \frac{5}{3}x^2dx - \int \frac{5}{9}x^6 \, dx$ Integral de una suma

$= 2\int x \, dx - \frac{5}{3}\int x^2dx - \frac{5}{9}\int x^6 \, dx$ Sacando la cantidad constante

$= \frac{x^{n+1}}{n+1} + c$ Integral de una potencia

$= (2)\frac{x^{1+1}}{1+1} - \left(\frac{5}{3}\right)\left(\frac{x^{2+1}}{2+1}\right) - \frac{5}{9}\left(\frac{x^{6+1}}{6+1}\right) + c$ Sustituyendo n

$$= (2)\frac{x^2}{2} - \left(\frac{5}{3}\right)\left(\frac{x^3}{3}\right) - \frac{5}{9}\left(\frac{x^7}{7}\right) + c$$ Realizando operaciones

$$= x^2 - \frac{5}{9}x^3 - \frac{5}{63}x^7 + c$$ Simplificando 2

6.- $\int \frac{dx}{x^2} = ?$

$$= \int x^{-2}\, dx$$ Exponente negativo

$$= \frac{x^{n-1}}{n+1} + c$$ Integral de una potencia

$$= \frac{x^{-2+1}}{-2+1} + c$$ Sustituyendo n

$$= \frac{x^{-1}}{-1} + c$$ Realizando operaciones

$$= -\frac{1}{x} + c$$ Exponente negativo a positivo

7.- $\int \left(\frac{4}{x^2} + \frac{8}{x^5} - \frac{3}{x^7}\right) dx = ?$

$$= \int \frac{4}{x^2}\, dx + \int \frac{8}{x^5}\, dx - \int \frac{3}{x^7}\, dx$$ Integral de una suma

$$= 4\int x^{-2}\, dx + 8\int x^{-5}\, dx - 3\int x^{-7}\, dx$$ Sacando la cantidad constante

$$= \frac{x^{n+1}}{n+1} + c$$ Integral de una potencia

$$= (4)\frac{x^{-2+1}}{-2+1} + (8)\frac{x^{-5+1}}{-5+1} - (3)\frac{x^{-7+1}}{-7+1} + c$$ Sustituyendo n

$$= (4)\frac{x^{-1}}{-1} + (8)\frac{x^{-4}}{-4} - (3)\frac{x^{-6}}{-6} + c$$ Realizando operaciones

$$= -4x^{-1} - 2x^{-4} + \frac{x^{-6}}{2} + c$$ Simplificando

$$= \frac{-4}{x} - \frac{2}{x^4} + \frac{1}{2x^6} + c$$ Manejo de exponente negativo

8.- $\int \sqrt[5]{x^3}\, dx = ?$

$$= \int x^{\frac{3}{5}}\, dx$$ Conversión de radical

$$= \frac{x^{n+1}}{n+1} + c$$ Integral de una potencia

$$= \frac{x^{\frac{3}{5}+1}}{\frac{3}{5}+1} + c \qquad \text{Sustituyendo n =}$$

$$= \frac{x^{\frac{3}{5}+\frac{5}{5}}}{\frac{3}{5}+\frac{3}{5}} + c \qquad \text{Expresando el entero en fracción}$$

$$= \frac{x^{\frac{8}{5}}}{\frac{8}{5}} + c \qquad \text{Realizando operaciones}$$

$$= \frac{5x^{\frac{8}{5}}}{8} + c \qquad \text{Producto extremos = producto medios}$$

$$\frac{5x\sqrt[5]{x^8}}{8} + c \qquad \text{Convirtiendo el exponente en radical}$$

$$= \frac{5x\sqrt[5]{x^3}}{8} + c \qquad \text{Extrayendo } x^3 \text{ del radical}$$

9.- $\int \left(\frac{4}{\sqrt{x^5}} - \frac{8}{\sqrt[3]{x^2}} \right) dx =?$

$$= \int \frac{4}{\sqrt{x^5}} dx - \int \frac{8}{\sqrt[3]{x^2}} dx \qquad \text{Integral de una suma}$$

$$= \int \frac{4}{x^{\frac{5}{2}}} dx - \int \frac{8}{x^{\frac{2}{3}}} dx \qquad \text{Conversión a exponente fraccionario}$$

$$= (4) \int x^{-\frac{5}{2}} dx - (8) \int x^{-\frac{2}{3}} dx \quad \text{Sacando constante – exponente negativo}$$

$$= \frac{x^{n+1}}{n+1} + c \qquad \text{Integral de una potencia}$$

$$= (4) \frac{x^{-\frac{5}{2}+\frac{2}{2}}}{-\frac{5}{2}+\frac{2}{2}} - (3) \frac{x^{-\frac{2}{3}+\frac{3}{3}}}{-\frac{2}{3}+\frac{3}{3}} + c \qquad \text{Sustituyendo n}$$

$$= \frac{(4)x^{-\frac{3}{2}}}{-\frac{3}{2}} - \frac{(8)x^{\frac{1}{3}}}{\frac{1}{3}} + c \qquad \text{Realizando operaciones}$$

$$= -\left(\frac{8}{3}\right) \frac{x^{-\frac{3}{2}}}{1} - \frac{(24)x^{\frac{1}{3}}}{1} + c \qquad \text{Producto extremos = producto medios}$$

$$= -\left(\frac{8}{3}\right) \frac{1}{3x^{\frac{3}{2}}} - (24)x^{\frac{1}{3}} + c \qquad \text{Exponente negativo}$$

$$= -\left(\frac{8}{3}\right) \frac{1}{x\sqrt{x}} - (24)\sqrt[3]{x} + c \qquad \text{Convirtiendo exponente radical}$$

$$= -\frac{4}{3x\sqrt{x}} - 9x^{\frac{1}{3}} + c \qquad \text{Extrayendo x del radical}$$

10.- $\int \frac{x^3}{\sqrt{x^3}} dx =?$

$$= \int \frac{x^3}{x^{\frac{3}{2}}} dx \qquad \text{De radical a exponente fraccionario}$$

$$= \int \left(x^3\ x^{-\frac{3}{2}}\right) dx \qquad \text{Manejo de exponente negativo}$$

$$= \int \left(x^{\frac{6}{2}+\left(-\frac{3}{2}\right)}\right) dx \qquad \text{Multiplicación potencia de misma base}$$

$$\int \left(x^{\frac{6}{2}-\frac{3}{2}}\right) dx \qquad \text{Realizando operaciones}$$

$$\int x^{\frac{3}{2}} dx \qquad \text{Simplificando}$$

$$= \frac{x^{n+1}}{n+1} + c \qquad \text{Integral de una potencia}$$

$$= \frac{x^{\frac{3}{2}+\frac{2}{2}}}{\frac{3}{2}+\frac{2}{2}} + c \qquad \text{Sustituyendo n}$$

$$= \frac{x^{\frac{5}{2}}}{\frac{5}{2}} + c \qquad \text{Realizando operaciones}$$

$$= \frac{(2)x^{\frac{2}{5}}}{5} + 5 \qquad \text{Producto extremos = producto medios}$$

$$= \frac{(2)\sqrt{x^5}}{5} + c \qquad \text{Exponente fraccionario a radical}$$

$$= \frac{(2)x^2\sqrt{x}}{5} + c \qquad \text{Extrayendo x}^2 \text{ del radical}$$

11.- $\int 5x^2 \sqrt[3]{x^2}\, dx = ?$

$$= \int (5x^2)\left(x^{\frac{2}{5}}\right) dx \qquad \text{Expresando como producto}$$

$$= 5\int x^{\frac{10}{5}}\ x^{\frac{2}{5}} dx \qquad \text{Potencias de la misma base}$$

$$= 5\int x^{\frac{12}{5}} dx \qquad \text{Realizando el producto}$$

$= 5\dfrac{x^{\frac{12}{5}+1}}{\frac{12}{5}+1} + c$ Integral de una potencia

$= 5\dfrac{x^{\frac{17}{5}}}{\frac{17}{5}} + c$ Realizando operaciones

$= \dfrac{25x^{\frac{17}{5}}}{17} + c$ Producto extremos = producto medios

12.- $\int (x+3)^2 dx = ?$

$= \int (x^2 + 6x + 9)dx$ Desarrollando el binomio

$= \int x^2 dx + 6\int x\, dx + 9\int dx$ Integral de una suma

$= \dfrac{x^3}{3} + 3x^2 + 9x + c$ Integrando la suma de funciones

$\int (x+3)^2\, dx = ?$

$\int u^2 du = ?$ u=(x+3)² y du = dx

$= \dfrac{u^3}{3} + c$ Integral de una potencia

$= \dfrac{1}{3}(x+3)^3 + c$ Sustituyendo u = x + 3

13.- $\int \left(x^3 - \dfrac{2}{\sqrt[3]{x}}\right)^2 dx = ?$

$= \int (x^2 - \dfrac{2}{x^{\frac{1}{3}}})^2 dx$ Expresando el radical como exponente

$= \int (x^2 - 2x^{-\frac{1}{3}})^2 dx$ Manejando el exponente negativo

$= \int (x^4 - 4x^{\frac{5}{3}} + 4x^{-\frac{2}{3}})dx$ Desarrollando el binomio al cuadrado

$= \int x^4 dx - 4\int x^{\frac{5}{3}}dx + 4\int x^{-\frac{2}{3}}dx$ Integral de una suma

$= \dfrac{x^{4+1}}{4+1} - \dfrac{4x^{\frac{5}{3}+\frac{3}{3}}}{\frac{5}{3}+\frac{3}{3}} + \dfrac{4x^{-\frac{2}{3}+\frac{3}{3}}}{-\frac{2}{3}+\frac{3}{3}} + c$ Integral de una potencia

$$= \frac{x^5}{5} - \frac{4x^{\frac{8}{3}}}{\frac{8}{3}} + \frac{4x^{\frac{1}{3}}}{\frac{1}{3}} + c \qquad \text{Realizando operaciones}$$

$$= \frac{x^5}{5} - \frac{3x^{\frac{8}{3}}}{2} + 12x^{\frac{1}{3}} + c \qquad \text{Producto extremos = producto medios}$$

14.- $\int (2x - 3)^2 dx =$?

$$= \int (4x^2 - 20x + 25)dx \qquad \text{Desarrollando el binomio}$$

$$= 4\int x^2 dx - 20\int x \, dx + 25\int dx \qquad \text{Integral de una suma}$$

$$= \frac{4x^3}{3} - 10x^2 + 25x + c \qquad \text{Integrando la suma de fracciones}$$

$$u = 2x - 5 \qquad du = 2 \, dx \qquad \text{Realizando cambio de variable}$$

$$\int (2x - 3)^2 dx = \frac{1}{2}\int (2x - 3)^2 2dx \qquad \text{Se completa la integral (½) y 2}$$

$$= \frac{1}{2}\int u^n du \qquad \text{Realizando el cambio de variable}$$

$$= \left(\frac{1}{2}\right)\frac{u^{2+1}}{2+1} + c \qquad \text{Integral de una potencia}$$

$$= \left(\frac{1}{2}\right)\frac{u^3}{3} + c \qquad \text{Realizando operaciones}$$

$$= \left(\frac{1}{6}\right)n^3 + c$$

$$= \left(\frac{1}{6}\right)(2x - 5)^3 + c \qquad \text{Como u = 2x – 5}$$

$$= \frac{1}{6}(8x^3 - 60x^2 + 150x - 125) \qquad \text{Desarrollando el cubo del binomio}$$

$$= \frac{4}{3}x^3 - 10x^2 + 25x - \frac{125}{6} \qquad \text{Simplificando}$$

$$\rightarrow c = -\frac{125}{6}$$

15.- $\int (5x + 2)^3 dx =?$

  $= 5x+2$ $du=5\ dx$ Realizando el cambio de la variable

  $= \frac{1}{5}\int (5x + 2)^3\ 5 \cup dx$ Se complementa la integral $(\frac{1}{5})$ y 5

  $= \frac{1}{5}\int u^3 du$ Realizando el cambio de la variable

  $= (\frac{1}{5})\frac{u^{3-1}}{3+1} + c$ Integral de una potencia

  $= (\frac{1}{5})\frac{u^4}{4} + c$ Realizando operaciones

  $= \left(\frac{1}{5}\right)\frac{u^4}{4} + c$

  $= (\frac{1}{20})(5x + 2)^4 + c$ Como u = 5x + 2

16.- $\int (3x^2 + 5)^6 x \cup dx$

  u= 3   Realizando el cambio de la variable

  $= \frac{1}{6}\int (3x^2 + 5)^6\ 6x \cup dx$ Se complementa la integral $\frac{1}{6}$ y 6

  $= \frac{1}{6}\int u^6 du$ Realizando el cambio de variable

  $= (\frac{1}{6})\frac{u^{6+1}}{6+1} + c$ Integral de una potencia

  $= (\frac{1}{6})\frac{u^7}{7} + c$ Realizando operaciones

  $= \left(\frac{1}{42}\right)u^7 + c$

  $= (\frac{1}{42})(3x^2 + 5)^7 + c$ Como u = 3x² + 5

17. $\int x^2 (x^3 - 1)^4 dx =?$

  $\int (x^3 - 1)^4 x^2 \cup dx =?$ Ordenando x²

  u= x³ – 1   du=3x² dx   Realizando el cambio de la variable

$$= \frac{1}{3} \int (x^3 - 1)^4 \, 3x^2 \cup dx \qquad \text{Se complementa la integral } (\frac{1}{3}) \text{ y } 3$$

$$= \frac{1}{3} \int u^4 du \qquad \text{Realizando el cambio de la variable}$$

$$= (\frac{1}{3}) \frac{u^{3+1}}{3+1} + c \qquad \text{Integral de una potencia}$$

$$= (\frac{1}{3}) \frac{u^5}{5} + c \qquad \text{Realizando operaciones}$$

$$= (\frac{1}{15}) u^5 + c$$

$$= (\frac{1}{15})(x^3 - 1)^5 + c \qquad \text{Como u= x}^3 \text{ -1}$$

18- $\int \sqrt{x + 1} \, dx =?$

$$= \int (x + 1)^{\frac{1}{2}} dx \qquad \text{Conversión del radical } \sqrt{x + 1} = (x + 1)^{\frac{1}{2}}$$

u=x+1   du=dx   Realizando el cambio de la variable

$$= \int u^{\frac{1}{2}} du \qquad \text{Sustituyendo u y du}$$

$$= \frac{u^{\frac{1}{2}+1}}{\frac{1}{2}+1} + c \qquad \text{Integral de una potencia}$$

$$= \frac{u^{\frac{3}{2}}}{\frac{3}{2}} + c \qquad \text{Realizando operaciones}$$

$$= (\frac{2}{3})(x + 1)^{\frac{3}{2}} + c \qquad \text{Como u = x + 1}$$

$$= (\frac{2}{3}) \sqrt{(x + 1)^3} + c \qquad \text{De exponente de radical}$$

$$= (\frac{2}{3}) (x + 1)\sqrt{x + 1} + c \qquad \text{Extrayendo la raíz cuadrada } \sqrt{(x + 1)^3}$$

19.- $\int \sqrt{2x^3 + 1} \cup x^2 dx =?$

$$= \int (2x^3 + 1)^{\frac{1}{2}} \cup x^2 dx \qquad \text{Conversión de radical}$$

$u = 2x^3 + 1 \quad du = 6x^2 dx$ Realizando el cambio de variable

$$= \frac{1}{6} \int (2x^3 + 1)^{\frac{1}{2}} \cup 6x^2 dx$$

$$= \frac{1}{6} \int u^{\frac{1}{2}} \, du \qquad \qquad \text{Sustituyendo u y du}$$

$$= \left(\frac{1}{6}\right) \int \frac{u^{\frac{1}{2}+1}}{\frac{1}{2}+1} + c \qquad \qquad \text{Integral de una potencia}$$

$$= \left(\frac{1}{6}\right) \frac{n^{\frac{3}{2}}}{\frac{3}{2}} + c \qquad \qquad \text{Realizando operaciones}$$

$$= \left(\frac{1}{18}\right) u^{\frac{3}{2}} + c$$

$$= \left(\frac{1}{9}\right) u^{\frac{3}{2}} + c = \frac{1}{9} u \cup u^{\frac{1}{2}} + c$$

$$= \left(\frac{2x^3+1}{9}\right) \sqrt{2x^3 + 1} + c \qquad \qquad \text{Sustituyendo u} = 2x^3 + 1$$

20.- $\int \sqrt[3]{x}(2x - 3)dx =?$

$$= \int x^{\frac{1}{3}}(2x - 3)dx =? \qquad \qquad \text{De radical a exponte fraccionario}$$

$$= \int (2x^{\frac{1}{3}+\frac{3}{3}} - 3x^{\frac{1}{3}})dx =? \qquad \qquad \text{Realizando el producto indicado}$$

$$= \int \left(2x^{\frac{4}{3}} - 3x^{\frac{1}{3}}\right) dx =?$$

$$= 2 \int x^{\frac{4}{3}} \, dx - 3 \int x^{\frac{1}{3}} dx \qquad \qquad \text{Integral de una suma}$$

$$= 2 \frac{x^{\frac{4}{3}+1}}{\frac{4}{3}+1} - 3 \frac{x^{\frac{1}{3}+1}}{\frac{1}{3}+1} + c \qquad \qquad \text{Integral de una potencia}$$

$$= 2 \frac{x^{\frac{7}{3}}}{\frac{7}{3}} - 3 \frac{x^{\frac{4}{3}}}{\frac{4}{3}} + c \qquad \qquad \text{Realizando operaciones}$$

$$= \frac{6}{7}x^{\frac{7}{3}} - \frac{9}{4}x^{\frac{4}{3}} + c$$

21.- $\int (2x+1)(2x-1)dx =?$

$\qquad = \int (4x^2 - 1)dx =?$ Realizando el producto de binomios

$\qquad = 4\int x^2 dx - \int dx$ Integral de una suma

$\qquad = 4\frac{x^{2+1}}{2+1} - x + c$ Integral de una potencia

$\qquad = \frac{4x^3}{3} - x + c$ Realizando operaciones

22.- $\int (x^3 - 1)(x^3 + 1)dx =?$

$\qquad = \int (x^6 - 1)dx =?$ Realizando el producto de binomios

$\qquad = \int x^6 dx - \int dx$ Integral de una suma

$\qquad = \frac{x^{6+1}}{6+1} - x + c$ Integral de una potencia

$\qquad = \frac{x^7}{7} - x + c$ Realizando operaciones

23.- $\int \left(\frac{x^2 - 5}{x^4} \right) dx =?$

$\qquad = \int (x^2 - 5)(x^{-5})dx$ Exponente negativo

$\qquad = \int x^{2-5} - 5x^{-5})dx$ Realizando el producto de binomios

$\qquad = \int x^{-3}dx - 5\int x^{-5}dx$ Integral de una suma

$\qquad = \frac{x^{-3+1}}{-3+1} - 5\frac{x^{-5+1}}{-5+1} + c$ Integral de una potencia

$\qquad = -\frac{x^{-2}}{2} + \frac{5x^{-1}}{4} + c$ Realizando operaciones

$\qquad = \frac{1}{2x^2} + \frac{5}{4x^4} + c$ Exponente negativo a positivo

24.- $\int (\frac{x^{-2} + x^{+3} - x^{-5}}{x^2})dx =?$

$\qquad = \int (x^{-2} + x^{-3} - x^{-5})(x^{-2})dx$ Exponente negativo

$\qquad = \int (x^{-2-2} + x^{-3-2} - x^{-5-2})dx$ Realizando el producto de binomios

$$= \int (x^{-4} + x^{-5} - x^{-7})dx$$

$$= \int x^4 dx + \int x^{-5}dx - \int x^{-7}dx \qquad \text{Integral de una suma}$$

$$= \frac{x^{-4+1}}{-4+1} + \frac{x^{-5+1}}{-5+1} + \frac{x^{-7+1}}{-7+1} + c \qquad \text{Integral de una potencia}$$

$$= \frac{x^{-3}}{-3} + \frac{x^{-4}}{-4} - \frac{x^{-6}}{-6} + c \qquad \text{Realizando operaciones}$$

$$= -\frac{1}{3x^3} - \frac{1}{4x^4} + \frac{1}{6x^6} + c \qquad \text{Exponente negativo a positivo}$$

25.- $\int \frac{dx}{(5+x)^3} = ?$

$$= \int (5+x)^{-3}dx \qquad \text{Manejo de exponente negativo}$$

$$u = 5 + x \qquad du = dx \qquad \text{Realizando el cambio de variable}$$

$$= \int u^{-3}du \qquad \text{Sustituyendo u y du}$$

$$= \frac{u^{-3+1}}{-3+1} + c \qquad \text{Integral de una potencia}$$

$$= \frac{u^2}{-2} + c \qquad \text{Realizando operaciones}$$

$$= \frac{1}{2u^2} + c \qquad \text{Manejo de exponente negativo}$$

$$= \frac{1}{2(5+x)^2} + c \qquad \text{Sustituyendo u} = 5 + x$$

26.- $\int \frac{x \cup dx}{\sqrt[3]{a^2-x^2)^{\frac{1}{3}}}} = ?$

$$= \int \frac{x \cup dx}{(a^2-x^2)^{\frac{1}{3}}} = ? \qquad \text{De radical a exponente fraccionario}$$

$$= \int (a^2 - x^2)^{-\frac{1}{3}} \cup x dx \qquad \text{Manejo de exponente negativo}$$

$$u = a^2 - x^2 \qquad du = -2x\, dx \qquad \text{Realizando el cambio de variable}$$

$$= \frac{1}{2} \int (a^2 - x^2)^{\frac{1}{3}} - 2x \cup dx \qquad \text{Completando la integral}$$

$$= \frac{1}{2} \int u^{\frac{1}{3}}du \qquad \text{Sustituyendo u y du}$$

$$= \frac{1}{2}\frac{n^{\frac{1}{3}+1}}{-\frac{1}{3}+1} + c$$

Integral de una potencia

$$= -\frac{1}{2}\frac{n^{\frac{2}{3}}}{\frac{2}{3}} + c$$

Realizando operaciones

$$= -\frac{3}{4}n^{\frac{2}{3}} + c$$

Producto extremos = producto medios

$$= -\frac{3}{4}(a^2 - x^2)^{\frac{2}{3}} + c$$

Sustituyendo u = a² - x²

27.- $\int \frac{x\cup dx}{(2-3x^2)^n} =?$

$$= \int (2 - 3x^2)^{-n} \cup x dx$$

Manejo de exponente negativo

$$u = a^2 - x^2 \quad du = -2x\,dx$$

Realizando el cambio de variable

$$= -\frac{1}{6}\int (2 - 3x^2)^{-n} - 6x \cup du$$

Completando la integral $-\frac{1}{6} - 6$

$$= -\frac{1}{6}\int u^{-n}\,du$$

Sustituyendo u y du

$$= -\frac{1}{6}\frac{u^{1-n}}{1-n} + c$$

Integral de una potencia

$$= -\frac{(2-3x^2)^{1-n}}{6(1-n)} + c$$

Realizando operaciones

28.- $\int \frac{x\cup dx}{(1-20x^2)^n} =?$

$$= \int (1 - 20x^2)^n x \cup dx$$

Manejo de exponente negativo

$$u = 1 - 20x^2 \quad du = -40x\,dx$$

Realizando el cambio de variable

$$= -\frac{1}{40}\int (1 - 20x^2)^{-n} - 40x \cup du$$

Completando la integral $-\frac{1}{40} - 40$

$$= -\frac{1}{40}\int u^{-n}du$$

Sustituyendo u y du

$$= -\frac{1}{40}\frac{u^{1-n}}{1-n} + c$$

Integral de una potencia

$$= -\frac{1}{40}\frac{(1-20x^2)^{1-n}}{1-n} + c$$

Realizando operaciones

29.- $\int \frac{x+1}{(x^2+2x-9)^4} dx =?$

$= \int (x^2 + +2x + 9)^{-4}(x + 1)dx$ Manejo de exponente negativo

$u = x^2 + 2x - 9 \quad du - 2(x + 1)dx$ Realizando el cambio de variable

$= \frac{1}{2} \int (x^2 + 2x - 9)^{-4} \, 2(x + 1)dx$ Completando la integral $\frac{1}{2}$ 2

$= \frac{1}{2} \int u^{-4} du$ Sustituyendo u y du

$= \frac{1}{2} \frac{u^{-4+1}}{-4+1} + c$ Integral de una potencia

$= \frac{1}{2} \frac{u^{-3}}{-3} + c$ Realizando operaciones

$= \frac{1}{6} u^{-3} + c$

$= -\frac{1}{6u^3} + c$ Manejo de exponente negativo

$= -\frac{1}{6(x^2+2x-9)^3} + c$ Sustituyendo u = x² + 2x – 9

30.- $\int \frac{\sqrt{x^2+a^2} \, U dx}{x^4} =?$

$\int \frac{\sqrt{x^2+a^2} \, U dx}{\sqrt{x^8}}$ Introduciendo x^4 al radical

$= \int \sqrt{\frac{x^2+a^2}{x^8}} \, dx$ Mismo radical

$= \sqrt{\frac{1}{x^6} + \frac{a^2}{x^8}} \, dx$ Simplificando x²

$= \int \sqrt{\left(\frac{1}{x^4}\right)\left(1 + \frac{a^2}{x^2}\right)} \, dx$ Factorizando $\frac{1}{x^6}$

$= \int (\frac{1}{x^3}) \sqrt{1 + \frac{a^2}{x^2}} \, dx$ Extrayendo la raíz cuadrada

$= \int \sqrt{1 + \frac{a^2}{x^2}} \frac{1}{x^3} \, U \, dx$ Ordenando la expresión

$u = 1 + \frac{a^2}{x^2} \quad du = -\frac{2a^2}{x^3} dx$ Haciendo cambio de variable

$= (-2a) \int \sqrt{1 + \frac{a^2}{x^2}} - \frac{2a}{x^3} \cup dx$ Completando la diferencial

$= (-2a) \int u^n \cup du$ Sustituyendo u y du

$= -2a \frac{u^{\frac{1}{2}+1}}{\frac{1}{2}+1} + c$ Integral de una potencia

$= -2a \frac{u^{\frac{3}{2}}}{\frac{3}{2}} + c$ Realizando operaciones

$= -\frac{4a}{3} u^{\frac{3}{2}} + c$ Producto extremos = producto medios

$= \left(-\frac{2a}{3}\right) \sqrt{\left(1 + \frac{a^2}{x^2}\right)} 3 + c$ Sustituyendo u y du

$= \left(-\frac{2a}{3}\right)\left(1 + \frac{a^2}{x^2}\right) \sqrt{1 + \frac{a^2}{x^2}} + c$ Extrayendo raíz cuadrada

31.- $\int \frac{\sqrt{1-\sqrt{x}}}{\sqrt{x}} dx = ?$

$= \int \sqrt{1 - \sqrt{x} \cup \frac{dx}{\sqrt{x}}}$ Ordenando la expresión

$u = \sqrt{x} \; du = -\frac{dx}{2\sqrt{x}}$ Haciendo cambio de variable

$= -2 \int (1 - \sqrt{x})^{\frac{1}{2}} \cup -\frac{dx}{2\sqrt{x}}$ Completando la diferencial

$= -2 \int u^n \, du$ Sustituyendo u y du

$= -2 \frac{u^{\frac{1}{2}+1}}{\frac{1}{2}+1} + c$ Integral de una potencia

$= -2 \frac{u^{\frac{1}{2}+1}}{\frac{1}{2}+1} + c$ Realizando operaciones

$= -\frac{4}{3} u^{\frac{3}{2}} + c$ Producto extremos = producto medios

$$= \left(-\frac{4}{3}\right)\sqrt{1 - \sqrt{x + c}}$$ Sustituyendo u y du

32.- $\int x^{n-1} \sqrt{a - cx^n} \bigcup dx =?$

$$= \int \sqrt{a - cx^n}\, x^{n-1} \bigcup dx$$ Ordenando la integral

$$= \int (a - cx^n)^{\frac{1}{2}} x^{n-1} \bigcup dx$$ Radical a exponente fraccionario

$$u = a - cx^n \quad du = cn\, x^{n-1} dx$$ Haciendo cambio de variable

$$= \frac{1}{cn} \int (a - cx^n)^{\frac{1}{2}} -cnx^{n-1} \bigcup dx$$ Completando la diferencial

$$= -\frac{1}{cn} \int u^{\frac{1}{2}} \bigcup du$$ Sustituyendo u y du

$$= -\frac{1}{cn} \frac{u^{\frac{1}{2}+1}}{\frac{1}{2}+1} + c$$ Integral de una potencia

$$= -\frac{1}{cn} \frac{u^{\frac{3}{2}}}{\frac{3}{2}} + c$$ Realizando operaciones

$$= -\frac{2}{3cn} u^{\frac{1}{2}} + c$$ Producto extremos = producto medios

$$= -\frac{2}{3cn} u \bigcup n^{\frac{1}{2}} + c$$ Simplificando extrayendo la raíz cuadrada

$$= -\frac{2(a-cx^n)\sqrt{a-cx^n}}{3cn} + c$$ Sustituyendo u y du

1.4.- Constante de integración

Procedimiento para obtener la constante de integración. Encontrar la ecuación de la función para las siguientes condiciones

$$\frac{dv}{dx} = \frac{d(f(x))}{dx} 12x^2 - 6x + 1 \qquad \text{Para f(1)=5}$$

Solución:

$$\int f' \, dy = \int f'(x)dx = y = f(x) \qquad \text{Antiderivada de una función}$$

1.- $\int f'(x)dx = 12 \int x^2 \, dx - 6 \int xdx + \int dx$ Integrando ambos miembros

$$= \frac{12x^3}{3} - \frac{6x^2}{2} + x + c$$

$$= 4x^3 - 3x^2 + x + c \qquad \text{Simplificando la expresión}$$

2.- $f(1) = 4(1)^3 - 3(1)^2 + 1 + c \qquad$ Obtener el calos de $f(1)$

$$= 4 - 3 + 1 + c$$

$$= 5 - 3 + c$$

$$= 2 + c$$

3.- Si $f(1) = 5 \qquad\qquad\qquad$ Condición dada

$\quad$ 5=2+c $\qquad\qquad\qquad\qquad$ Sustituyendo 2º. En 3ro

$\therefore c = 3 \qquad\qquad\qquad\qquad$ Obtención de la constante de integración

$$y = f(x) = 4x^3 - 3x^2 + x + c$$

$$= 4r^3 - 3r^2 + x + 3 \qquad \text{Solución pedida}$$

EJERCICIOS PROPUESTOS.
Resuelve y comprueba el resultado que se indica

1.- $\int -8dx = -8x + c$

2.-. $\int x^{10}\, dx - \frac{1}{11}x^{11} + c$

3.- $\int (2x^3 - 8x^2 + 7x - 12)\, dx = \frac{x^4}{2} - \frac{8x^3}{3} + \frac{7x^2}{2} - 12x + c$

4.- $\int \sqrt[3]{x^2}dx = \frac{3}{5}x^{\frac{4}{3}} + c$

5.- $\int (x^2 - \sqrt{x})dx = \frac{1}{3}x^{\frac{5}{3}} + c$

6.- $\int (5x - 3)^2 dx = \frac{25}{3}x^3 - 15x^3 - \frac{2}{3}x^{\frac{3}{2}} + c$

7.- $\int (x^4 + 2x^2 + 1)^4 dx = \frac{(x^2+1)^9+}{9} + c$

8.- $\int (x + 2)^2 \cup x dx = \frac{3}{4}x^4 + \frac{4}{3}x^3 + 2x^2 + c$

9.- $\int (x^2 - 5)(3x + 1)dx = \frac{3}{4}x^4 + \frac{4}{3}x^3 + \frac{x^2}{2} + c$

10.- $\int (2x - 2)^3 dx = 2x^4 - 8x^3 + 12x - 8x + c$

11.- $\int (x^2 - 5)(x^2 + 5)dx = \frac{1}{5}8x^3 - 25 + c$

12.- $\int \left(\frac{2x-1}{x^4}\right) dx = -\frac{1}{x^2} + \frac{1}{3x^3} + c$

13.- $\int \left(\frac{x^3+7x^3-3}{x^2}\right) dx = \frac{1}{4}x^4 + 7x + \frac{3}{x^2} + c$

14.- $\int \left(\frac{x^{-2}+2x^{-3}-5x^4}{x^2}\right) dx = -\frac{1}{3x^3} + \frac{1}{x^5} + c$

15.- $\int \sqrt{2 - 5x}\, dx = \frac{2(2-5x)\sqrt{2-5x}}{15} + c$

16.- $\int x^3 \frac{1}{\sqrt{x}}dx = \frac{2x^3\sqrt{x}}{7} + c$

17.- $\int \left(-\frac{2}{x^3} - \frac{3}{x\sqrt{x}} + 5\right) dx = -\frac{1}{x^2} + \frac{1}{\sqrt{x}} + 5x + c$

18.- $\int \left(x^2 - \frac{1}{\sqrt{x}}\right) = -\frac{1}{5}x^5 - \frac{4}{5}x^{\frac{5}{2}} - \frac{1}{x^2}$

19.- $\int (9 - 7x)^2 dx = -\frac{(9-7x)^3}{21} + c$

20.- $\int (2x^2 + 8x + 5)^4 (x + 2) dx = (2x^2 + 8x + 5)^5 + c$

21.- $\int 3x^2 \sqrt{x^3 - 12} dx = -\frac{2(x^3-12)\sqrt{x^3-12}}{3} + c$

22.- $\int \frac{x}{\sqrt[3]{x^2-10}} dx = -\frac{5}{8} \sqrt[5]{(x^2 - 10)^4} + c$

23.- $\int \frac{4x^2}{\sqrt{2+3x^3}} dx = \frac{8}{9}\sqrt{2x + 3x^3} + c$

24.-. $\int \sqrt{2x^2 - 8} dx = \frac{(2x^2-8)\sqrt{2x^2-8}}{6} + c$

25.- $\int (\sqrt{x^3} + 5\sqrt[3]{x^2} - 7\sqrt{x} + 12) dx = \frac{2}{5}x^2\sqrt{x} + 3x\sqrt[3]{x2} - 7x\sqrt{x} + 12 + c$

26.- $\int \sqrt{5 + \frac{1}{x}\frac{dx}{\sqrt{x}}} = -\frac{2}{3}\left(5 + \frac{1}{x}\right)\sqrt{5} + \frac{1}{x} + c$

27.- $\int \frac{\sqrt{1-\sqrt{x}}}{\sqrt{x}} dx = -\frac{4}{3}\left(1 - \sqrt{x}\right)\sqrt{1 - \sqrt{x}} + c$

28.- $\int \frac{dx}{\sqrt{x}\sqrt{5-\sqrt{x}}} = -4\sqrt{5 - \sqrt{x}} + c$

29.- $\int (x^2 - \frac{1}{x^2})^3 dx = \frac{1}{7}x^7 - x^3\frac{3}{x} + \frac{1}{5x^5} + c$

30.- $\int \frac{4x-3}{\sqrt{2x^2-3x+1}} dx = 2\sqrt{2x^2 - 3x + 1} + c$

31.- $\int \left(\sqrt{2}x^3 + \frac{3x}{2} - \frac{1}{x^3}\right) dx = \frac{\sqrt{2x^2}}{4} + \frac{3}{4}x^2 + \frac{1}{2x} + c$

32.- $\int \frac{(\sqrt{a}+2\sqrt{x})^2}{\sqrt{x}} dx = \frac{1}{3}(\sqrt{a} + 2\sqrt{x})^3 + 3$

SEGUNDA UNIDAD.- INTEGRALES Trigonométricas

2.1. - Antecedentes
2.2. - Formulas básicas de integración
2.3. - Ejercicios resueltos
2.4. - Ejercicios propuestos

Radián.- En matemáticas, la unidad de ángulo igual al ángulo central formado por un arco de longitud igual al radio del circulo La medida en radianes (rad) de un ángulo se expresa como el cociente entre el arco formado por el ángulo, con su vértice en el centro de un circulo, y el radio de dicho circulo Este cociente es constante para un ángulo fijo cualquiera que sea el circulo sobre el que se tome

La medida en radianes de un ángulo y su medida en grados están relacionadas La circunferencia de un circulo viene dada por

$$C = 2\pi$$

Donde r es el radio del círculo y n es el número 3,14159 Dado que la circunferencia de un círculo es exactamente 2 n radios, y que un arco de longitud r tiene un ángulo central de un radián, se deduce que

$$2\pi \text{ radianes} = 360 \text{ grados}$$

Al dividir 360° por 2p se puede ver que un radián es aproximadamente 57° 17' 45". Ln aplicaciones prácticas, las siguientes aproximaciones son lo suficientemente exactas:

$$1 \text{ radián} - 57,3 \text{ grados}$$

$$1 \text{ grado} - 0,01745 \text{ radianes}$$

El grado y el radián son unidades angulares de distinto tamaño y son intercambiables. En ingeniería se utilizan más los grados, mientras que la medida en radianes se usa casi exclusivamente en estudios teóricos, como en el análisis matemático, debido a la mayor simplicidad de ciertos resultados, en especial para las derivadas y la expansión en series infinitas de las funciones trigonométricas

284

2.1 Antecedentes

TRIGONOMÉTRICAS

Recomendaciones:
Repasar todas las funciones trigonométricas

a.- Fundamentales

$$sen\ A = \frac{a}{c} \qquad\qquad csc\ A = \frac{c}{a}$$

$$cos\ A = \frac{b}{c} \qquad\qquad sec\ A = \frac{c}{b}$$

$$tan\ A = \frac{a}{b} \qquad\qquad cot\ A = \frac{b}{a}$$

b.- Reciprocas

1.- $sen\ A\ \blacksquare\ csc\ A = 1 \quad \Rightarrow \quad sen\ A = \dfrac{1}{csc\ A} \qquad csc\ A = \dfrac{1}{sen\ A}$

2.- $cos\ A\ \blacksquare\ sec\ A = 1 \quad \Rightarrow \quad cos\ A = \dfrac{1}{sec\ A} \qquad sec\ A = \dfrac{1}{cos\ A}$

3.- $tan\ A\ \blacksquare\ cot\ A = 1 \quad \Rightarrow \quad tan\ A = \dfrac{1}{cot\ A} \qquad cot\ A = \dfrac{1}{tan\ A}$

c.- De cociente

$$\tan A = \frac{sen\ A}{cos\ A} \qquad\qquad \cot A = \frac{cos\ A}{sen\ A}$$

d.- Pitagóricas

1.- $sen^2\ \alpha + cos^2\ \alpha = 1 \qquad sen^2\alpha = 1 - cos^2 \qquad cos^2\alpha = 1 - sen^2\alpha$

2.- $1 + tan^2\ \alpha = sec^2\ \alpha \qquad tan^2\alpha = sec^2\alpha - 1 \qquad 1 = sec^2\alpha - tan^2\alpha$

3.- $1 + cot^2\ \alpha = csc^2\ \alpha \qquad cot^2\alpha = csc^2\alpha - 1 \qquad 1 = csc^2\alpha - cot^2\alpha$

e.- De la suma y diferencia de dos ángulos y del doble del ángulo

$$sen\,(\alpha \pm \beta) = sen\,\alpha\cos\beta \pm \cos\alpha\,sen\,\beta \qquad sen\,2\,\alpha = 2\,sen\,\alpha\cos\alpha$$

$$cos\,(\alpha \pm \beta) = cos\,\alpha\cos\beta\;\,sen\,\alpha\,sen\,\beta \qquad cos\,2\,\alpha = cos^2\alpha - sen^2\alpha$$

f.- $sen^2 A = \frac{1}{2}(1 - \cos 2\,A)$ $\qquad cos^2 A = \frac{1}{2}(1 + \cos 2\,A)$

2.2.- Formulas básicas de integración

1.- $\int sen\,u\,du = -\cos u + c$

2.- $\int cos\,u\,du = -sen\,u + c$

3.- $\int sec^2 u\;du = \tan u + c$

4.- $\int csc^2 u\;du = -\cot\,u + c$

5.- $\int sec\,u\tan u\,du = sec\,u + c$

6.- $\int csc\,u\,\cot u\;du = -csc\,u + c$

Recomendaciones:

1.- Tener el dominio del álgebra
Productos notables v su Factorización, exponente negativos, potenciación y radicación

2.- Es necesario la sustitución adecuada de las fondones e identidades trigonométricas
Para utilizar correctamente las fórmulas

3.- Verificar si la integral esta completa, sino completarla

4.- Tener mucho cuidado con la utilización de las formulas de integración

2.3.- EJERCICIOS RESUELTOS

1.- $\int sen \, \frac{5}{3}xl.dx =?$

$U =\frac{5}{3}X \qquad du=\frac{5}{3}dx$

$=\frac{3}{5} \int sen\frac{5}{3}xL \frac{5}{3}dx$

$= -\frac{3}{5} \cos \frac{5}{3}+c$

Haciendo cambio de variable

Completando la integral

Integral de la función de seno

2.- $\int sen \, mx \, dx = \, ¿$

$U=mx \; du=mdx$

$=\frac{1}{m} \int sen \, mx \, mdx$

$=-\frac{1}{m} \cos mx + c$

Haciendo cambio de variable

Completando la integral

Integral de la función seno

3.- $\int \cos 3x \, dx =?$

$U=3x \quad du3dx$

$=\frac{1}{3} \int \cos 3 \, x \, 3dx$

$=\frac{1}{3} sen \, 3x + c$

Haciendo cambio de variable

Completando la integral

Integral de la función de coseno

4.- $\int \cos \, (a + 2x)dx =?$

$U=a+2x \quad du=2dx$

$=\frac{1}{2} \int \cos \, (a + 2X) \, 2dx$

$= \frac{1}{2} sen \, (a+2c) + c$

Haciendo cambio de variable

Completando la integral

Integral de la función

5.- $\int x^2 \cos x^3 \, dx$ Haciendo cambio de variable

$U = x^3$ $du = 3x^{2 \, dx}$

$= \frac{1}{3} \int \cos x^3 \, 3x^2 \, dx$ Completando la integral

$= \frac{1}{3} \operatorname{sen} x^3 \, + \, c$ Integral de la función coseno

6.- $\int \tan^2 (2x - 1) dx \, =?$ Sustituyendo $\tan^2 u = \sec^2 u - 1$

$= \int \left[\sec^{2 \, (2x-1)} \right] dx$

$U = x^3$ $du = 3x^3 dx$ Haciendo cambio de variable

$= \frac{1}{2} \tan (2x\text{-}1) \, 2dx - \int dx$ Completando la integral

$= \frac{1}{2} \tan (2x\text{-}1) - x + c$ Integral de la suma de funciones

7.- $\int \tan^{2 \, 2x \, dx} = ?$ Descomponiendo la potencia

$\int (\tan^2 2x \, dx \, = ?$ Sustituyendo $\tan^2 x - \sec^2 x - 1$

$= \int (\tan^2 2x(\sec^2 - 1)dx$ Realizando operaciones

$= \int \tan^2 2x \, (\sec^2 2x) \, dx - \int \tan^2 2x \, dx$

$= \int \tan^2 2x \, (\sec^2 2x) \, dx - \int (\sec^2 2x - 1) dx$

$= \int \tan^2 2x \, (\sec^2 2x) \, dx - \int \sec^2 2dx - \int dx$

$U = 2x$ $du = 2 \, dx$

$= \frac{1}{2} \int \tan^2 2x \, (\sec^2 2x) \, 2dx \, \frac{1}{2} \int \sec^2 2x \, 2dx + \int dx$

$= \frac{1}{6} ran^3 2x - \frac{1}{2} \tan 2x + x + c$ Sustituyendo $\tan^2 x - \sec^2 x - 1$

$= \frac{1}{6} (\tan^3 2x - 3 \tan 2x + 6x) + c$ Integral de la suma

Derivando u

Completando la integral

Integrando la función

Sacando factor común $\frac{1}{6}$

Sustituyendo $\cot^2 x = \csc^2 x - 1$

8.- $\int \cot^5 5x\ dx =?$

$= \int (\csc^2 5x - 1)\ dx$ Integral de una suma

$= \int \csc^2 5x - \int dx$

$u = 5x \quad du = 5\ dx$ Derivando u

$= \frac{1}{5}\int \csc^2 5x\ 5dx - \int dx$

Completando la integral

$= -\frac{1}{5}\cot 5x - x + c$

Integrando la función

$= -\frac{1}{5}(\cot 5x + 5x) + c$

Sacando factor común $-\frac{1}{5}$

Haciendo cambio de variable

9.- $\int \sec^2(x-6)\ dx =?$

$U = x-6 \qquad du = dx$ Presentando la integral

$= \int \sec^2 8x-6)\ dx$

$= \tan(x-6) + c$ Integrando la función

Ordenando la integral

10.- $\int s \sec^2(x^2-5)\ dx =?$

$= \int \sec^2(x^2-5)\ x\ dx$ Haciendo cambio de variable

$U = x^2-5 \qquad du = 2x dx$

$= \frac{1}{2}\sec^2(x-6)\ 2x\ dx$ Completando la integral

$= \frac{1}{2}\tan(x^2-5) + c$

Integrando la función

11.- $\csc^2 4x\ dx =?$ Haciendo cambio de variable

$U = 4x \quad du = 4dx$

$= \frac{1}{4}\int \csc^2 4x\ 4\ dx$ Completando la integral

$= -\frac{1}{4}\cot 4x + c$ Integrando la función

12.- $\int c \, sc^2 \, (a+cx) \, dx =?$

| | Haciendo cambio de variable |

U=a + cx   du=cdx

$= \frac{1}{c} \int csc^2 \, (a+cx) \, c \, dx$ Completando la integral

$= - \frac{1}{c} \cot (a+cx) +c$ Integrando la función

13.- $\int sen^2 \, 5x \cos 5 \, x \, dx =?$

Haciendo cambio de variable

U= sen 5 x   du= cos 5 x 5dx

$= \frac{1}{5} \int sen^2 \, 5x \cos 5x \, 5dx$ Completando la integral

$= \frac{1}{15} sen^3 5x +c$

Integral de la función potencia

14.- $\int \frac{dx}{\sec (2c-1)} =?$

$\cos x = \frac{1}{\sec x}$ Identidad reciproca

$= \int \cos(2x - 1) \, dx$

Haciendo cambio de variable

U=2x-1   du=2dx

$= \frac{1}{2} \int \cos (2x - 1) 2dx$ Completando la integral

$= \frac{1}{2} sen \, (2x-1) +c$

Integral de la función coseno

15.- $\int tan^3 3x \, sec^2 3x dx =?$

Haciendo cambio de variable

U=tan 3x   du= sec^2 3x 3dx

$= \frac{1}{3} \int tan^3 \, 3x \, sec^2 \, 3x \, 3dx$ Completando la integral

$= \frac{1}{18} tan^6 \, 3x + c$ Integral de la función potencia

16.- $\int \frac{sen5x}{(1-cos5x)} dx =?$ Exponente negativo

$= \int (1 - cos5x)^{-3} sen5dx$ Haciendo cambio de variable

U= 1-cos5x   du= sen5x 5dx

$= \frac{1}{5} \int (1 - cos5x)^{-3} sen5x \, 5dx$ Completando la integral

$= -\frac{1}{10} (1 - cos5x)^{-2} + c$ Integral de la función potencia

$= \frac{1}{10(1-cos5x)} + c$

Exponente negativo

17.- $\int \frac{-2 \, dx}{sen^2 5x}$ Exponente negativo

$= -2 \int csc^2 5x \, dx$ Haciendo cambio de variable

U= 5x du = 5dx

$= -\frac{2}{5} \int sec^2 5x \, 5dx$ Completando la integral

$= \frac{2}{5} \cot 5 + c$ Integral de la función cosecante

18.- $\int \frac{cos \, 4x}{sen^2 \, 4x} dx =?$ Exponente negativo

Haciendo cambio de variable

$= \int sen^{-2} 4x \, cos4xdx$ Derivada de u y du

U= sen 4x   du= cos 4x 4dx

U= 4x   du= 4dx

$= -\frac{1}{4} \int sen^2 4x4x \, 4dx$ Completando la integral

$= -\frac{1}{4} sen^{-1} 4x + c$ Integral de la función potencia

$= -\frac{1}{asen4x} + c$ Exponente negativo

19.- $\int \frac{\tan 3x}{\tan^2 3x} dx =?$

$\qquad$ $\sec x = \frac{1}{\cos x}$ Identidad trigonométrica

$= \int \tan 3x \, sec^2 x \, dx$ $\qquad$ Derivando u y du

$= \tan 3x \qquad du= sec^2 3x \, 3dx$

$= \frac{1}{3} \int \tan3x \, sec^2 3x \, 3dx$ $\qquad$ Completando la integral

$= -\frac{1}{6} tan^2 3x + c$ $\qquad$ Integral de la función potencia

20.- $\int \frac{3 \, dx}{\cos^2 x \sqrt{\tan x+1}}$

$\qquad$ $sec^2 x = \frac{1}{\cos^2}$ Identidad

$= 3 \int \frac{sec^2 x}{\sqrt{\tan x+1}} dx$ $\qquad$ Derivado u y du

$U= \tan x + 1 \qquad du=sec^2 x \, dx$

$\qquad$ Completando la integral

$= 3 \int (\tan x + 1)^{\frac{1}{2}} sec^2 x \, dx$

$= 6 \, (\tan x + 1)^{\frac{1}{2}} +c$ $\qquad$ Integral de la función potencia

$= 6 \sqrt{\tan x + 1} + c$

$\qquad$ Manejo de exponente fraccionario

21.- $\int \csc mx \cot mx \, dx =?$

$\qquad$ Haciendo cambio de variable

$U= mx \, dx = mdx$

$= \frac{1}{m} \int \, csc \, mx \, cot \, mx \llcorner \, mdx$ $\qquad$ Completando la integral

$= \frac{1}{m} \csc mx + c$

$\qquad$ Integrando la función

22.- $\int \sec x - \tan x)^2 \, dx =?$ $\qquad$ Desarrollando el binomio al cuadrado

$= \int (sec^2 x - 2\sec x \tan x \, tan^2 x) \, dx$ $\qquad$ Integral de la suma

$= \int sec^2 x \, dx - 2\int \sec x \tan x \, dx \, tan^2 x \, dx$ $\qquad$ $tan^2 x = sec^2 x -$ identidad

$= \int sec^2 x \, dx - 2\int \sec \tan x \, dx \int (\sec -1)^2 x \, dx$ Suma de integrales

$= \int sec^2 x \, dx - 2 \int sexc \tan x \, dx + \int \sec x^2 \, dx - \int dx$

$= \int sec^2 \ x \ dx - 2 \int sec \ x \tan x \ dx - \int dx$ Sumando

$= 2 \tan - 2 \sec -x +c$ Integrando la función

$= 2(\tan x - \sec x \ ) -x +c$ Factorizando el 2

23.- $\int \dfrac{dx}{3+3 \cos x} =?$ Multiplicando por el conjugado

$= \int \left(\dfrac{1}{3+3 \cos x}\right)\left(\dfrac{3-3 \cos x}{3-3 \cos x}\right) dx$ Factorizando el 3

$= \int \dfrac{1}{3}\left(\dfrac{1}{1+\cos x}\right)\dfrac{3}{3}\left(\dfrac{1-\cos x}{1-\cos x}\right) dx$ Efectuando operaciones

$= \int \dfrac{3}{9}\left(\dfrac{1-\cos x}{1-\cos^2 x}\right) dx$ Simplificando 3 y

$= \dfrac{1}{3}\int \dfrac{1-\cos x}{sen^2 x} \ dx$ $sen^2 \ x = 1 - \cos^2 \ x$

$= \dfrac{1}{3}\int \dfrac{1}{sen^2 x} \ dx - \dfrac{1}{3}\int \dfrac{\cos x}{sen^2 x} \ dx$ Separando el numerador

$= \dfrac{1}{3}\int csc \ 2x \ dx - \dfrac{1}{3}\int \cot x \ csc \ x \ dx$ $cscx = \dfrac{1}{senx} y \ cotx = \dfrac{cosx}{senx}$

$= \dfrac{1}{3}\cot x + \dfrac{1}{3}csc \ x + c$ Integrando las funciones

24.- $- \int (\tan^2 5x - sec \ ^2 5x) \ dx = ?$

$= \int \tan^2 5x \ dx - \int sec \ ^2 5x \ dx$ Integral de una suma

$= \int (sec^2 5x - 1) \ dx - \int sec \ ^2 5x \ dx$

$= \int sec^2 5x \ dx - \int sec \ ^2 5x \ dx - \int dx$

$= \int dx$ $\tan^2 5x = sec^2 5x - 1$ identidad

$= x + c$ Ordenando las integrales

Simplificando $\int \ sec \ ^2 5x$

Integrando la función

3.4.- EJERCICIOS PROPUESTOS
Resuelve y comprueba el resultado que se indica

1. $\int \operatorname{sen} 7x \, dx = -\frac{1}{7}\cos 7x + c$

2. $\int x \operatorname{sen} x^2 \, dx = -\frac{1}{2}\cos x^2 + c$

3. $\int \cos ax \, dx = \frac{1}{a}\operatorname{sen} ax + c$

4. $\int \cos^3 2x \operatorname{sen} 2x \, dx = -\frac{1}{8}\cos^4 2x + c$

5. $\int \tan^2 5x \, dx = \frac{1}{5}\tan 5x - x + c$

6. $\int \cot^2 3x \, dx = -\frac{1}{3}\cot 3x - x + c$

7. $\int \tan^4 3x \, dx = \frac{1}{6}(\tan^3 2x - 3\tan 2x + 6x) + c$

8. $\int \sec^2 3bx \, dx = \frac{1}{3b}\tan 3bx + c$

9. $\int x \sec^2 (x^2 - 5) \, dx = \frac{1}{2}\tan(x^2 - 5) + c$

10. $\int \csc^2 (a + ex) \, dx = \frac{1}{e}\cot(a + ex) + c$

11. $\int \frac{2 \, dx}{\operatorname{sen}^2 4x} = -\frac{1}{2}\cot 4x + c$

12. $\int \operatorname{sen}^3 5x \cos 5x \, dx = \frac{1}{20}\operatorname{sen}^4 5x + c$

13. $\int \frac{\cos \sqrt{x} \cot \sqrt{x}}{\sqrt{x}} dx = -2 \csc \sqrt{x} + c$

14. $\int \tan 2x \sec^2 2x \, dx = \frac{1}{4}\tan^2 2x + c$

15. $\int \frac{5 - \cos x}{\operatorname{sen}^2 x} dx = 5 \cot x + \csc x + c$

16. $\int \cos^2 7x \operatorname{sen} 7x \, dx = -\frac{1}{21}\cos^3 7x + c$

17. $\int \frac{\operatorname{sen} 9x}{\cos^2 9x} dx = -\frac{1}{18\cos^2 9x} + c$

18. $\int \frac{\cot 6x}{\operatorname{sen}^2 6x} dx = -\frac{1}{12}\cot^2 6x + c$

19. $\int \frac{\cos x}{\sqrt{4\operatorname{sen} x - 1}} dx = \frac{1}{2}\sqrt{4\operatorname{sen} x - 1} + c$

20. $\int \frac{\operatorname{sen} 2x}{\sqrt{5 - \operatorname{sen}^2 x}} dx = 2\sqrt{5 - \operatorname{sen}^2 x} + c$

21. $\int \left(\frac{\sec x}{4 - \tan x}\right)^2 dx = \frac{1}{4 - \tan x} + c$

22. $\int (\tan x - \cot nx)^2 \, dx = \tan x - \cot x + c$

23. $\int \frac{2 \, dx}{1 + \cos x} = 2(\csc x - \cot x) + c$

24. $\int \operatorname{sen} x \cos x (\operatorname{sen} x - \cos x) \, dx = \frac{1}{3}(\operatorname{sen}^3 x + \cos^3 x) + c$

25. $\int \frac{\tan^3 3x}{\operatorname{sen}^2 3x} dx = \frac{1}{2}x - \frac{1}{3}\operatorname{sen} x \cos x + c$

TERCERA UNIDAD.- INTEGRALES DE FUNCIONES TRIGONOMÉTRICAS INVERSAS

3.1. - Formulas básicas de integración
3.2. - Ejercicios resueltos
3.3. - Ejercicios propuestos

INTRODUCCIÓN

Raíz (matemáticas), enésima de un número real, a. es otro número, b, cuya potencia enésima es a Se expresa así

La expresión se llama radical, a es el radicando y n el índice de la raíz El índice es un número entero mayor que 1: $n \geq 2$.

La raíz de Índice dos se llama raíz cuadrada y se escribe sin explicitar el índice. La raíz de índice tres se llama raíz cúbica

Si el Índice es par y a es positivo, existen dos raíces enésimas reales de a, una positiva y otra negativa Pero la expresión sólo se refiere a la positiva Es decir, las dos raíces enésimas de a son y - . Sin embargo, los números reales negativos no tienen ninguna raíz real de índice par

Por ejemplo, 25 tiene dos raíces cuadradas, 5 y -5, pues 52 - 25 y (-5)2 = 25; y el número 10 tiene dos raíces cuartas y - Sin embargo. -25 no tiene ninguna raíz cuadrada porque ningún número real elevado al cuadrado da -25 Por lo mismo, -10 no tiene ninguna raíz cuarta

Si el índice es impar, cualquiera que sea el número real, a. tiene una única raíz enésima Por ejemplo, la raíz cúbica de 8 es 2, la raíz cúbica de -8 es -2, y 20 tiene una única raíz cúbica que se denomina

Forma exponencial fraccionaria de una raíz

La raíz enésima de un número puede ponerse en forma de potencia

$$\sqrt[n]{A} = A^{\frac{1}{n}}$$

Por lo tanto

$$\sqrt[n]{A^m} = (A^{\frac{1}{n}})^m = A^{\frac{m}{n}}$$

Funciones inversas

La expresión "y es el seno de θ" o y = sen θ, es equivalente a la expresión "θ es el ángulo cuyo seno es igual a y", lo que se expresa como θ = arcπsen y, o también como θ - sen- ly La función arcsen (que se lee arco seno) es la función inversa o reciproca de la función sen. Las otras funciones inversas, arceos y, arctg y, areco t y, arc sen y, y arccoscc y, se definen del mismo modo

En la expresión y = sen θ o θ = are sen y, un valor dado de y genera un numero infinito de valores de θ, puesto que sen π / 6 = sen 5 π /i 6 - sen ((*ni* 6) + *2n*)-. .= y, teniendo en cuenta que los ángulos *π* 6 y *5 π* 6 son suplementarios Por tanto, si θ = are sen y, entonces θ = (; r/6) + n2; πy 6 = (5π/6) + n2; π, para cualquier entero n positivo, negativo o nulo

El valor π / 6 se toma como valor principal o fundamental del are sen y. Para todas las funciones inversas, se suele dar su valor principal Existen distintas costumbres, pero la más común es que los valores principales de las funciones inversas estén en los intervalos que se dan a continuación:

$$-\frac{\pi}{2} \le arc\ sen\ y \le \frac{\pi}{2}$$
$$0 \le arc\ cos\ y \le \pi$$
$$-\frac{\pi}{2} < arc\ tan < \frac{\pi}{2}$$
$$0 < arc\ csc\ y < \pi$$
$$-\frac{\pi}{2} < arc\ sen\ y < \frac{\pi}{2}$$
$$0 < arc\ cot\ y < \pi$$

3.1.- formulas básicas de integración

FÓRMULAS

$$\int \frac{du}{\sqrt{a^2 - u^2}} = \text{arc sen } \frac{u}{a} + c$$

$$\int \frac{du}{\sqrt{a^2 + u^2}} = \text{arc tan } \frac{u}{a} + c$$

$$\int \frac{du}{u\sqrt{u^2 - a^2}} = \frac{1}{a}\text{arc sec } \frac{u}{a} + c$$

RECOMENDACIONES

1.- Efectuar del cambio de variables

2.- El producto notable $(a+b)^2$ y su factorización

3.- Aplicar las leyes de los exponentes

4.- Utilizar las formulas correspondientes

5.- Manejo de las funciones e identidades trigonométricas

6.- Se deberá tener mucho cuidado al seleccionar **a** y **u** en cada uno de los ejercicios propuestos.

3.2.- EJERCICIOS RESUELTOS

1.- $\int \dfrac{dx}{\sqrt{16-25x^2}} = ?$

$a = 4 \quad u = 5x \qquad\qquad du = 5dx$

Haciendo cambio de variable

$= \dfrac{1}{5} \int \dfrac{5du}{\sqrt{a^2+u^2}}$

Completando la integral

$= \dfrac{1}{5} \operatorname{arc\,sen} \dfrac{u}{a} + c$

Integral del arc seno

$= \dfrac{1}{5} arc\ sen \dfrac{5x}{4} + c$

Haciendo cambio de variable

2.- $\int \dfrac{dx}{16+x^2} = ?$

$a = 4 \quad u = x \qquad\qquad du = dx \qquad$ Haciendo cambio de variable

$= \int \dfrac{du}{a^2 + u^2}$ Integral de arc tangente

Haciendo cambio de variable

$= \dfrac{1}{a} \operatorname{arc\,tan} \dfrac{u}{a} + c$

$= \dfrac{1}{4} \operatorname{arc\,tan} \dfrac{x}{4} + c$

3.- $\int \dfrac{dx}{x\sqrt{x^2-9}} = ?$

Haciendo cambio de variable

$a = 3 \quad u = x \qquad\qquad du = dx$

$= \int \dfrac{du}{u\sqrt{u^2 - a^2}}$ Integral del arc secante

$\operatorname{arc\,sec} \dfrac{u}{a} + c$ Haciendo cambio de variable

$\operatorname{arc\,sec} \dfrac{x}{3} + c$

4.- $\int \dfrac{dx}{\sqrt{16-25x^2}} =?$

$a = 3 \quad u = 2x \qquad du = 2dx$ Haciendo cambio de variable

$= \int \dfrac{du}{\sqrt{a^2-u^2}}$ Completando la integral

Integral de arc seno

$= \dfrac{1}{2} \arccos sen \dfrac{u}{a} + c$

Haciendo cambio de variable

$= \dfrac{1}{2} \arccos sen \dfrac{2x}{3} + c$

5.- $\int \dfrac{dx}{4+25x^2} =?$

$a = 2 \quad u = 5x \qquad du = 5dx$ Haciendo cambio de variable

$= \dfrac{1}{5} \int \dfrac{du}{\sqrt{a^2+u^2}}$ Completando la integral

Integral de arc tangente

$= \dfrac{1}{5}\left(\dfrac{1}{a}\right) arc \tan \dfrac{u}{a} + c$

Haciendo cambio de variable

$= \dfrac{1}{5}\left(\dfrac{1}{2}\right) arc \tan \dfrac{5x}{2} + c$

Realizando operaciones

$= \dfrac{1}{10} arc \tan \dfrac{5x}{2} + c$

6.- $\int \dfrac{dx}{x\sqrt{x^6-4}} =?$

$a = 2 \quad u = x^3 \qquad du = 3x^2dx$ Haciendo cambio de variable

$= \dfrac{1}{3} \int \dfrac{du}{u\sqrt{u^2-a^2}}$ Completando la integral

Integral del arc secante

$= \dfrac{1}{3}\left(\dfrac{1}{a}\right) arc \sec \dfrac{u}{a} + c$

Haciendo cambio de variable

$= \dfrac{1}{6} arc \sec \dfrac{x^3}{2} + c$

7.- $\int \dfrac{dx}{\sqrt{2-7x^2}} = ?$

Haciendo cambio de variable

$a = \sqrt{2} \quad u = \sqrt{7}x \qquad du = \sqrt{7}\,dx$

$= \dfrac{1}{\sqrt{7}} \int \dfrac{du}{\sqrt{a^2-u^2}}$

Completando la integral

$= \dfrac{1}{\sqrt{7}} arc\ sen\dfrac{u}{a} + c$

Integral del arc seno

$= \dfrac{1}{\sqrt{7}} arc\ sen\dfrac{\sqrt{7}x}{\sqrt{2}} + c$

Haciendo cambio de variable

8.- $\int \dfrac{x\,dx}{3+2x^4} = ?$

Haciendo cambio de variable

$a = \sqrt{3} \quad u = \sqrt{2}x^2 \qquad du = 2\sqrt{2}x\,dx$

$= \dfrac{1}{2\sqrt{2}} \int \dfrac{du}{\sqrt{a^2+u^2}}$

Completando la integral

$= \dfrac{1}{2\sqrt{2}} \left(\dfrac{1}{\sqrt{3}}\right) arc\ tan\dfrac{\sqrt{2}x^2}{\sqrt{3}} + c$

Integral de arc tangente

$= \dfrac{\sqrt{2}}{4} \left(\dfrac{\sqrt{3}}{3}\right) arc\ tan\sqrt{\dfrac{2}{3}}x^2 + c$

Haciendo cambio de variable

Realizando operaciones

$= \dfrac{\sqrt{6}}{12} arc\ tan\sqrt{\dfrac{2}{3}}x^2 + c$

9.- $\int \dfrac{-8dx}{\sqrt{9-x^4}}$

$a = 3 \quad u = x^2 \quad du = 2x\,dx$

Haciendo cambio de variable

$= -8 \int \dfrac{x\,dx}{\sqrt{9-x^4}}$

Sacando la constante del integral

$= -\dfrac{8}{2} \int \dfrac{du}{\sqrt{a^2-u^2}}$

Completando la integral

$= -4arc\ sen\dfrac{u}{a} + c$

Integral del arc seno

$= -4arc\ sen\dfrac{x^2}{3} + c$

Haciendo cambio de variable

10.- $\int \frac{cosx\,dx}{1+sen^2x} = ?$

a = 1   u = sen x   du = cos x dx   Haciendo cambio de variable

$= \int \frac{du}{a^2+u^2}$ Sustituyendo

$= \frac{1}{a}$ arc tan $\frac{u}{a}$ + c   Integral del arc tangente

$= \frac{1}{1}$ arc tan $\left(\frac{senx}{1}\right)$ + c   Haciendo cambio de variable

= arc tan (senx) + c   Realizando operaciones

11.- .-$\int \frac{sec^2x\,dx}{\sqrt{1-9\,tan^2x}} = ?$

          Haciendo cambio de variable

a = 1   u = 3tan x du = 3 sec^2 x dx

          Completando la integral

$= \frac{1}{3}\int \frac{du}{\sqrt{a^2-u^2}}$

          Integral del arc seno

$= \frac{1}{3}$ arc sen $\frac{u}{a}$ + c

          Haciendo cambio de variable

$= \frac{1}{3}$ arc sen (tanx) + c

12.- $\int \frac{10\,dx}{x^2+4x+7} = ?$

x^2+4x+7 = $x^2 + 4x + 4 + 3$ Descomponiendo 7 = 4 + 3

$(x + 2)^2 + 3$

          Factorizando el trinomio

a = $\sqrt{3}$ 1 u = x +2   du = dx

          Haciendo cambio de variable

=10 $\int \frac{du}{a^2+u^2}$

          Sustituyendo

$= (10)\frac{1}{a}$ arc tan $\frac{u}{a}$ + c

          Integral del arc tangente

$= \frac{10}{\sqrt{3}}$ arc tan $\frac{x+2}{\sqrt{3}}$ +c

          Haciendo cambio de variable

$= \frac{10\sqrt{3}}{3}$ arc tan $\frac{x+2}{\sqrt{3}}$ +c   Realizando operaciones

13.- .-$\int \frac{12\sqcup dx}{\sqrt{5-12x-9x^2}}$ = ?

$5 -12x-9x^2 = 5+4-4-12x-9x^2$ Sumando y restando 4

$= 9 -(9x^2+12x+4)$ Factorizando el signo –

$= 9 - (3x+2)^2$

Factorizando el trinomio

$a = 3$ $u = 3x+2$ $du = 3dx$

Haciendo cambio de variable

$= 12 \int \frac{du}{\sqrt{9-(3x+2)^2}}$

Sustituyendo en la integral

$= \frac{12}{3} \int \frac{du}{\sqrt{a^2-u^2}}$

Completando la integral

$= \frac{12}{3}$ arc sen $\frac{u}{a}$ +c

Integral del arc seno

$= 4$arc sen $\left(\frac{3x+2}{3}\right)$ + c

Haciendo cambio de variable

14.- .-$\int \frac{aec \tan 3x}{1+9x^2}dx$ = ?

u = arc tan 3x $du = \frac{3dx}{1+9x^2}$ dx

Haciendo cambio de variable

$= \frac{1}{3} \int \frac{arc \tan 3x \sqcup dx}{1+9x^2}$

Completando la integral

$= \frac{1}{3} \int u^n du$ $n = 1$

Haciendo cambio de variable

$= \frac{1}{3} \frac{u^2}{2}$ +c

Integral de una potencia

$= \frac{1}{6}$ arc $\tan^2 3x$+c

Realizando operaciones

15.- .-$\int \frac{aec \cos^2 2x\, du}{\sqrt{1-4x^2}}$ dx= ?

u = arc cos 2x $du = -\frac{2dx}{\sqrt{1-4x^2}}$ dx

Haciendo cambio de variable

$= -\frac{1}{2} \int u^n du$ $n = 2$

Completando la integral

$= -\frac{1}{2} \frac{u^2}{3}$ +c

Integral de una potencia

$= -\frac{1}{6}$ arc $\cos^3 2x$ + c

Realizando operaciones

3.3.- EJERCICIOS PROPUESTOS

Resuelve y comprueba el resultado que se indica

1.- $\int \dfrac{dx}{4x^2+49} = \dfrac{1}{14} arc\, tan\dfrac{2x}{7} + c =$

2.- $\int \dfrac{dx}{\sqrt{9x-x^2}} = arc\, sen\, \dfrac{x}{3} c$

3.- $\int \dfrac{dx}{x\sqrt{x^2-25}} = \dfrac{1}{5} arc\, sen\, \dfrac{x}{5} + c$

4.- $\int \dfrac{3x\,dx}{x^4+16} = \dfrac{3}{8} arc\, tan\dfrac{x^2}{4} + c$

5.- $\int \dfrac{dx}{\sqrt{4-25x^2}} = \dfrac{1}{5} arc\, tan\dfrac{5x}{2} + c$

6.- $\int \dfrac{dx}{7+9x^2} = \dfrac{\sqrt{6}}{21} arc\, tan\dfrac{3x}{\sqrt{7}} + c$

7.- $\int \dfrac{sen\,dx}{\sqrt{7-cos^2x}} = -arc\, sen\left(\dfrac{cos\,x}{\sqrt{7}}\right) + c$

8.- $\int \dfrac{senx\,tan\,x\,dx}{9+sec^2x} = \dfrac{1}{3} arc\, sen\,\dfrac{sec\,x}{3} + c$

9.- $\int \dfrac{dx}{\sqrt{1+5x^2}} = \dfrac{1}{6\,sen\,x} arc\, sen\,\sqrt{5x} + c$

10.- $\int \dfrac{sen\,x\,dx}{9sen^2x+4cos^2x} = \dfrac{1}{6sen\,x} arc\, tan(\dfrac{2}{3}cot\,x) + c$

11.- $\int \dfrac{10\,dx}{x^2+8x+25} = \dfrac{10}{3}arc\, tan\left(\dfrac{x+4}{3}\right)+c$

12.- $\int \dfrac{dx}{\sqrt{3+2x-x^2}} = arc\, sen\left(\dfrac{x-1}{2}\right)+c$

13.- $\int \dfrac{2\,dx}{25-12x+4x^2} = \dfrac{1}{4}arc\, tan\left(\dfrac{2x-3}{4}\right)+c$

14.- $\int \dfrac{4\,dx}{\sqrt{2-4x-4x^2}} = 8arc\, sen\left(\dfrac{8x+3}{\sqrt{41}}\right)+c$

15.- $\int \dfrac{arctan\,x\,dx}{4+x^2} = \dfrac{1}{4}arc\, tan^2\,x+c$

CUARTA UNIDAD.- INTEGRALES DE FUNCIONES LOGARÍTMICAS.

4.1- Formulas básicas de integración logarítmica
4.2.- Propiedades de los logaritmos
4.3.- Ejercicios resueltos
4.4.- Ejercicios propuestos
4.1.- Formulas básicas de integración logarítmica

FÓRMULAS:

1.- $$\int \frac{du}{u} = \ln|u| + c$$

2.- $$\int \tan u\, du = \ln|\cos u| + c = \ln|\sec u| + c$$

3.- $$\int \cot u\, du = \ln|sen\, u| + c$$

4.- $$\int \sec u\, du = \ln|\sec u + \tan u| + c$$

5.- $$\int \csc u\, du = \ln|\csc u - \cot u| + c$$

6.- $$\int \frac{du}{a^2 - u^2} = \frac{1}{2a}\ln\left|\frac{u+a}{u-a}\right| + c$$

7.- $$\int \frac{du}{u^2 - a^2} = \frac{1}{2a}\ln\left|\frac{u-a}{u+a}\right| + c$$

RECOMENDACIONES:

Repasar las derivadas

Manejo adecuado de las identidades trigonométricas

Los productos notables y sus factorizaciones

Conversiones de exponentes fraccionarios a radicales

Propiedades de los exponentes y los logaritmos

4.2.- Propiedades de los logaritmos
1.-Logaritmo de un producto

$$\log (AB) = \log A + \log B$$

Forma exponencial	Forma logarítmica
$A = b^x$	$x = \log A$
$B = b^y$	$y = \log B$
$AB = b^x b^y$	Multiplicando miembro a miembro
$AB = b^{x+y}$	Potencias de las misma base
$\log (AB) = x + y$	Sacando logaritmos
$\log (AB) = \log A + \log B$	Sustituyendo x y

El logaritmo de un producto es igual, a la sima de dos logaritmos de sus factores
2.- Logaritmo de un cociente

$$\text{Log} (A/B) = \log A - \log B$$

Forma exponencial	Forma logarítmica
$A = b^x$	$x = \log A$
$B = b^y$	$y = \log B$
$A \div B = b^x \div b^y$	Dividiendo miembro a miembro
$A \div B = b^{x-y}$	Cociente de potencias
$\text{Log} (A \div B) = x - y$	Sacando logaritmos
$\text{Log} (A \div B) = \log A - \log B$	Sustituyendo x y

El logaritmo de un cociente es igual al logaritmo del numerador menos el logaritmo del denominador

3.- Logaritmo de una potencia

$$\text{Log}(A^n) = n\log A$$

Forma exponencial	Forma logarítmica
$A = b^x$	$x = \log A$
$A^n = (b^x)^n$	Elevando a una potencia
$A^n = b^{xn}$	Potencias de potencias
$\text{Log}(A^n) = nx$	Sacando logaritmos
$\text{Log}(A^n) = n\log A$	Sustituyendo x

El logaritmo de una potencia es igual al exponente por el logaritmo de la base

4.- Logaritmo de una raíz enésima

$$\log(\sqrt[n]{A}) = \frac{\log A}{n}$$

Forma exponencial	Forma logarítmica
$A = b^x$	$x = \log A$
$\sqrt[n]{A} = \sqrt[n]{b^x}$	Extrayendo raíz enésima
$\sqrt[n]{A} = b^{\frac{x}{n}}$	Exponente fraccionario
$\log\sqrt[n]{A} = x \div n$	Sacando logaritmos
$\log\sqrt[n]{A} = los\, A \div n$	
$\log\sqrt[n]{A} = \frac{\log A}{n}$	Sustituyendo x

El logaritmo de una raíz enésima es igual al logaritmo de la cantidad sub radical entre en índice de la base

NOTA: para nuestros fines estas propiedades también se aplicaran a los logaritmos naturales, es decir de base **e**, también llamados neperianos.

4.3 EJERCICIOS RESUELTOS

1.- $\int \frac{dx}{9x} = ?$

$= \frac{1}{9} \int \frac{dx}{x}$ Sacando la cantidad constante

$u = x \quad dx = dx$ Haciendo cambio de variable

$= \frac{1}{9} \int \frac{du}{u}$ Sustituyendo u y du

$= \frac{1}{9} In|n| + c$ Integral de un logaritmo

$= \frac{1}{9} In|x| + c$ Como x = u

$= In|x|^{\frac{1}{9}} + c$ Logaritmo de una potencia

$= In|\sqrt[9]{x}| + c$ En forma de radical

2.- $\int \frac{3 L dx}{1+8x} = ?$

$= 3 \int \frac{dx}{1+8x}$ Sacando la cantidad constante

$u = 1 + 8xx \quad dx = 8 \, dx$ Haciendo cambio de variable

$= \frac{3}{8} \int \frac{du}{u}$ Sustituyendo u y du

$= \frac{3}{8} In|n| + c$ Integral de un logaritmo

$= \frac{3}{8} In|1 + 8x| + c$ Como u = 1 + 8x

$= In|1 + 8x|^{\frac{3}{8}} + c$ Logaritmo de una potencia

$= In|\sqrt[8]{(1 + 8x)^3}| + c$ En forma de radical

3.- $\int \frac{x \llcorner dx}{4x^2+10} =?$

$u = 4x^2 + 10 \quad du = 8x\,dx$ Haciendo cambio de variable

$= \frac{1}{8} \int \frac{du}{u}$ Sustituyendo u y du

$= \frac{1}{8} In|n| + c$ Integral de un logaritmo

$= \frac{1}{8} In|4x^2 + 10| + c$ Como u = 4 x² + 10

$= In|4x^2 + 10|^{\frac{1}{8}} + c$ Logaritmo de una potencia

$= In|\sqrt[8]{4x^2 + 10}| + c$ En forma de radical

4.- $\int \frac{(2x-5) \llcorner dx}{x^2-5x+12} =?$

$u = x^2 - 5x + 12 \quad du = (2x - 5)dx$ Haciendo cambio de variable

$= \int \frac{du}{u}$ Sustituyendo u y du

$= Im|u| + c$ Integral de un logaritmo

$= In|x^2 - 5x + 12| + c$ Como u = x² - 5x + 12

5.- $\int \frac{x^2 \llcorner dx}{2x^3-4} =?$

$u = 2x^3 - 4 \quad du = 6x^2\,dx$ Haciendo cambio de variable

$= \frac{1}{6} \int \frac{du}{u}$ Sustituyendo u y du

$= \frac{1}{6} In|u| + c$ Integral de un logaritmo

$= \frac{1}{6} In|2x^3 - 4| + c$ Como u = 2x³ - 4

$= In|2x^3 - 4|^{\frac{1}{6}} + c$ Logaritmo de una potencia

$= In|\sqrt[6]{2x^3} - 4| + c$ En forma de radical

6.- $\int \frac{\cos x \sqcup dx}{\sin x - 7} = ?$

                             Haciendo cambio de variable

$u = \sin x - 7 \quad du = \cos x\, dx$

$= \int \frac{du}{u}$ Sustituyendo u y du

$= \ln|u| + c$ Integral de un logaritmo

$= \ln|\sin x - 7| + c$ Como u = sen x − 7

7.- $\int \frac{dx}{\cos^2 x (4\tan x - 2)} = ?$

$= \int \frac{\sec^2 x \sqcup dx}{4\tan x - 2}$ Como $\sec x = \frac{1}{\cos x}$

$u = 4\tan x - 2 \quad du = 4\sec^2 x\, dx$ Haciendo cambio de variable

$= \frac{1}{4}\int \frac{du}{u}$ Sustituyendo u y du

$= \frac{1}{4}\ln|n| + c$ Integral de un logaritmo

$= \frac{1}{4}\ln|4\tan x - 2| + c$ Como u = 4 tan x − 2

$= \ln|4\tan x - 2|^{\frac{1}{4}} + c$ Logaritmo de una potencia

$= \ln|\sqrt[4]{a\tan x - 2}| + c$ En forma de radical

8.- $\int \frac{\csc 2x \sqcup \cot 2x \sqcup dx}{3 + 5\csc 2x} = ?$

$u = 3 + 5\csc 2x \quad du = -\csc 2x \cot 2x\, dx$ Haciendo cambio de variable

$= -\frac{1}{2}\int \frac{du}{u}$ Sustituyendo u y du

$= -\frac{1}{2}\ln|n| + c$ Integral de un logaritmo

$= -\frac{1}{2}\ln|3 + 5\csc 2x| + c$ Como u = 3 + 5 csc 2x

9.- $\int \tan 7x \sqcup dx =?$

$u = 7x \quad du = 7\,dx$ Haciendo cambio de variable

$= \frac{1}{7}\int \tan 7\,x \; \square \; 7\,dx$ Completando la diferencial

$= -\frac{1}{7}In|\cos 7\,x| + c$ Integrando la función

$= -\frac{1}{7}Im|\sec 7\,x| + c$ Buscando el equivalente

10.- $\int \cot(3x + 1) \sqcup dx =?$

$u = 3x + 1 \quad du = 3\,dx$ Haciendo cambio de variable

$= \frac{1}{3}\tan u \; \square \; du$ Completando la diferencial

$= \frac{1}{3}In|sen(3x + 1)| + c$ Integrando la función

11.- $\int \frac{In\,x \sqcup dx}{x} =?$

$u = In\,x \quad du = \frac{dx}{x}$ Haciendo cambio de variable

$= \int u \; \square \; du$ Sustituyendo u y du

$= \frac{u^{1+1}}{2} + c$ Integral de una potencia

$= \frac{1}{2}u^2 + c$ Realizando operaciones

$= \frac{1}{2}In^2x + c$ Como u = I n x

12.- $\int \frac{x \sqcup dx}{x-5} =?$

$x - 5 \div x = 1 + \frac{5}{x-5}$ Realizando el cociente

$= \int \left(1 + \frac{5}{x-5}\right) \sqcup du$ Sustituyendo

$= \int dx + 5\int \frac{dx}{x-5}$ Integral de una suma

$u = x - 5 \quad du = dx$	Haciendo cambio de variable
$= \int dx + 5\int \frac{du}{u}$	Sustituyendo u y du
$= x + 5 ln\lvert n\rvert + c$	Integral de una función
$= x + 5 \, ln\,\lvert x - 5\rvert + c$	Sustituyendo u
$= x + ln\,\lvert x - 5\rvert^5 + c$	Logaritmo de una potencia

13.- $\int (\sqrt{x} + \frac{3}{\sqrt{x}})^2 Ldx$

$= \int \left(x + 6 + \frac{9}{x}\right) \sqcup dx$	Desarrollando el binomio al cuadrado
$= \int x L\, dx + 6\int dx + 9\int \frac{dx}{x}$	Integral de una suma
$= \frac{1}{2}x^2 + 6x + 9 ln\lvert x\rvert + c$	Integrando la función
$= \frac{1}{2}x^2 + 6x + ln\lvert x\rvert^9 + c$	Logaritmo de una potencia

14.- $\int \frac{(3x-5)\sqcup dx}{x^2+9} = ?$

$u = x^2 + 9 \quad dx = 2x\, dx$	Haciendo cambio de variable
$= 3\int \frac{x}{x^2} L\, dx - 5\int \frac{dx}{x^2+9}$	Integral de una suma
$u = x^2 \quad du = 2x\, dx$	
$= \frac{3}{2}\int \frac{du}{u} - 5\int \frac{dx}{x^2+9}$	
	Completando la integral
$a = 3 \quad u = x \quad du = dx$	
$= \frac{3}{2} ln\lvert n\rvert - (5)\left(\frac{1}{3}\right) arc\, \tan\frac{x}{3} + c$	Haciendo cambio de variable
	Integrando la función
$= \frac{3}{2} ln\lvert x^2\rvert - \frac{5}{3}\, arc\,\, tan\frac{x}{3} + c$	

15.- $\int \frac{dx}{x^2+dx+7} =?$

$= \int \frac{dx}{x^2+4x+16-16+7}$ Sumando y restando 16

$= \int \frac{dx}{x^2+4x+16-9}$ Realizando operaciones

$= \int \frac{dx}{(x+4)^2-9}$ Factorizando el trinomio

$= \int \frac{dx}{(x+4)^2-3^2}$

$a = 3 \quad u = x+4 \quad du = dx$ Haciendo cambio de variable

$= \int \frac{du}{n^2-a^2}$ Haciendo cambio de variable

$= \frac{1}{2a} In \left|\frac{u-a}{u+a}\right| + c$ Integrando la función

$= \frac{1}{2a} In \left|\frac{(x+4)-3}{(x+4)+3}\right| + c$ Como u = x + 4   a=3

$= \frac{1}{6} In \left|\frac{x+1}{x+7}\right| + c$ Realizando operaciones

4.4.- EJERCICIOS PROPUESTOS
Resuelve y comprueba el resultado que se indica

1.- $\int \frac{dx}{9-8x} = -\frac{1}{8} In|x9-8x| + c$

2.- $\int \frac{In^{\ 2}x}{x} dx = \frac{1}{3} In^{\ 3}|x| + c$

3.- $\int \frac{2x^2\ dx}{20-5x^3} = -\frac{2}{15} In|b-cx^2| + c$

4.- $\int \frac{13x\ dx}{b-cx^2} = \frac{13}{2c} In\ |b-cx^2| + c$

5.- $\int \frac{(x-2)\ dx}{x^2-4x+9} = In\left|\sqrt{x^2-4x+9}\right| + c$

6.- $\int \frac{In(x+5)\ dx}{x+5} = \frac{1}{2} In^{\ 2}|x+5| + c$

7.- $\int x^{-1}\sqrt[3]{1+Inx} = \frac{3}{4}(1+Inx)In^2\sqrt[2]{1+Inx} + c$

8.- $\int \frac{csc^2\ xdx}{a\_7cotx} = \frac{1}{7} In|a-7cotx| + c$

9.- $\int \frac{dx}{cos8x} = \frac{1}{8} In|sec8x + tan8x| + c$

10.- $\int \left(tan3x - cot\frac{3}{4}x\right) dx = \frac{1}{3} In|cos3x| - \frac{4}{4} In\left|sen\frac{3}{4}x\right| + c$

11.- $\int \frac{x^2-15Ldx}{x+7} = \frac{1}{2}x^2 - 7x + 34In|x+7| + c$

12.- $\int \frac{sec3xtan3xdx}{2sen3x-6} = \frac{1}{6} In|2sec3x-6| + c$

13.- $\int (secx+3)^2 dx = tanx + 2In|sec\ x + tan\ x| + x + c$

14.- $\int \frac{(3+2x)dx}{1x^2} = 3\ arctan\ x + In\ x + c$

15.- $\int \frac{dx}{8-2x-x^2} = \frac{1}{6} In\left|\frac{4+x}{2+x}\right| + c$

QUINTA UNIDAD.- INTEGRALES DE FUNCIONES EXPONENCIALES

5.1- Formulas básicas de integración exponencial
5.2- Ejercicios resueltos
5.3- Ejercicios propuestos

Exponente

Término utilizado en matemáticas para indicar el número de veces que una cantidad se ha de multiplicar por si misma Un exponente se escribe normalmente como un pequeño número o letra en la parte superior derecha de la expresión, como x\ leído "r al cuadrado" y que representa x • x, (x + ,v)\ se lee "x + y al cubo" y significa (r + y) (r + y) (x + _v); y sen x, que se lee "seno de x a la cuarta potencia" y que expresa que el seno de X debe multiplicarse por si mismo cuatro veces En los cálculos, los exponentes siguen ciertas reglas llamadas leyes de los exponentes Es decir, si n i y // son enteros positivos,

$$a^m \cdot a^n = a^{m+n}$$
$$a^m / a^n = a^{n-n}$$
$$(a^m)^n = a^{mn}$$

El significado de la expresión a^n se puede extender al caso en que m no sea un entero

positivo, siempre que el desarrollo sea consistente con las leyes de los exponentes Es decir, los exponentes pueden ser enteros positivos o negativos o cero, números racionales, irracionales o complejos En su uso moderno, de acuerdo con las leyes de los exponentes, escribimos

$$a^0 = 1 \ ; \ a^{-n} = \frac{1}{a^n} \ ; \ a^{1/n} = \sqrt[n]{a}$$

Si el exponente de una expresión incluye una incógnita o una variable como a^x o 3^y. la función resultante se denomina función exponencial

Los matemáticos han usado un sistema con exponentes desde tan temprano como el siglo XIV. Sin embargo, el concepto moderno no alcanzó su uso generalizado hasta la llegada del matemático francés René Descartes en el siglo XVII

5.1.-Fórmulas básicas de integración exponencial

FORMULAS

1.- $\int e^u du = e^u + c$

2.- $\int a^u du = \dfrac{a^u}{\ln a} + c$

Recomendaciones:

Realizar el cambio de variable correspondiente

Encontrar la derivada

Utilizar los conceptos algebraicos básicos

Binomio elevado al cuadrado Exponentes negativos Exponentes fraccionarios Conversión a radicales Leyes de los exponentes Propiedades de los logaritmos

5.2 EJERCICIOS RESUELTOS

1.- $\int e^{3x} dx =?$

$u = 8x \qquad du = 8\,dx$ Haciendo cambio de variable

$= \dfrac{1}{8} \int e^u du$ Completando la integral

$= \dfrac{1}{8} e^u + c$ Integral de la exponencial e^u

$= \dfrac{1}{8} e^{8x} + c$ Como u = 8x

2.- $\int e^{bx} dx =$?

$u = bx \quad du = b\,dx$ Haciendo cambio de variable y derivado

$= \frac{1}{b} \int e^u du$ Completando la integral

$= \frac{1}{b} e^u + c$ Encontrando la integral

$= \frac{1}{b} e^{bx} + c$ Como u = bx

3.- $\int e x^{2+^5} x dx =$?

$U = x^2 + 5 \quad du = 2x dx$ Haciendo cambio de variable y derivado

$\int e^m du$ Completando la integral

$= \frac{1}{2} e^m + c$ Encontrando la integral

$= \frac{1}{2} e^{x^{2+5}} + c$ Como $= x^2 + 5$

4.- $\int e \cos 3x dx =$?

$U = sen3x \quad du = 3\cos 3\,x dx$ Haciendo cambio de variable y derivando

$\frac{1}{3} \int e^u du$ Completando la integral

$\frac{1}{3} e^n + c$ Encontrando la integral

$\frac{1}{3} e^{sen3x} + c$ Como u = sen 3x

5.- $\int x\, e^{-5x^2}\, dx =$?

$= -5x^2 \quad du = -10x\, dx$ Haciendo cambio de variable y derivando

$= -\frac{1}{10} \int e^n\, du$ Completando la integral

$= -\frac{1}{10} e^n + c$ Encontrando la integral

$= \frac{1}{10} e^{-3x^2} + c$ Como u = -5x^2

8.- $\int \frac{(e^{2x}-3)^2}{e^{4x}}dx=?$

$\int \frac{(e^{4x}-6e^{2x}+a)}{e^{4x}}dx$

Desarrollando el binomio

$=\int \frac{e^{4x}}{4ex}dx-6\int \frac{e^{2x}}{e^{4x}}dx+9\frac{\int \blacksquare dx}{e^{4x}}$

Integral de una suma

Simplificando potencias de la misma base

$\int dx-6\int \frac{dx}{e^{2x}}+9\int \frac{dx}{e^{4x}}$

Exponente negativo

$=\int dx-c\int e^{2x}dx+9\int e^{-4x}dx$

Haciendo cambio de variable y derivando

U=-2x du=-2dx u=-4x du=-4dx

$=\int dx+\frac{6}{2}\int e^{u}du-\frac{9}{4}\int e^{x}$

Completando la integral

Realizando la integral

$=x+3e^{u}-\frac{9}{4}e^{x}+c$

Sustituyendo u

$=x+3e^{-2x}-\frac{9}{4}e^{-4x}+c$

Exponente negativo

$=x+\frac{3}{e^{2x}}-\frac{9}{4e^{4x}}+c$

9.- $\int \frac{2dx}{\sqrt[3]{e^x}}=?$

$=2\int \frac{dx}{(e^x)}\frac{1}{3}$

Radical a exponente fraccionario

$=2\int e\frac{x}{3}dx$

Exponente negativo

$U=\frac{x}{3}$ $du=\frac{1}{3}dx$

Haciendo cambio de variable y derivando

$=2(-3)\int e^{m}du$

Completando la integral

$=-6e^{m}+c$

Integrando

Como u $= \cdot\frac{x}{3}$

$=-6x\frac{-x}{3}+c$

$= -\frac{-6}{\sqrt[3]{e^x}} + c$

Exponente negativo

$-\frac{6}{\sqrt[3]{e^x}} + c$

Conversión de radical a exponente fraccionario

10.- $\int \frac{e^{2x}}{e^x - 3} dx =?$

$e^{x-3}\sqrt{e^{2x}} = e^x + \frac{3e^x}{e^x - 3}$

Efectuando la división

$\int (e^x + \frac{3e^x}{e^x - 3}) dx$

Sustituyendo

$= \int e^x dx + 3\int \frac{e^x}{e^x - 3} dx$

Integral de una suma

$u = e^x - 3 \quad du = e^x dx$

Haciendo cambio de variable y derivando

$= \int e^x dx + 3\int \frac{du}{u}$

Haciendo cambio de variable

$= e^u + 3 \, in * + c$

$= e^x + in * + c$

$= e^x + in * + c$

11.- $\int \frac{(e^x + \sec^2 x)}{\sqrt{e^x + \tan x}} x =?$

Haciendo cambio de variable y derivando

$u = e^x + tanx \qquad du = (e^x + sec^2 x) dx$

$= \int \frac{du}{u}$

Sustituyendo

$= In|n| + e$

Integral de un logaritmo

$= In |e^x + tanx| + e$

$U = e^x + \tan x$

12.- $\int \frac{e^{-\frac{1}{x^2}}}{x^3} dx =?$

$u = -\frac{1}{x^2} \qquad du = \frac{2}{x^3}$

Haciendo cambio de variable y derivando

$= \frac{1}{2}\int e^n du$

Completando la integral

$= \frac{1}{2}e^n + c$

Integrando

$$= \frac{1}{2}e^{\frac{1}{x^2}} + c$$

Sustituyendo $= -\frac{1}{x^2}$

13.- $\int \frac{e^x - e^{-x}}{e^x + e^{-x}} dx =?$ Haciendo cambio de variable y derivando

$u = e^x - e^{-x} \quad du = (e^x - e^{-x})dx$

$= \int \frac{du}{u}$ Sustituyendo u y du

$= ln|n| + c$ Integral de un logaritmo

$= ln|e^x + e^{-x}| + c$ Haciendo u = e× + e-×

14.- $\int e^{2x+1} dx =?$

$u = 2x + 1 \quad du = 2dx$ Haciendo cambio de variable y derivando

$= \frac{1}{2}\int 5^n du$ Completando la integral

$= \frac{1}{2} - \frac{5^n}{ln\,5} + c$ Integrando

$= -\frac{5^{2x+1}}{2\,ln\,5} + c$ Como u = 2x + 1

15.- $\int x(3^{-4x^2})dx =?$

$u = -4x^2 \quad du = -8x\,dx$ Haciendo cambio de variable y derivando

$= -\frac{1}{8}\int 3^{-4x^2} L - 8x\,dx$ Completando la integral

$= -\frac{1}{8}\int 3^n du$ Sustituyendo u y du

$= -\frac{1}{8}\frac{3^n}{ln\,3} + c$ Integrando

$= -\frac{3^{-4x^2}}{8\,ln\,3} + c$ Como u = - 4x²

5.3.- EJERCICIOS PROPUESTOS

Resuelve y comprueba el resultado que se indica

1.- $\int e^{7x}dx = \frac{1}{7}e^{7x} + c$

2.- $\int e^{\frac{2x}{3}}dx = \frac{3}{2}e^{\frac{2x}{3}} + c$

3.- $\int e^{-x^2-2x+7}(x + 1)dx = -\frac{1}{2}e^{-x^2-2x+7} + c$

4.- $\int e^{\cot x}\csc^2 x\, dx = -e^{\cot x} + c$

5.- $\int x^4 e^{x^4}dx = \frac{1}{5}e^{x^4} + c$

6.- $\int \left(e^{\frac{x}{3}} - e^{\frac{x}{3}}\right)dx = 3\left(e^{\frac{x}{3}} + e^{\frac{x}{3}}\right) + c$

7.- $\int (1 + e^{2x})^2 dx = x + e^{2x} + \frac{1}{4}e^{4x} + c$

8.- $\int \left(e^x - \frac{4}{e^x}\right)^2 dx = \frac{1}{2}e^{2x} - 8x - 8e^{-2x} + c$

9.- $\int \frac{e^{\sqrt{5x}}}{\sqrt{5x}}dx = \frac{2}{5}e^{\sqrt{5x}} + c$

10.- $\int \frac{e^x}{5+3e^x}dx = In\left|\sqrt[3]{5 + 3e^x}\right| + c$

11.- $\int \frac{2e^x+4}{2e^x-4}dx = -x + In|2e^x - 4|^2 + c$

12.- $\int \frac{e^{7x}+e^{-4x}}{e^{2x}}dx = \frac{1}{5}e^{5x} - \frac{1}{6}e^{-6x} + c$

13.- $\int \frac{e^x}{\sqrt[3]{e^x+2}}dx = 2\sqrt[3]{(e^x - 2)^2} + c$

14.- $\int x\, 5^{x^2}x = \frac{5^{x^2}}{2In5} + c$

15.- $\int (8^x - 8^{-x})^2 dx = \frac{8^{2x}}{2\,In\,8} - 2x - \frac{8^{-2x}}{2\,In\,8} + c$

SEXTA UNIDAD.- MÉTODOS DE INTEGRACIÓN

6.0.- Formulas de derivación e integración

Método científico.- Método científico, método de estudio sistemático de la naturaleza que incluye las técnicas de observación, reglas para el razonamiento y la predicción, ideas sobre la experimentación planificada y los modos de comunicar los resultados experimentales y teóricos. La ciencia suele definirse por la forma de investigar más que por el objeto de investigación, de manera que los procesos científicos son esencialmente iguales en todas las ciencias de la naturaleza, por ello la comunidad científica está de acuerdo en cuanto al lenguaje en que se expresan los problemas científicos, la forma de recoger y analizar datos, el uso de un estilo propio de lógica y la utilización de teorías y modelos Etapas **como** realizar observaciones y experimentos, formular hipótesis, extraer resultados y analizarlos e interpretarlos van a ser características de cualquier investigación

En el método científico la observación consiste en el estudio de un fenómeno que se produce en sus condiciones naturales La observación debe ser cuidadosa, exhaustiva y exacta A partir de la observación surge el planteamiento del problema que se va a estudiar, lo que lleva a emitir alguna hipótesis o suposición provisional de la que se intenta extraer una consecuencia Existen ciertas pautas que han demostrado ser de utilidad en el establecimiento de las hipótesis y de los resultados que se basan en ellas, estas pautas son probar primero las hipótesis más simples, no considerar una hipótesis como totalmente cierta y realizar pruebas experimentales independientes antes de aceptar un único resultado experimental importante

La experimentación consiste en el estudio de un fenómeno, reproducido generalmente en un laboratorio, en las condiciones particulares de estudio que interesan, eliminando o introduciendo aquellas variables que puedan influir en él Se entiende por variable todo aquello que pueda causar cambios en los resultados de un experimento y se distingue entre variable independiente, dependiente y controlada

Variable independiente es aquélla que el experimentador modifica a voluntad para averiguar si sus modificaciones provocan o no cambios en las otras variables Variable dependiente es la que toma valores diferentes en función de las modificaciones que sufre la variable independiente Variable controlada es la que se mantiene constante durante todo el experimento En un experimento siempre existe un control o un testigo, que es una parte del mismo no sometida a modificaciones y que se utiliza para comprobar los cambios que se producen Todo experimento debe ser reproducible, es decir, debe estar planteado y descrito de forma que pueda repetirlo cualquier experimentador que disponga del material adecuado.

Los resultados de un experimento pueden describirse mediante tablas, gráficos y ecuaciones de manera que puedan ser analizados con facilidad y permitan encontrar relaciones entre ellos que confirmen o no las hipótesis emitidas Una hipótesis confirmada se puede transformar en una ley científica que establezca una relación entre dos o más variables, y al estudiar un conjunto de leyes se pueden hallar algunas regularidades entre ellas que den lugar a unos principios generales con los cuales se constituya una teoría

Según algunos investigadores, el método científico es el modo de llegar a elaborar teorías, entendiendo éstas como configuración de leyes Mediante la inducción se obtiene una ley a partir de las observaciones y medidas de los fenómenos naturales, y mediante la deducción se obtienen consecuencias lógicas de una teoría Por esto, para que una teoría científica sea admisible debe relacionar de manera razonable muchos hechos en apariencia independientes en una estructura mental coherente Así mismo debe permitir hacer predicciones de nuevas relaciones y fenómenos que se puedan comprobar experimentalmente Las leyes y las teorías encierran a menudo una pretensión realista que conlleva la noción de modelo, éste es una abstracción mental que se utiliza para poder explicar algunos fenómenos y para reconstruir por aproximación los rasgos del objeto considerado en la investigación

6.0.- RESUMEN DE FORMULAS DE DERIVACIÓN E INTEGRACIÓN

Derivadas	Integrales
1.- $\frac{d}{dx}(n) = \frac{du}{dx}$	$\int du = u + c$
2.- $\frac{d}{dx}(a\,u) = a\,\frac{du}{dx}$	$\int au\,du = a\int u\,du$
3.- $\frac{d}{dx}(n+v+w) = \frac{du}{dx}+\frac{dv}{dx}-\frac{dw}{dx}$	$\int (u+v-w) = \int du + \int dv - \int dw$
4.- $\frac{d}{dx}(u^n) = n\,u^{n-1}\frac{du}{dx}$	$\int u^n du = \frac{n^{n+1}}{n+1} + c$
5.- $\frac{d}{dx}(\ln u) = \frac{du}{u}$	$\int \frac{du}{u} = \ln|n| + c$
6.- $\frac{d}{dx}(e^n) = e^n\frac{du}{dx}$	$\int e^u du = e^u + c$
$\frac{d}{dx}(a^n) = a^n \ln u\,\frac{du}{dx}$	$\int a^n\,du = \frac{a^n}{\ln a} + c$
7.- $\frac{d}{dx}(sen\,n) = \cos u\,\frac{du}{dx}$	$\int sen\,u\,du = -\cos u + c$
8.- $\frac{d}{dx}(\cos n) = -sen\,u\,\frac{du}{dx}$	$\int \cos u\,du = sen\,u + c$
9.- $\frac{d}{dx}(\tan u) = sec^2 u\,\frac{du}{dx}$	$\int sec^2 u\,du = \tan u + c$
10.- $\frac{d}{dx}(\cot n) - csc^2 u\,\frac{du}{dx}$	$\int csc^2 u\,du = -\cot u + c$
11.- $\frac{d}{dx}(\sec n) = \sec u \tan u\,\frac{du}{dx}$	$\int \sec u \tan u\,du = \sec u + c$
12.- $\frac{d}{dx}(\csc u) = -\csc u \cot u\,\frac{dui}{dx}$	$\int \csc u \cot u\,du = -\csc u + c$
13.- $\frac{d}{dx}(arc\,sen\,u) = \frac{du}{\sqrt{1-u^2}}$	$\int \frac{du}{\sqrt{1-u^2}} = arc\,sen\,u + c$
14.- $\frac{d}{dx}(arc\,\cos n) = -\frac{du}{\sqrt{1-n^2}}$	$-arc\,\cos u + c$
15.- $\frac{d}{dx}(arc\,\tan u) = \frac{du}{1+n^2}$	$\int \frac{du}{1+u^2} = arc\,\tan u + c$
16.- $\frac{d}{dx}(arc\,\cot u) = -\frac{du}{1+n^2}$	$\int \frac{du}{1+u^2} = -arc\,\cot u + c$
17.- $\frac{d}{dx}(arc\,sen\,u) = \frac{du}{n\sqrt{n^2-1}}$	$\int \frac{du}{n\sqrt{n^2-1}} = arc\,sen\,u + c$

18.-

INTEGRACIÓN POR PARTES

6.1 Integración por partes
6.2 Ejercicios resueltos
6.3 Ejercicios propuestos

6.1 DEDUCCIÓN DE LA FORMULA

$d(uv) = u\, dv + v\, du$ Derivada de un producto

$u\, dv = d(uv) - v\, du$ Despejando u dv

$.\int u\, dv = \int d(uv) - \int v\, du$ Integrando ambos miembros

$= uv - \int v\, du$ $\int d(uv) = uv$

$\int u\, dv = uv - \int v\, du$ Lo que se desea demostrar

II.- RECOMENDACIONES

1.- tener cuidado al seleccionar u derivar du

2.- Integrar dv usando cualquier formula de integración.

Completando la integral

3.- integrar la segunda parte de la formula

III.- APLICACIÓN

1.- Se pueden aplicar las formulas derivadas e integrales

2.- Al seleccionar u procurar que dv se pueda integrar

3.- Finalmente se puede factorizar el resultado hacer cambio de variable

6.2.- EJERCICIOS RESUELTOS

1.- $\int x \cos 5x\, dx =$?

$u = x \quad du = dx$ u = x derivando du

$v = \int \cos 5x\, dx$ Dv = cos 5x dx

$v = \int dv = \frac{1}{5}\int \cos 5x\, 5x\, dx = \frac{1}{5} sen5x + c$ Integrando dv = v

$= \frac{x}{5} sen\, 5x - \frac{1}{5} \int sen\, 5x\, dx$ Sustituyendo uv du y dv

$= \frac{x}{5} sen\, 5x + \frac{1}{25} \cos 5x + c$ Integrando la segunda parte

2.- $\int x\, sen\, 9x\, dx =$?

$u = x \quad du = dx$ Para u = x y du = dx

$dv = sen\, 9x\, dx$ dv = sen 9x dx

$v = \int dv = \frac{1}{9}\int sen\, 9x\, dx = \frac{1}{9}\cos 9x + c$ Integrando dv = v

$= \frac{x}{9}\cos 9x - \frac{1}{9}\int \cos 9x\, dx$ Sustituyendo en la formula

$= \frac{x}{9}\cos 9x + \frac{1}{81} sen\, 9x + c$ Integrando la segunda parte

$= \frac{1}{9}(x \cos 9x + \frac{1}{9} sen\, 9x) + c)$ Factorizando

3.- $\int x^2 sen\, 15x\, dx =$?   Si u = x² y du = 2x dx

$u = x^2 \quad du = 2x\, dx$
                                          dv = sen 15x dx e integrando
$v = \int dv - \frac{1}{15}\int sen\, 15\, 5x\, dx = -\frac{1}{15}\cos 15x + c$

$= -\frac{x^2}{15}\cos 15x + \frac{2}{15}\int x \cos 15x\, dx$ Sustituyendo

$u = x \quad du = dx$
                                          Realizando otra vez el proceso
$v = \int dv = \frac{2}{225}\int \cos 15x = \frac{2}{225} sen\, 15x + c$

$$v = -\frac{x^2}{15}\cos 15x + \frac{2x}{225}\,sen\,15x - \frac{2}{3375}\int sen\,15x\,dx$$

$$= -\frac{x^2}{15}\cos 15x + \frac{2x}{225}\,sen\,15x + \frac{2}{3375}\cos 15x + c \qquad \text{Integrando}$$

4.- $\int x\sqrt{2x-3}\,dx =$?

$u = x \qquad du = dx$ \qquad\qquad Para u = x y du = dx

$$v = \int dv = \frac{1}{2}\int (2x-3)^{\frac{1}{3}}2dx \qquad dv = (2x-3)^{\frac{1}{2}} \text{ y completando la integral}$$

$$= \frac{1}{3}(2x-3)^{\frac{3}{2}} + c \qquad\qquad \text{Integrando}$$

$$= \frac{x}{3}(2x-3)^{\frac{3}{2}} - \frac{1}{3}\int (2x-3)^{\frac{3}{2}}2dx \qquad \text{Sustituyendo uv y du}$$

$$= \frac{x}{3}(2x-3)^{\frac{3}{2}} - \frac{1}{6}\int (1x-3)^{\frac{3}{2}}2dx \qquad \begin{array}{l} u = 2x-3 \text{ du} = 2dx \text{ completando} \\ \text{la integral} \end{array}$$

$$= \frac{x}{3}(2x-3)^{\frac{5}{2}} - \frac{1}{6}\frac{(2x-3)^{\frac{5}{2}}}{\frac{5}{2}} + c \quad \text{Integral de una potencia}$$

$$= \frac{x}{3}(2x-3)^{\frac{5}{2}} - \frac{1}{15}(2x-3)^{\frac{5}{2}} + c \qquad \begin{array}{l} \text{Realizando operaciones en el} \\ \text{denominador} \end{array}$$

5.- $\int x^n ln2x\,dx =$? \qquad\qquad Para $u = ln\,2x \quad du = \frac{dx}{x}$

$u = ln\,2x \quad du = \frac{2dx}{2x} = \frac{dx}{x}$ \qquad Dv = x^n dx e integrando la potencia

$$v = \int x^n dx = \frac{x^{n+1}}{n+1} + c \qquad \text{Sustituyendo u, v y du}$$

$$= \frac{x^{n+1}}{n+1}ln\,2x - \frac{1}{n+1}\int x^{n+1}\frac{dx}{x} \qquad \text{Exponente negativo}$$

$$= \frac{x^{n+1}}{n+1}ln2x - \frac{1}{n+1}\int x^{n+1}x^{-1}dx \qquad \begin{array}{l} \text{Multiplicación de potencias de la} \\ \text{misma base} \end{array}$$

$$= \frac{x^{n+1}}{n+1} \ln 2x - \frac{1}{n+1} \int x^n dx$$

$$= \frac{x^{n+1}}{n+1} \ln 2x - \frac{1}{n+1} \sqcup \frac{x^{n+1}}{n+1} + c \qquad \text{Integral de una potencia}$$

$$= \frac{x^{n+1}}{n+1} \left(\ln 2x - \frac{1}{n+1} \right) + c \qquad \text{Factorizando} \cdot \frac{x^{n+1}}{n+1}$$

6.- $\int x \ln 3x \, dx =$?

$$u = \ln 3x \quad du = \frac{3dx}{3x} = \frac{dx}{x}$$

Para u = ln 3x y du = $\frac{dx}{x}$

$$v = \int dv = \int x \, dx = \frac{1}{2}x^2 + c$$

Dv = x dx e integrando

$$= \frac{x^2 \ln 3x}{2} - \frac{1}{2} \int x^2 \frac{dx}{x}$$

Sustituyendo u, v y du

$$= \frac{x^2 \ln 3x}{2} - \frac{1}{4}x^2 + c$$

Integrando

$$= \frac{1}{2}x^2 \left(\ln 3x - \frac{1}{2} \right) + c$$

factorizando $\frac{1}{2}x^2$

7.- $\int \ln(3 + 2x)dx =$?

$$u = \ln(3 + 2x) \quad du = \frac{2dx}{3+2x}$$

Para u = ln (3 + 2x) y $\frac{2dx}{3+2x}$

$$v = \int dv = \int dx = x + c$$

Dv = dx e integrando

$$= x \ln (3 + 2x) - 2\int \frac{x \, dx}{3+2x}$$

Sustituyendo u, v y du

$$= x \ln (3 + 2x) - 2\int \left(\frac{1}{2} - \frac{\frac{3}{2}}{3+2x} \right)dx \qquad \text{Realizando el cociente } \frac{x}{3+2x}$$

$$= x \ln (3 + 2x) - \int dx + \frac{2(\frac{3}{2})}{2} \int \frac{dx}{3+2} \qquad \text{Integral de una suma}$$

$$= x \ln (3 + 2x) - \int dx + \frac{3}{2} \int \frac{du}{u} \qquad \begin{array}{l} \text{Completando la integral} \\ du = 2x \ u = 3 + 2x \end{array}$$

$= x \, In \, (3 + 2x) - x + \frac{3}{2} In|n| + c$ Integrando

$= x \, In \, (3 + 2x) + \frac{3}{2} In(3 + 2x) - x + c$

$= In \, (3 + 2x) \left[x + \frac{3}{2} \right] - x + c$ Factorizando el In $(3 + 2x)$

8.- $\int x^2 In \, x \, dx =$?

$u = In \, x \quad du = \frac{dx}{x}$ Para u = In x $du = \frac{dx}{x}$

$v = \int dv = \int x^2 dx = \frac{1}{3}x^3 + c$ Dv = x² dx e integrando

$= \frac{1}{3}x^3 \, In \, x - \frac{1}{3}\int x^3 \frac{dx}{x}$ Sustituyendo u, v y du

$= \frac{1}{3}x^3 \, In \, x - \frac{1}{3}\int x^3 x^{-1} dx$ Exponente negativo

$= \frac{1}{3}x^3 \, In \, x - \frac{1}{3}x^2 dx$ Multiplicación de potencias de la misma base

$= \frac{1}{3}x^3 \, In \, x - \frac{1}{9}x^3 + c$ Integrando

$= \frac{1}{3}x^3 \left(In \, x - \frac{1}{3} \right) + c$ Factorizando $\frac{1}{3}x$

9.- $\int arc \, \tan 5 \, dx =$?

$u = arc \, \tan 5x \qquad du = \frac{5dx}{1+25x^2}$ Para u = arc tan 5x y dv = dx

$v = \int dv = \int dx + x + c$ Dv = dx e integrando

$= x \, arc \, \tan 5x - 5\int \frac{x \, dx}{1+25x^2}$ Sustituyendo u, v y du

$= x \, arc \, \tan 5x - \frac{1}{10} In \, |1 + 25x^2| + c$ Integrando

10.- $\int arc \tan \sqrt{x}\, dx =?$

$x = t^2 \qquad dx = 2t\, dt$ Haciendo cambio de variable

$= \int 2t\, arc \tan t\, dt$ Sustituyendo

$u = arc \tan t$ Para u = arc tan t

$du = \frac{dt}{1+i^2}$ $du = \frac{dt}{1+i^2}$

$v = \int dv = 2\int t\, dt = t^2 + c$ Dv = 2r dt integrando

$= t^2\, arc \tan t - \int \frac{t^2 dt}{1+t^2}$ Sustituyendo

$= t^2\, arc \tan t - \int (1 - \frac{1}{1+t^2})dt$ Dividiendo $\frac{t^2}{1+t^2}$

$= t^2 arc \tan t - \int dt + \int \frac{dt}{1+t^2}$ Integral de una suma

$= t^2 arc \tan t - t + In|1 + t^2| + c$ Integrando

11.- $\int x\, e^{-2x} dx =?$

U=x   du=dx   Para u = x   du = dx

V=$\int dv = \frac{1}{3}\int e^{-3x} dx = \frac{1}{3}e^{-3x} + c$ dv=e^{-3x} e integrando

$= \frac{x}{3}e^{-3x} + \frac{1}{9}\int e^{-3x} dx$ Sustituyendo u, v y du

=$\frac{x}{3}e^{-3x} + \frac{1}{9}e^{-3x} + c$

12.- $\int -5x^3 e^{x^2}\, dx =?$

=-5$\int x^2 e^{x^2}\, x\, dx$ Descomponiendo x³ = x² x

U=x^2 $du = 2x\, dx$ Para u = x² y du = 2x dx

V=$\int dv = \int e^{x^2} x\, dx = \frac{1}{2}e^{x^2} + c$ Dv = e^{x^2} x dx e integrando

$$=\frac{5}{2}x^2 e^{x^2} + \frac{5}{2}\int e^{x^2} 2x\, dx$$ Sustituyendo u, v y du

$$=\frac{5}{2}x^2 e^{x^2} + \frac{5}{2}e^{x^2} + c$$ Integrando

$$=\frac{5}{2}e^{x^2}(1 + x^2) + c$$ Factorizando

6.3.- EJERCICIOS PROPUESTOS
Resuelve y comprueba el resultado que se indica

1.- $\int x\, sen3x\, dx = \frac{1}{3}\left(-xcos3x + \frac{1}{3}sen3x\right) + c$

2.- $\int 3x\, cos5x\, dx = -15(x\, sen5x - 5\cos 5x) + c$

3.- $\int x^2 senx\, dx = -x^2 cosx + 2x\, sen\, x + 2cosx + c$

4.- $\int x\sqrt{x-12}\, dx = \frac{1}{3}x\,(x-12)^{\frac{3}{2}} - \frac{2}{15}(x-12)^{\frac{3}{2}} + c$

5.- $\int x^3\sqrt{x^2-7}\, dx = \frac{1}{3}x^2(x^2-7)^{\frac{3}{2}} - \frac{1}{15}(x^2-7)^{\frac{5}{2}} + c$

6.- $\int Inx^2 dx = x(In\, x^2 - 2) + c$

7.- $\int \frac{In\, x}{x^3}\, dx = \frac{1}{2}x^{-2}In\, x - \frac{1}{4X^2} + c$

8.- $\int x\, In\, 3x\, dx = \frac{1}{2}x^2 In\, 3x - \frac{1}{4}x^2 + c$

9.- $\int (In\, 2x)^2 dx = x\, In^2 2x - 2x\, In\, 2x + 2x + c$

10.- $\int sen\, x\, cosx\, dx = \frac{1}{2}sen^2x + c$

11.- $\int x\, sec^2\, nx\, dx = \frac{x}{n}\tan\, nx + \frac{1}{n^2}In\, |cos\, nx| + c$

12.- $\int arc\, sen\, 2x\, dx = x\, arc\, sen\, 2x + \frac{1}{2}\sqrt{1-4x^2} + c$

13.- $\int arc\, tan\sqrt{5x}\, dx = arc\, tan\sqrt{5x}\,(x+1) - \frac{1}{2}x + c$

14.- $\int e^{2x}\cos x\, dx = \frac{2}{5}e^{2x}cosx + \frac{1}{5}e^{2x}sen\, x + c$

15.- $\int x^2 e^{-4x}\, dx = -\frac{1}{4}e^{-4x}\left(x^2 + \frac{1}{2}x - \frac{1}{8}\right) + c$

SÉPTIMA UNIDAD.- INTEGRACIÓN DE POTENCIAS CON FUNCIONES TRIGONOMÉTRICAS.

7.1. - Identidades Trigonométricas
7.2. - Ejercicios resueltos
7.3. - Ejercicios propuestos

El sistema binario desempeña un importante papel en la tecnología de los ordenadores Los primeros **20** números en el sistema en base **2** son **1, 10, 11, 100, 101, 110, 111. 1000, 1001,** 1010, 1011, 1100. 1101. 1110, 1111, 10000, 10001, 10010, 10011 **y** 10100 Cualquier numero se puede representar en el sistema binario, como suma de varias potencias de dos Por ejemplo, el número 10101101 representa, empezando por la derecha, $(1 \cdot 2^n) + (0 \cdot 2^1) + (1 \cdot 2^2) + (1 \cdot 2^3) + (0 \cdot 2^4) + (1 \cdot 2) + (0 \cdot 2) + (1 \cdot 2^7) = 173$

Las operaciones aritméticas con números en base **2** son muy sencillas Las reglas básicas son: $I + 1 = 10$ y $I * 1 = 1$. El cero cumple las mismas propiedades que en el sistema decimal: $l*0 = 0$ y $l+0 = 1$. La adición, sustracción y multiplicación se realizan de manera similar a las del sistema decimal

```
  100101      101110       101
+ 110101     - 110101     x 1001
---------    --------     -------
 1011010      100101       101
                           000
                           000
                           101
                         -------
                         101101
```

Puesto que sólo se necesitan dos dígitos (o bits), el sistema binario se utiliza en los ordenadores o computadoras Un número binario cualquiera se puede representar, por ejemplo, con las distintas posiciones de una serie de interruptores La posición "encendido" corresponde al l, y "apagado" al **0** Además de interruptores, también se pueden utilizar puntos imantados en una cinta magnética o disco: un punto imantado representa al dígito **1,** y la ausencia de un punto imantado es el dígito **0** Los *hiesiahles* — dispositivos electrónicos con sólo dos posibles valores de voltaje a la salida y que pueden saltar de un estado al otro mediante una señal externa— también se pueden utilizar para representar números binarios Los circuitos lógicos realizan operaciones con números en base **2.** La conversión de números decimales a binarios para hacer cálculos, y de números binarios a decimales para su presentación, se realizan electrónicamente

7.1.- IDENTIDADES TRIGONOMÉTRICAS

a. Reciprocas

$$sen\ \alpha \llcorner csc\ \alpha = 1 \quad \therefore sen\ \alpha = \frac{1}{csc\ \alpha} \quad y \quad csc\ \alpha = \frac{1}{sen\ \alpha}$$

$$cos\ \alpha\ sec\ \alpha = 1 \quad \therefore cos\ \alpha = \frac{1}{sec\ \alpha} \quad y \quad sec\ \alpha = \frac{1}{cos\ \alpha}$$

b. De cociente

$$\tan \alpha = \frac{sen\ \alpha}{cos\ \alpha} \qquad \cot \alpha = \frac{cos\ \alpha}{sen\ \alpha}$$

c. Pitagórica

5.- $sen^2\ \alpha + cos^2\ \alpha = 1 \quad sen^2\alpha = 1 - cos^2\ \alpha \quad cos^2\ \alpha = 1 - sen^2\ \alpha$

6.- $1 + tan^2\ \alpha = sec^2\ \alpha \quad tan^2\ \alpha = sec^2\ \alpha - 1 \quad 1 = sec^2\ \alpha - tan^2\ \alpha$

7.- $1 + cot^2 = csc^2\ \alpha \quad cot^2\ \alpha = csc^2\ \alpha - 1 \quad 1 = csc^2\ \alpha - cot^2\ \alpha$

8.- $sen^2\ \alpha = \frac{1}{2}(1 - cos\ 2\ \alpha) \quad cos^2\alpha = \frac{1}{2}(1 + cos\ 2\ \alpha)$

d. De ángulo doble

$$sen\ 2\ \alpha = 2\ sen\ \alpha\ cos\ \alpha \qquad cos\ 2\ \alpha = cos^2\ \alpha - sen^2\ \alpha$$

e. Productos

10.- $sen\ A\ x\cos B\ x = \frac{1}{2}\left[- sen\ (A + B)x + sen\ (A - B)x\right]$

11.- $\cos A\ x\cos B\ x = \frac{1}{2}\left[- sen\ (A + B)x + \cos(A - B)x\right]$

12.- $sen\ A\ x\ sen\ B\ x = \frac{1}{2}\left[\cos(A - B)x - \cos(A + B)x\right]$

II-RECOMENDACIONES

1 -Es necesario realizar una sustitución, para poder integrar, buscar la misma variable

2 -Procurar completar la integral

3 -Si es posible realiza el cambio de variables, seleccionando la mas simple

4 -Tener presentes los productos notables y sus factorizaciones

-Aplicar las formulas de integración

7.2.- EJERCICIOS RESUELTOS

1.- $\int \cos^2 3x\ dx$

$= \int \frac{1}{2}(1 + \cos 6x)dx$ $\qquad \cos^2 x = \frac{1}{2}(1 + \cos 2x)$

$= \frac{1}{2}\int (1 + \cos 6x)dx$ $\qquad$ Sacando la constante ½

$= \frac{1}{2}\int dx + \frac{1}{2}\int \cos 6x\ dx$ $\qquad$ Integral de la suma

$= \frac{1}{2}\int dx + \frac{1}{2}∟\frac{1}{6}\int \cos 6x∟6\ dx$ $\qquad$ Completando la integral

$= \frac{1}{2}x + \frac{1}{12}sen\ 6\ x + c$ $\qquad$ Integrando

2.- $\int sen^3x\, dx =?$

Descomponiendo sen ^{3} x

$= \int sen^2x \blacksquare sen\, x\, dx$

Sen ^{2} x = 1 - cos^2 x

$= \int (1 - cos^2x)senx\, dx$

Realizando el producto

$= \int senx\, dx - \int cos^2 x\, sen\, x\, dx$

$u = cos\, x \qquad du = -sen\, x\, dx$

$= \int sen\, x\, dx + \int u^2 du$

Multiplicando por – sen x

$= -cosx + \frac{1}{3}cos^3x + c$

Integrando

3.- $\int tan^44x\, dx =?$

Descomponiendo tan^4 - 4 x

$= \int (tan^24x \blacksquare tan^24x)dx$

1 + tan^2 x = sec ^{2} x

$= \int (sec^24x - 1)tan^24xdx$

Despejando tan^2 x = sec ^{2}x-1

$= \int (tan^24xsec^24x - tan^24x)dx$

$= \int tan^24x\, sec^24x\, dx - \int tan^24x\, dx$

Realizando el producto

$= \int tan^24xsen^24x\, dx - \int (sec^24x - 1)dx$

Integral de una suma

$= \int tan^2 4x\, sec^24x\, dx - \int sec^24x\, dx + \int dx$

$u = tan\, 4x \qquad u = 4x$

tan^2 x = sec^2 x – 1

$du = 4sec^24x\, dx \qquad du = 4\, dx$

Integral de una suma

$\frac{1}{2}\int u^2 du - \frac{1}{4}\int sec^24x\, dx + \int dx$

$= \frac{1}{4}\llcorner\frac{1}{3}tan^34x - \frac{1}{4}tan\, 4x + x + c$

Completando la integral

$= \frac{1}{12}tan^34x - \frac{1}{4}tan4x + x + c$

Integrando

4.- $\int cot^5 5x dx =?$

Descomponiendo cot^5 5x

$= \int (cot^3 5x \boxdot cot^2 5x) dx$

$1 + cot^2 x = csc^2 x$

$= \int [cot^3 5x (csc^2 5x - 1)] dx$

Despejando $cot^2 x == csc^2$ x-1

$= \int (cot^3 5x csc^2 5x - cot^3 5x) dx$

Realizando el producto

$= \int cot^3 5x \, csc^2 5x \, dx - \int cot^3 5x \, dx$

Integral de una suma

$= \int cot^3 5x \, csc^2 5x \, dx - \int (cot^2 5x \boxdot cot5x) dx$ Descomponiendo

$cot^3 x = cot^2 x \boxdot cotx$

$= \int cot^3 5x \, csc^2 5x \, dx - \int [(csc^2 5x - 1)cot5x]$

$cot^2 5x = csc^2 5x$

$= \int cot^3 5x \, csc^2 5x \, dx - \int (cot5x \, csc^2 5x - cot5x) dx$

$= \int cot^3 5x \, csc^2 5x \, dx - \int cot\, 5x \, csc^2 5x \, dx + \int cot5x \, dx$

$u = cot\, 5x$

Realizando el producto

$du = -csc^2 5x \boxdot 5dx$

Integral de una suma

$= -\frac{1}{5} \int cot^3 5x csc^2 5x L 5 dx + \frac{1}{5} \int cot5x \, csc^2 5x \, dx + \frac{1}{5} \int cot5x \, dx$

$= -\frac{1}{5} \frac{cot^4}{4} 5x + \frac{1}{5} \frac{cot^2}{2} 5x + \frac{1}{5} In|sen\, 5x| + c$

Haciendo u = cot 5x y derivando

$= -\frac{1}{20} cot^4 5x + \frac{1}{10} cot^2 5x + \frac{1}{5} In|sen\, 5x| + c$

Completando la integral

Integral de una potencia

Realizando operaciones

5.- $\int sedc^4 5x\ dx$

$= \int (sec^2 5x \boxdot sec^2 5x)dx$ Descomponiendo $sec^4\ 5x$

$= \int [(1 + tan^2 5x)sec^2 5x]dx$ $sec^2 5x = 1 + tan^2 5x$

$= \int (sec^2 5x + tan^2 5x sec^2 5x)dx$ Realizando el producto

$= \int sec^2 5x\ dx + \int tan^2 5x sec^2 5x\ dx$ Integral de una suma

$= \frac{1}{5}\int sec^2 5x \llcorner 5dx + \frac{1}{5}\int tan^2 5x \llcorner sec^2 5x \llcorner 5dx$ Completando la integral

$= \frac{1}{5} tan5x + \frac{1}{5}\frac{tan^3}{3}5x + c$ Integrando

$= \frac{1}{5} tan\ 5x + \frac{1}{15} tan^3 5x + c$ Realizando operaciones

6.- $\int csc^4 7x\ dx =?$

$= \int (csc^2 7x \boxdot csc^2 7x)dx$ Descomponiendo csc⁴ - 7x

$= \int [(1 + cot^2 7x)csc^2 7x]dx$

$= \int (csc^2 7x + cot^2 7x csc^2 7x)dx$ Realizando el producto

$= \int csc^2 7x\ dx + \int cot^2 7x csc^2 7x\ dx$ Integral de una suma

$= -\frac{1}{7}\int csc^2 7x \llcorner 7dx - \frac{1}{7}\int cot^2 7x\ csc^2 7x \llcorner 7dx$ Completando la integral

$= -\frac{1}{7} cot7x - \frac{1}{7}\frac{cot^3 7x}{3} + c$ Integrando

$= -\frac{1}{7} cot7x - \frac{1}{21} cot^3 7x + c$ Realizando operaciones

7.- $\int sen^5 3x cos\ 3x\ dx$

$u = sen\ 3x \quad du = cos\ 3x \sqcup 3dx$ u= sen 3x y derivando u

$= \frac{1}{3}\int u^5 du$ Para u=sen x du=cos 5x y completando la integral

$= \frac{1}{3}\frac{u^6}{6} + c$ Integrando

$= \frac{1}{18}sen^6 3x + c$ Haciendo cambio de variable

8.- $\int \frac{sen\, 5x}{2 - cos5x} dx = ?$

$= 2 - \cos 5x \quad du = sen\, 5x \sqcup 5dx$ Para u = 2 – cos 5x y derivando

$= \frac{1}{5}\int \frac{du}{u}$ Sustituyendo u y du

$= \frac{1}{5}ln|n| + c$ Integrando

$= \frac{1}{5}ln|2 - cos5x| + c$ Sustituyendo u

9.- $\int tan^4 2x\, sec^4\, 2x\, dx = ?$

$= \int tan^4 2x\, (sec^2 2x \, \Box \, sec^2 2x)dx$ Descomponiendo $sec^4 2x$

$= \int [tan^4 2x(1 + tan^2 2x)sec^2 2x]dx$ $sec^2\, 2x = 1 + tan\, 2x$

$= \int (tan^4 2x\, sec^2 2x + tan^6 2x sec^2 2x)dx$ Realizando el producto $tan^4 2x$

$= \int tan^4 2x\, sec^2\, 2x\, dx + \int tan^6 2x\, sec^2\, 2x\, dx$ Integral de una suma

$u = tan\, 2x \quad du = sec^2 2x\, dx$

Para u= tan 2x y derivando u

$= \frac{1}{2}\int u^4 du + \frac{1}{2}\int u^6 du$ Haciendo cambio de variable y completando integral

$= \frac{1}{2}\sqcup \frac{tan^5\, 2x}{5} + \frac{1}{2}\sqcup \frac{tan^7 2x}{7} + c$

Integral de una potencia

$= \frac{1}{10}tan^5 2x + \frac{1}{14}tan^7 2x + c$

Realizando el producto

10.- $\int \cot^2 2x \ csc^4 \ 2x \ dx =?$

$= \int [\cot^2 2x \ (csc^2 2x \ \boxdot \ csc^2 2x)dx]$ Descomponiendo

$= \int [\cot^2 2x \ (1 + \cot^2 \ 2x)csc^2 2x \ dx]$ $csc^2 \ 2x = 1 + \cot^2 \ 2x$

$= \int (\cot^2 2x \ csc^2 \ 2x + \cot^4 2x \ csc^2 2x)dx$ Realizando el producto $\cot^2 \ 2x$

$= \int \cot^2 2x \ csc^2 \ 2x \ dx + \int \cot^4 2x \ csc^2 \ 2x \ dx$ Integral de una suma

$u = \cot 2x$ Para $u = \cot 2x$ y derivando

$du = -csc^2 2x \ \boxdot \ 2dx$ U

$= -\frac{1}{2}\int u^2 du - \frac{1}{2}\int u^4 du$ Haciendo cambio de variable y completando la integral

$= -\frac{1}{2}\frac{u^3}{3} - \frac{1}{2}\frac{u^5}{5} + c$

                               Integral de una potencia

$= -\frac{1}{6}\cot^3 2x - \frac{1}{10}\cot^5 2x + x$

                               Para u = cot 2x

11.- $\int (\tan 3x - \cot 3x)^2 dx$

$= \int (\tan^2 3x - 2 + \cot^2 3x)dx$ Realizando el binomio al cuadrado

$= \int \tan^2 3x \ dx - 2\int dx + \int \cot^2 3x \ dx$ Integral de una suma

                               $\tan^2 3x = sec^2 3x - 1$

$= \int (sec^2 3x - 1)dx - 2\int dx + \int (csc^2 3x - 1)dx$ $\cot^2 3x = csc^2 3x - 1$

$= \int sec^2 3x \ dx - \int dx - 2\int dx + \int csc^2 3x \ dx - \int dx$

$= \frac{1}{3}\int sec^2 3xdx - \int dx - 2\int csc^2 3x \ dx - \int dx$ Integral de una suma

$= \frac{1}{3}tan 3x - x - 2x - \frac{1}{3}\cot 3x - x + c$ Completando la integral

$= \frac{1}{3}\tan 3x - \frac{1}{3}\cot 3x - 4x + c$ Integrando

12.- $\int \tan 5x \sqrt{\sec 5x}\, dx =$?

$\int \left(\tan 5x \sqrt{\sec 5x} \perp \frac{\sqrt{\sec 5x}}{\sqrt{\sec 5x}} \right) dx$ Multiplicando y dividiendo

$= \int \frac{\tan 5x \sec 5x}{\sqrt{\sec 5x}}\, dx$ Por $\sqrt{\sec 5x}$

$= \int (\sec 5x)^{-\frac{1}{2}} \tan 5x \sec 5x\, dx$ Radical en exponente fraccionario y exponente negativo

$u = \sec 5x$

$du = \sec 5x \tan 5x \sqcup 5dx$

$= \frac{1}{5} \int u^{-\frac{1}{2}}\, du$ Para u = sec 5x y derivando u

Haciendo cambio de variable u y du

$= \frac{1}{5} \frac{u^{\frac{1}{2}}}{\frac{1}{2}} + c$

Integral de una potencia

$= \frac{2}{5} \sec^{\frac{1}{2}} 5x + c$ Haciendo cambio de variable

$= \frac{2}{5} \sqrt{\sec 5x + c}$

Conversión de exponente fraccionario a radical

13.- $\int \cos 3x \cos 5x\, dx = ¿$

$= \int \frac{1}{2} [\cos(3x + 5x) + \cos(3x - 5x)]dx$ $\cos Ax \cos Bx = \frac{1}{2} [\cos(A + B)x + \cos(A - B)x]$

$= \frac{1}{2} \int [\cos 8x + \cos(-2x)]dx$ Realizando operaciones

$= \frac{1}{2} \int \cos 8x\, dx - \frac{1}{2} \int \cos 2x\, dx$ Cos (-2x) = cos 2x

$= \frac{1}{16} \int \cos 8x \sqcup 8dx + \frac{1}{4} \int \cos 2x \sqcup 2dx$ Completando la integral

$= \frac{1}{16} sen\, 8x + \frac{1}{4} sen\, 2x + c$ Integrando

14.- $\int sen\, 8x\, sen\, 2x\, dx$

$= \int \left[\frac{1}{2}\cos(8x - 2x) - \cos(8x + 2x)\right] dx$ $senAx\, senBx = \frac{1}{2}[\cos(A - B)x - \cos(A + B)x]$

$= \frac{1}{2}\int (\cos 6x - \cos 10x)dx$ Realizando las operaciones

$= \frac{1}{2}\int \cos 6xdx - \frac{1}{2}\int \cos 10x\, dx$ Integral de una suma

$= \frac{1}{12}\int sen\, 6x\llcorner 6dx - \frac{1}{20}\int \cos 10x\llcorner 10dx$ Completando la integral

$= \frac{1}{12} sen\, 6x - \frac{1}{20} sen\, 10x + c$ Integrando

15.- $\int e^{2x} tan^2 e^{2x} dx$

$= \int tan^2 e^{2x} e^{2x} dx$ Ordenando la integral

$= \int (sec^2 e^{2x} - 1)e^{2x} dx$ Tan x = sec² x – 1

$= \int sec^2 e^{2x}\ e^{2x} dx - \int e^{2x} dx$ Integral de una suma

$u = e^{2x}$

$du = e^{2x}\quad 2dx$ Haciendo $u = e^{2x}$ y derivando u

$= \frac{1}{2}\int sec^2 e^{2x}\llcorner 2e^{2x} dx - \frac{1}{2}e^{2x}\llcorner 2dx$ Completando la integral

$= \frac{1}{2}\tan e^{2x} - \frac{1}{2}e^{2x} + c$ Integrando

7.3 EJERCICIOS PROPUESTOS

Resuelve y comprueba el resultado que se indica

1.-$\int sen^3 4x \, dx = \frac{1}{4} \cos 4x - \frac{1}{12} \cos^3 4x + c$

2.-$\int \cos^3 4x \, dx = \frac{1}{4} sen \, 4x - \frac{1}{12} sen^3 4x + c$

3.-$\int \tan^3 5x \, dx = \frac{1}{10} \tan^2 5x + \frac{1}{5} In|\cos 5x| + c$

4.-$\int \cot^3 2x \, dx = \frac{1}{4} \cot^2 2x - In|sen \, 2x| + c$

5.-$\int \frac{dx}{\cos^2 7x} = \frac{1}{7} \tan 7x + c$

6.-$\int \csc^4 2x dx = -\frac{1}{6} \cot^3 2x - \frac{1}{2} \cot 2x + c$

7.-$\int \sqrt{\cos 3x} \, sen3x dx = -\frac{2}{9} (\cos 3x)^{\frac{3}{2}} + c$

8.-$\int \frac{\cos 2x}{7 - 2sen2x} dx = \frac{1}{2} In|7 - 2sen2x| + c$

9.-$\int \tan^4 x sec^2 x dx = \frac{1}{5} \tan^5 x + c$

10.-$\int \cot^6 2x \csc^4 2x dx = -\frac{1}{18} \cot^9 2x - \frac{1}{14} \cot^7 2x + c$

11.-$\int \sqrt{sen \, 2x} \, \cos^3 2x dx = \frac{1}{3} sen^{\frac{3}{2}} 2x + 7sen^{\frac{7}{2}} 2x + c$

12.-$\int \frac{sen^3 2x}{\sqrt[3]{\cos^4 2x}} dx = \frac{3}{2} \cos^{-\frac{1}{3}} 2x - \frac{3}{10} \cos^{\frac{5}{3}} 2x + c$

13.-$\int sen3x \cos 5x \, dx = -\frac{1}{6} \cos 2x + \frac{1}{2} \cos 2x + c$

14.-$\int sen7x sen3x \, dx = \frac{1}{8} sen \, 4x - \frac{1}{20} sen \, 10x + c$

15.-$\int \tan^3 4x sec^3 4x \, dx = -\frac{1}{16 \cos^4 4x} + \frac{1}{8 \cos^2 4x} + c$

OCTAVA UNIDAD.- INTEGRACIÓN POR SUSTITUCIÓN TRIGONOMÉTRICA.

8.1. - Formulas básicas de integración por sustitución trigonométrica

8.2. - Ejercicios resueltos

8.3. - Ejercicios propuestos

8.1.- Formulas de integración por sustitución trigonométrica.

a)$\sqrt{a^2 - x^2} \Longrightarrow x = a \, sen \, \theta$

$\sqrt{a^2 + x^2} \Longrightarrow x = a \tan \theta$

$\sqrt{x^2 - a^2} \Longrightarrow x = a \sec \theta$

b)$sen^2\theta + cos^2\theta = 1$

$1 + tan^2\theta = sec^2\theta$

$1 + cot^2\theta = csc^2\theta$

c)$sen^2 \, \theta = \frac{1}{2}(1 - cos2\theta)$

$cos^2 = \frac{1}{2}(1 + cos2\theta)$

RECOMENDACIONES.

1 - Es necesario encontrar los valores a, x y dx

2 - Valorar el radical o termino cuadrático o exponencial

3 - Hacer la sustitución correspondiente

4 - Aplicar la formula de integración

5 - Especificar en el triangulo rectángulo los dos valores de la función inicial y aplicando el teorema de Pitágoras, determinar el restante.

6 - Utilizando el triangulo rectángulo, encontrar las funciones trigonométricas obtenidas en la integración.

7 - Finalmente hacer la sustitución y simplificación, cuando se tenga
sen 2 $= 2$ sen cos

8 - Es recomendable que se tenga un dominio de la integración indefinida, así como los métodos de integración ya expuestos

8.2.- EJERCICIOS RESUELTOS

1. $\int \dfrac{dx}{(9-x^2)^{\frac{3}{2}}}$

$a = 3$ x= 3 sen   dx = 3 cos d   Para a =3   x= 3 sen

dx=3 cos d se encuentran x y dx

$\sqrt{9 - (9sen^2\theta)^3} = \sqrt{9^3(1 - sen^2\theta)^3} = \sqrt{9^3 cos^6\theta} = 3^3 cos^3\theta$ Factorizando el 9

$cos^2\theta = 1 - sen^2\theta$ y sacando raíz

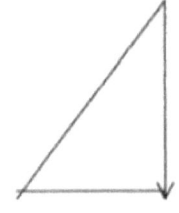

$= \int \dfrac{3cos\theta d\theta}{27cos^3\theta}$ Sustituyendo dx y radical o exponente fraccionario

$= \dfrac{1}{9}\int \dfrac{d\theta}{cos^2\theta}$ simplificando $cos\theta$

$tan\theta = \dfrac{x}{\sqrt{9-x^2}} = \dfrac{1}{9}\int sec^2\theta d\theta$ $sec^2\theta = \dfrac{1}{cos^2\theta}$

$= \dfrac{1}{9}tan\theta + c$

NOTA.- Para encontrar los valores para la sustitución en el triangulo 0 se despeja de x = 3 sen θ y se aplica el teorema de Pitágoras

$= \dfrac{x}{\sqrt{9-x^2}} + c$ Sustituyendo la función resultante

2.- $\int \frac{dx}{(9+x^2)^2} =$?

$a = 3$ $x = 3tan\theta$ $dx = 3sec^2\,\theta\,d\theta$ Encontrando a, x y dx

$(9 + 9tan^2\theta)^2 = [9^2(1 + tan^2\theta)^2] = 81(sec^2\theta)^2 = 81sec^4\theta$

Encontrando el equivalente del denominador y $1 + tan^2\theta = sec^2\theta$

$= \int \frac{3sec^2\theta\,d\theta}{81sec^4\theta}$ Sustituyendo dx y denominador

$= \frac{1}{27}\int \frac{d\theta}{sec^2\,\theta}$ Simplificando $sec^2\theta$

$= \frac{1}{27}\int cos^2\,\theta\,de\,\theta$ $cos^2\,\theta = \frac{1}{sec^2\theta}$

$= \frac{1}{27}\int \left[\frac{1}{2}(1 + cos2\theta)\right]d\theta$

Sustituyendo $cos^2\theta = [\frac{1}{2}(1 + cos2\theta)]$

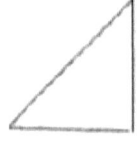

$= \frac{1}{54}\int (1 + cos2\theta)d\theta$

$= \frac{1}{54}\int d\theta + \frac{1}{108}\int cos2\theta\llcorner 2d\theta$ Integral de una suma y completando la integral

$= \frac{1}{54}\theta + \frac{1}{108} sen\,2\theta + c$

Integrando

$= \frac{1}{54}\theta + \frac{1}{108} sen\,2\,\theta + c$ $sen\,2\,\theta = 2\,sen\,\theta\,cos\,\theta$

$= \frac{1}{54}\theta + \frac{1}{54}2\,sen\,\theta\,cos\,\theta + c$

Se encuentran las funciones Trigonométricas resultantes del triangulo

$= \frac{1}{54}arc\,tan\frac{x}{3} + \frac{1}{54}\frac{3x}{(9+x^2)} + c$ Sustituyendo

$= \frac{1}{54}arc\,tan\frac{x}{3} + \frac{x}{18\,(9+x^2)} + c$ Simplificando el 3

3.- $\int \frac{dx}{\sqrt{x^2-1}} = ?$

$a=1$ $x = \sec\theta$ $dx = \sec\theta \ \tan\theta \ d\theta$ Encontrando a, x y dx

$\sqrt{\sec^2\theta - 1} = \sqrt{\tan^2\theta} = \tan\theta$ Encontrando el radical

$= \int \frac{\sec\theta \ \tan\theta \ d\theta}{\sec\theta \ \tan\theta}$ Sustituyendo numerado y denominador

$\sec\theta = \frac{x}{1}$ $= \int d\theta$

$= \theta + c$ Simplificando

$= \text{arc } \sec x + c$ Integrando

4.-. $\int x^2 \sqrt{25-x^2} \, dx = ?$

$a = 5$ $x = 5 \, sen\theta$ $dx = 5\cos\theta \, d\theta$ Encontrando a, x y dx

$\sqrt{25 - (25sen^2\theta} = \sqrt{25(1 - sen^2\theta} = \sqrt{25\cos^2\theta} = 5\cos\theta$

Para el radical y $\cos^2\theta = 1 - sen^2\theta$

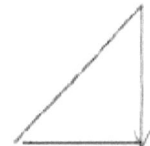

$= \int 25 sen^2\theta \, 5\cos\theta \, 5\cos\theta \, d\theta$ Sustituyendo en la integral

$= 625 \int sen^2\theta \cos^2\theta \, d\theta$ Realizando operaciones

$= 625 \int \left[\frac{1}{2}(1 - \cos2\theta)\right] \left[\frac{1}{2}(1 + \cos2\theta\right] \, dx$ Sustituyendo

$sen^2\theta = \frac{1}{2}(1 - \cos2\theta)$

Y $\cos^2\theta = \frac{1}{2}(1 + \cos2\theta)$

$$= \frac{625}{4} \int (1 - cos^2 2\theta) dx$$ Realizando el producto de binomios conjugados

$$= \frac{625}{4} \int d\theta - \frac{625}{4} \int cos^2 2\theta \, d\theta$$ Integral de una suma

$$= \frac{625}{4} \int d\theta - \int \left[\frac{1}{2}(1 + cos4x) \right] dx$$ Sustituyendo $cos^2 2\theta = \frac{1}{2}(1 + cos4\theta)$

$$= \frac{625}{4} \theta - \frac{625}{4} \theta - \frac{625}{32} \int cos4\theta \, \llcorner \, 4d\theta$$ Integral de una suma y completando

$sen\theta = \frac{x}{5}$ $= \frac{625}{4} \theta - \frac{625}{8} \theta - \frac{625}{32} sen4\theta + c$ Integrando

$$= \frac{(1250-625)}{8} \theta - \frac{625}{32} sen \, (2\theta + 2\theta) + c$$ Sen 40

$cos\theta = \frac{\sqrt{25-x^2}}{5}$ $= \frac{625}{8} \theta - \frac{625}{32} [2 \, sen \, 2\theta \, cos \, 2\theta] + c$ $sen(2\theta + 2\theta)$

$$= \frac{625}{8} \theta - \frac{625}{32} [2(2 \, sen\theta \, cos \, \theta)(cos^2\theta - sen^2\theta)]$$ Sustituyendo y $sen \, 2 \, \theta$ y $cos \, 2 \, \theta$

$$= \frac{625}{8} \theta - \frac{625}{32} (4)(sen \, \theta \, cos^3\theta - sen^3\theta \, cos\theta) + c$$

$$= \frac{625}{8} \theta - \frac{625}{8} sen\theta \, cos^3\theta + \frac{625}{8} sen^3\theta \, cos\theta + c$$ Separando los términos

$$= \frac{625}{8} arc \, sen\frac{x}{5} - \frac{x}{8}(25 - x^2)^{\frac{3}{2}} + \frac{1}{8}x\sqrt[3]{25 - x^2} + c$$ Sustituyendo

5.- $\int \frac{dx}{\sqrt{4+x^2}} =?$

a=2   x=2 $tan\theta$ $dx = 2sec^2 \, \theta \, d\theta$ Encontrando a, x y dx

$$\sqrt{4 + 4tan^2 \, \theta} = \sqrt{4(1 + tan^2\theta)} = \sqrt{4sec^2\theta} = 2sec\theta$$ Encontrando el radical
$$sec^2 = \theta + tan^2\theta$$

$$= \int \frac{2sec^2\theta \, d\theta}{2tan\theta \, 2sec\theta}$$ Sustituyendo x, dx y radical

$cos\theta = \frac{\sqrt{4+x^2}}{x}$ $= \frac{1}{2} \int \frac{sec\theta \, d\theta}{tan\theta}$ Simplificando

$cot\theta = \frac{2}{x}$ $= \frac{1}{2} \int \frac{\frac{1}{cos\theta}}{\frac{sen\theta}{cos\theta}} d\theta$ $sec\theta = \frac{1}{cos\theta}$ $tan\theta = \frac{sen\theta}{cos\theta}$

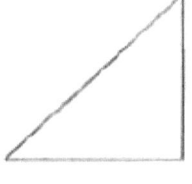

$$= \frac{1}{2} \int \frac{1}{\operatorname{sen}\theta}\, d\theta \qquad \text{Simplificando } \cos\theta$$

$$= \frac{1}{2} \int \csc\theta\, d\theta \qquad\qquad csc\theta = \frac{1}{\operatorname{sen}\theta}$$

$$= -\frac{1}{2}\ln|\csc\theta + \cot\theta| + c \qquad \text{Integrando}$$

$$= -\frac{1}{2}ln\left|\frac{\sqrt{4+x^2}}{x}\right| + c \qquad \text{Sustituyendo las funciones} $$
$$\text{trigonométricas}$$

6.- $\int \frac{dx}{x^2\sqrt{x^2-5}} = ?$

$a = \sqrt{5} \quad x = \sqrt{5}\,sec\theta \quad dx = \sqrt{5}\,sec\theta\,tan\theta\,d\theta \qquad \text{Encontrando a, x y dx}$

$\sqrt{5sec^2\theta - 5} = \sqrt{5(sec^2\theta - 1)} = \sqrt{5(tan^2\theta)} = \sqrt{5}tan\theta$ Encontrando el radical
$\qquad\qquad\qquad\qquad\qquad\qquad\qquad\qquad\qquad\qquad$ y $tan^2\theta = sec^2\theta - 1$

$$= \int \frac{\sqrt{5}sec\theta\,tan\theta\,d\theta}{5sec^2\theta\,\sqrt{5}tan\theta} \qquad \text{Sustituyendo x, dx y el radical}$$

$sen\theta = \frac{\sqrt{x^2-5}}{x} \quad = \frac{1}{5}\int \frac{d\theta}{sec\theta} \qquad \text{Simplificando } tan\theta \; sec\theta$

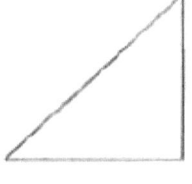

$$\qquad\qquad\qquad\qquad\qquad\qquad\qquad \text{integrando}$$

$$= \frac{1}{5}\int cos\theta\, d\theta \; = \frac{1}{5}\int sen\theta + c \qquad cos\theta = \frac{1}{sec\theta} \text{ e}$$

$$= \frac{\sqrt{x^2-5}}{5x} + c \qquad\qquad \text{Sustituyendo la función}$$

7.- $\int \frac{\sqrt{b^2-x^2}}{x^2} dx =?$

$a = b \quad x = b\, sen\theta \quad dx = b\, cos\theta\, d\theta$ Encontrando a, x y dx

$\sqrt{b^2 - b^2\, sen^2\theta} \;=\; \sqrt{b^2(1-sen^2\theta)} \;=\; \sqrt{b^2 cos^2\theta} = b\, cos\theta$

                                             Valorando el radical

$= \int \frac{b\, cos\theta\, h\, cos\theta\, d\theta}{b^2\, sen^2\theta}$ Sustituyendo x², dx y radical

$= \int \frac{cos^2\theta}{sen^2\theta} d\theta$ Simplificando b^2

$= \int cot^2\theta\, d\theta \quad cot\theta = \frac{cos\theta}{sen\theta}$

$sen\theta = \frac{x}{b}$

$\int (csc^2\theta - 1)d\theta$ $cot^2\theta = csc^2\theta - 1$

$cot\theta \frac{\sqrt{b^2-x^2}}{x}$

$= \int csc^2\theta d\theta - \int d\theta$ Integral de una suma

$= cot\theta - \theta + c$ Integrando

$= \frac{\sqrt{b^2-x^2}}{x} - arc\, sen\frac{x}{b} + c$ Sustituyendo la función

8.- $\int x\sqrt{x^{2+5}}\, dx =?$

$a = \sqrt{5} \quad x = \sqrt{5}\, tan\theta \quad dx = \sqrt{5}\, sec^2\theta d\theta$ Encontrando s, x y dx

$\sqrt{5tan^2\theta + 5} = \sqrt{5(tan^2\theta + 1)} = \sqrt{5sec^2\theta} = \sqrt{5}\, sec\theta$ Valorando el radical

$= \int \sqrt{5}\, tan\theta\, \sqrt{5}sec\theta\, \sqrt{5}sec^2\theta d\theta$ Sustituyendo x, dx y radical

$= 5\sqrt{5} \int sec^2\theta sec\theta\, tan\theta\, d\theta$ Descomponiendo

$$sec\theta = \frac{\sqrt{sec^2+5}}{\sqrt{5}} \qquad\qquad = \frac{5\sqrt{5}}{3}sec^3\,\theta + c \quad \text{Integrando}$$

$$= \frac{1}{5\sqrt{5}}(x^2+5)^{\frac{1}{2}} + c \qquad \text{Sustituyendo la función}$$

9.- $\displaystyle\int \frac{dx}{(9x^2-4)^{\frac{3}{2}}}$

$a = 2 \quad x = \frac{2}{3}sec\,\theta \quad dx = \frac{2}{3}sec\theta\,tan\theta\,do \quad$ Encontrando a, x y dx

$$\sqrt{[9(\tfrac{4}{9}sec^2\,\theta - 4\ \ ]^2} = \sqrt{[4sec^2\theta - 1)]^2} = \sqrt{2^6\,tan^6} = 2^3tan^3\theta$$

Valorando el radical

$$= \int \frac{\frac{2}{3}sec\,\theta\,tan\theta\,d\theta}{2^3tan^3\theta} \qquad \text{Sustituyendo dx y radical}$$

$$= \frac{1}{12}\int \frac{sec\theta\,d\theta}{tan^2\theta} \qquad \text{Simplificando tan }\theta$$

$$= \frac{1}{2}\int \frac{\frac{1}{cos\theta}}{\frac{sen^2}{cos^2\theta}}\,d\theta \qquad\qquad sec\theta = \frac{1}{cos\theta} \qquad tan^2\theta = \frac{sen^2\theta}{cos^2\theta}$$

$$cos\theta = \frac{3x}{\sqrt{9x^2-4}} \quad = \frac{1}{12}\int \frac{cos\theta}{sen^2}\,d\theta \qquad \text{Simplificando cos }\theta$$

$$= \frac{1}{12}\int sen^2\,\theta\,cos\theta\,d\theta \qquad \text{Exponente negativo}$$

$$= -\frac{1}{12sen\,\theta} + c \qquad \text{Integrando}$$

$$= -\frac{1}{12}csc\theta + c \qquad\qquad csc\theta = \frac{1}{sen\theta}$$

$$= -\frac{x}{4\sqrt{9^2-4c}} + c \qquad \text{Sustituyendo la función trigonométrica}$$

10.- $\int \frac{sen\theta}{\sqrt{9-cos^2\theta}}\, d\theta =?$

$u = cos\theta$ $\qquad\qquad$ $du = sen\theta\; d\theta$

$= \int \frac{du}{\sqrt{9-u^2}}$ $\qquad\qquad$ Haciendo $u = cos\theta$

$\qquad\qquad\qquad\qquad\qquad$ Sustituyendo u y du

$a = 3$ $\quad u = 3sen\theta$ $\quad du = 3cos\theta\; d\theta$ $\quad$ Encontrando a, u y du

$\sqrt{9 - 9sen^2\theta} = \sqrt{9(1 - sen^2\theta} = \sqrt{9cos^2\theta} = 3\;cos\theta$ $\quad$ Valorando el radical

$= \int \frac{3\;cos\theta}{3cos\theta}\, d\theta$ $\qquad$ Sustituyendo du y radical

$= \int d\theta$ $\qquad\qquad\qquad$ Simplificando

$= \int \theta + c$ $\qquad\qquad$ Integrando

$sen\theta = \frac{11}{3}$ $\qquad\qquad\qquad$ $= arc\;sen\frac{u}{3}+ c$

$= arc\;sen\left(\frac{cos\theta}{3}\right) + c$ $\qquad\qquad$ $u = cos\theta$

11.- $\int \frac{dx}{(3a+x^2)^2} =?$

$a = \sqrt{3a}$ $\quad x = \sqrt{3a}\; tan\theta$ $\quad dx = \sqrt{3a}\;\; sec^2\theta\; d\theta$ $\qquad$ Encontrando a, x y dx

$3a + 3atan^2\theta)^2\; = [3a(1 + tan^2\theta)]^2 = 9a^2(sec^2\theta)^2\; = 9a^2sec^4\theta$

$\qquad\qquad\qquad\qquad\qquad\qquad$ Valorando el denominador

$= \int \frac{\sqrt{3a}\;sec^2\theta\; d\theta}{9a^2\;sec^4\theta}$ $\qquad$ Sustituyendo dx y denominador

$= \frac{\sqrt{3a}}{9a^2} \int \frac{d\theta}{sec^2\theta}$ $\qquad\qquad$ Simplificando $sec^2\;\theta$

$= \frac{\sqrt{3a}}{9a^2} \int cos^2\;\theta\; d\theta$ $\qquad\qquad$ $cos^2\theta = \frac{1}{sec^2\theta}$

$$tan\theta = \frac{x}{\sqrt{3a}}$$

$$sen\theta = \frac{x}{\sqrt{3a}+x^2} = \frac{\sqrt{3a}}{9a^2} \int [\frac{1}{2}(1+cos\,2\theta)]\,d\theta \quad cos^2\theta$$

$$= \frac{1}{2}(1+cos2\theta)$$

$$cos\theta = \frac{\sqrt{3a}}{\sqrt{3a}+x^2}$$

$$= \frac{\sqrt{3a}}{18a^2}\int d\theta + \frac{\sqrt{3a}}{36a^2}\int cos\,2\theta \amalg 2d\theta$$ Integral de una suma y completando la integral

$$= \frac{\sqrt{3a}}{18a^2}\theta + \frac{\sqrt{3a}}{36a^2}sen\,2\,\theta + c$$ Integrando

$$\frac{\sqrt{3a}}{18a^2}\theta + \frac{\sqrt{3a}}{18a^2}sen\theta\,cos\theta + c$$ $sen2\theta = 2sen\,\theta cos\theta$

$$= \frac{\sqrt{3a}}{18a^2}arc\,\,tan\frac{x}{\sqrt{3}} + \frac{\sqrt{3}}{18a^2}(\frac{\sqrt{3a}\,\,\llcorner\,x}{3a+x^2})$$ Sustituyendo

$$\frac{\sqrt{3a}}{18a^2}arc\,tan\frac{x}{\sqrt{3a}} + \frac{x}{6a(3a+x^2)} + c$$ Simplificando 3 a

12.- $\int \frac{dx}{(x^2+4x+13)^2} =?$

$$= \int \frac{dx}{[(x^2+2)^2+9]^2}$$ Completando el trinomio al cuadrado perfecto x²+4x+4+9

a = 3   x+2 = 3 tan θ dx = 3 sec² θ dθ Encontrando a, x+2 y dx

$[9tan^2\theta + 9]^2 = [9(tan^2\theta + 1)]^2 = 81(sec^2\theta)^2 = 81sec^4\theta$ Valorando el denominador

$$= \int \frac{3\sec^3\theta \, d\theta}{81\sec^4\theta}$$ Sustituyendo

$$= \frac{1}{27}\int \frac{d\theta}{\sec^2\theta}$$ Simplificando $\sec^2\theta$

$$= \frac{1}{27}\int \cos^2\theta \, d\theta$$ $\sec^2\theta = \frac{1}{\cos^2\theta}$

$$\tan\theta = \frac{x+2}{3}$$

$$\sin\theta = \frac{x+2}{\sqrt{(x+2)^2+9}} = \frac{1}{27}\int \left[\frac{1}{27}(1-\cos 2\theta)\right] d\theta \quad \cos^2\theta = \frac{1}{2}(1+\cos 2\theta)$$

$$\cos\theta = \frac{3}{\sqrt{(x+2)^2+9}}$$

$$= \frac{1}{54}\int d\theta - \frac{1}{180}\int \cos 2\theta \, \square 2d\theta$$ Integral de una suma y completando la integral

$$= \frac{1}{54}\theta + \frac{1}{180}\sin 2\theta + c$$ Integrando

$$= \frac{1}{54}\theta + \frac{1}{54}\sin\theta\cos\theta + c$$ $sen2\theta = 2sen\theta\cos\theta$

$$= \frac{1}{54}arc\,\tan\left(\frac{x+2}{3}\right) + \frac{1}{54}\left[\frac{3(x+2)}{(x+2)^2+9}\right] + c$$ Sustituyendo

$$= \frac{1}{54}arc\,\tan\left(\frac{x+2}{3}\right) + \frac{1}{18}\left(\frac{x+2}{x^2+4x+13}\right) + c$$ Simplificando 3

13.- $\int \frac{dx}{\sqrt{x^2-4x+9}} = ?$

$$= \int \frac{dx}{\sqrt{(x-2)^2+5}}$$ Completando el trinomio al cuadrado perfecto $x^2 - 4x+4+5$

$a = \sqrt{5} \qquad x-2 = \sqrt{5}\tan\theta \quad dx = \sqrt{5}\sec^2\theta\,d\theta$ Encontrando a, x y dx

$$\sqrt{5\tan^2\theta+5} = \sqrt{5(\tan^2\theta+1)} = \sqrt{5\sec^2\theta} = \sqrt{5}\sec\theta$$ Valorando el denominador

$$= \int \frac{\sqrt{5}\ sec^2\theta\ d\theta}{\sqrt{5}\ sec\ \theta} \qquad \text{sustituyendo dx y radical}$$

$$= \int sec\theta\ d\theta \qquad \text{Simplificando}$$

$$sec\ \theta = \frac{\sqrt{(x-2)^2+5}}{\sqrt{5}}$$

$$= In|sec\theta + tan\theta| + c \qquad \text{Integrando}$$

$$= In\left|\frac{(x-2)+\sqrt{(x-2)^2+5}}{\sqrt{5}}\right| + c \qquad \text{Sustituyendo las funciones}$$

14.- $\int \dfrac{x^2 dx}{\sqrt{x^2-4}} = ?$

$a = 2 \quad x = 2\ sec\ \theta \quad dx = 2\ sec\ \theta\ tan\ \theta\ d\theta$ Encontrando a, x y dx

$$\sqrt{4\ sec^2\theta - 4} = \sqrt{4(sec^2\theta - 1)} = \sqrt{4tan^2\theta} = 2tan\theta$$

$$= \int \frac{4sec^2\theta\ sec\theta\ tan\theta\ d\theta}{2\ tan\theta} \qquad \text{Sustituyendo x, dx y radical}$$

$$= 4\int sec^3\ \theta\ d\theta \qquad \text{Simplificando}$$

$$sec\ \theta = \frac{x}{2}$$

$$= 4\int sec\ \theta \cdot sec^3\theta\ d\theta$$

$$tan\ \theta = \frac{\sqrt{x^2-4}}{2} \qquad\qquad \text{Integrando por partes}$$

$$u = sec\ \theta \qquad v = \int dv = \int sec^2\ \theta\ d\theta$$

$$du = sec\ \theta\ tan\ \theta\ d\theta = tan\ \theta + c$$

$$= 4(\sec \theta \tan \theta) - 4 \int \tan^2\theta \sec \theta \, d\theta$$

$$= 4 \sec \theta \tan \theta - 4 \int (\sec^2\theta - 1) \sec \theta \, d\theta \qquad\qquad tan^2\theta = \sec^2 \theta - 1$$

$$= 4 \sec \theta \tan \theta + 4 \int \sec \theta \, d\theta - 4 \int \sec^3 \theta \, d\theta \qquad \text{Integral de una suma}$$

$$\int \sec^3 \theta \, d\theta + 4 \int \sec^3 \theta \, d\theta = 4 \sec \theta \tan \theta + 4 In|\sec \theta + \tan \theta| + c$$

Despejando

$$\int \sec^3\theta \qquad \text{Integrando}$$

$$\int \sec^3 \theta \, d\theta = \frac{4}{5}\sec \theta \tan \theta + \frac{4}{5} + In|\sec \theta + \tan \theta| + c \quad \text{Despejando}$$

$$= \frac{4}{5}\left(\frac{x\sqrt{x^2-4}}{4}\right) + \frac{4}{5}In\left|\frac{x+\sqrt{x^2-4}}{2}\right| + c \quad \text{Sustituyendo las funciones}$$

15.- $\int \dfrac{x^3 \, dx}{\sqrt{4-x^2}} = ?$

$$a = 2 \quad x = 2 \sin \theta \quad dx = 2 \cos \theta \, d\theta \qquad\qquad \text{Encontrando a, x y dx}$$

$$\sqrt{4 - 4 \operatorname{sen}^2\theta} = \sqrt{4(1 - \operatorname{sen}^2\theta)} = \sqrt{4\cos^2 \theta} = 2 \cos \theta \quad \text{Valorando el}$$
radical

$$= \int \frac{8 \operatorname{sen}^3\theta \, 2 \cos \theta \, d\theta}{2 \cos \theta} \qquad\qquad \text{Sustituyendo}$$

$$= 8 \int \operatorname{sen}^3\theta \, d\theta \qquad\qquad \text{Simplificando}$$

$$\cos \theta = \frac{\sqrt{4-x^2}}{2} \qquad\qquad = 8 \int \operatorname{sen}^2\theta \operatorname{sen} \theta \, d\theta \text{ Descomponiendo } \operatorname{sen}^3 \theta$$

$= 8 \int (1 - cos^2\theta) sen\, \theta\, d\theta$ $sen^2\theta - 1 - cos^2\theta$

$= 8 \int sen\, \theta d\theta - 8 \int cos\, \theta\, sen\, \theta\, d\theta$ Integral de una suma

$= -8 \cos \theta + \frac{8}{3} cos^3\theta + c$ Integrando

$= -4\sqrt{4 - x^2} + \frac{1}{3}(4 - x^2)^{\frac{3}{2}} + c$ Sustituyendo las funciones

8.3.- EJERCICIOS PROPUESTOS

Resuelve y comprueba el resultado que se indica

1.- $\int \dfrac{dx}{\sqrt{9-x^2}} = arc\ sen\ \dfrac{x}{3} + c$

2.- $\int \dfrac{dx}{\sqrt{(4+x^2)^3}} = \dfrac{x}{4\sqrt{4-x^2}} + c$

3.- $\int \dfrac{dx}{(x^2-25)^{\frac{3}{2}}} = in\ \left|\dfrac{\sqrt{x^2-25}}{5}\right| + c$

4.- $\int \dfrac{\sqrt{9-x^2}}{x^2}\ dx = -arc\ sen\ \dfrac{x}{3} - \dfrac{\sqrt{9-x^2}}{x} + c$

5.- $\int \dfrac{\sqrt{x^2+9}}{x}\ dx = -\dfrac{3}{(x^2+9)^{\frac{3}{2}}} + c$

6.- $\int \dfrac{dx}{x^2\sqrt{x^2-3}} = \dfrac{\sqrt{x^2-3}}{\sqrt[3]{3}} + c$

7.- $\int \dfrac{\sqrt{4-x^2}}{x}\ dx = -2\ln\left|\dfrac{2+\sqrt{4-x^2}}{x}\right| + \sqrt{4-x^2} + c$

8.- $\int \dfrac{dx}{x^2\sqrt{1+x^2}} = -\dfrac{x^2+1}{x} + c$

9.- $\int \sqrt{4-9x^2}\ dx\ \dfrac{2}{3}\ arc\ sen\ \dfrac{3x}{2} + \dfrac{1}{24}\left(3x + \sqrt{4-9x^2}\right) + c$

10.- $\int \dfrac{in^3\ x\ dx}{x\sqrt{in^2x-9}} = \sqrt[9]{in^2x-9} + \dfrac{1}{3}(in^2x-9)^{\frac{3}{2}} + c$

11.- $\int \dfrac{dx}{\sqrt{9-(x-1)^2}} = arc\ sen\ \left(\dfrac{x-1}{9}\right) + c$

12.- $\int \dfrac{dx}{(2x-x^2)^{\frac{3}{2}}} = \dfrac{(x-1)}{\sqrt{1-(x-1)^2}} + c$

13.- $\int \dfrac{dx}{(12-4x-x^2)^{\frac{3}{2}}} = \dfrac{x+2}{16\sqrt{16-(x+2)^2}} + c$

14.- $\int \dfrac{x^2\ dx}{\sqrt{x^2-7}} = \dfrac{1}{8}\left(x\sqrt{x^2-7}\right) + \dfrac{7}{8}\ in\ \left|\dfrac{x+\sqrt{x^2-7}}{\sqrt{7}}\right| + c$

15.- $\int \dfrac{dx}{x^4\sqrt{1-x^2}} = \dfrac{1}{3}\dfrac{(1-x^2)^{\frac{3}{2}}}{x^3} - \dfrac{\sqrt{1-x^2}}{x} + c$

NOVENA UNIDAD.- FRACCIONES PARCIALES.

9.1. - Recomendaciones
9.2. - Ejercicios resueltos
9.3. - Ejercicios propuestos

9.1- RECOMENDACIONES.

1 - Es fundamental que el alumno tenga dominio pleno de la factorización

2 - EL dominio de las integrales inmediatas

3 - Que domine los procedimientos para la solución de un sistema de ecuación de n x n

9.2.- EJERCICIOS RESUELTOS

1.- $\int \frac{dx}{x-64} = ?$

$x^2 - 64 = (x - 8)(x + 8)$ Factorizando la diferencia de cuadrados

$\frac{dx}{x^2-64} = \frac{A}{x-8} + \frac{B}{x+8}$ Formulación de las fracciones

$1 = A(x + 8) + B(x - 8)$ Multiplicando por x² - 64

$Ax + 8A + Bx - 8B$ Efectuando los productos

$= x(A + B) + 8A + 8B$

$a + b = 0 \dots \dots \dots 1$ Factorizando x

$8A - 8B = 1 \dots \dots \dots 2$ Estableciendo el sistema de ecuaciones

$8A + 8B = 0 \dots \dots \dots 3$ Multiplicando (1) por 8

$8A - 8B = 1 \dots \dots \dots 2$ Usando el método de reducción. Suma o resta

$16A = 1$

$16A = 1$ Despejando A

$A = {}^1/_{16}$ Sustituyendo A en (1)

$B = -{}^1/_{16}$ Sustituyendo valor A, B

$= \frac{1}{16} \int \frac{dx}{x-8} - \frac{1}{16} \int \frac{dx}{x-8}$ Integral de un In

$= \frac{1}{10} \, in \, |x - 8| - \frac{1}{10} \, in \, |x - 8| + c$ Factorizando $\frac{1}{6}$ y aplicando las propiedades de los

$= \frac{1}{16} \left[In \left| \frac{x-8}{x+8} \right| \right] + c$

$$\log \left(\frac{A}{B} \right) = logA - logB$$

2.- $\int \frac{dx}{5x+x} = ?$ Factorizando el denominador

$5x + x = x\,(x + 5)$ Descomponiendo el denominador en fracciones

$\frac{dx}{x(x+5)} = \frac{A}{x} + \frac{B}{x+5}$

$1 = A(X + 5) + Bx$ Multiplicando por x (x + 5)

$= Ax + 5A + Bx$ Efectuando el producto

$= x(A + B) + 5A$ Factorizando x

$A + B = 0 \ldots \ldots \ldots \ldots 1$ Estableciendo el sistema de ecuaciones lineales

$5A = 1 \ldots \ldots \ldots \ldots .2$

$A = {}^1/_5$

$B = {}^{-1}/_5$ Despejando A

$= \frac{1}{5} \int \frac{dx}{x} - \frac{1}{5} \int \frac{dx}{x-5}$ Sustituyendo A en (1)

Sustituyendo el valor de A y B

$= \frac{1}{5} in\ x - \frac{1}{5}\ in\ |x-5| + c$ Integrando las fracciones

$= \frac{1}{5}[in|x| - in|x+5|] + c$ Factorizando $\frac{1}{5}$

$= \frac{1}{5}\ in\ \left|\frac{x}{x-5}\right| + c$ Propiedad de log $\cdot \frac{A}{B}$

3.- $\int \frac{dx}{7x^2 - x} = ?$

$7x^2 - x = x(7x - 1)$ Factorizando el denominador

$\frac{dx}{7x^2 - x} = \frac{A}{x} - \frac{B}{7x-1}$ Formando las fracciones

$1 = A(7X - 1) + Bx$ Multiplicando $7x^2$ - x

$= 7Ax - A + Bx$ Efectuando el producto

$= x(7A + B) - A$ Factorizando x

$7A + B = 0 \dots \dots 1$ Estableciendo el sistema de ecuaciones

$-A = 1 \dots \dots 2$

$A = -1$ Despejando A

$B = 7$

          Sustituyendo A en (1)

$= -\int \frac{dx}{x} + 7\int \frac{dx}{7x-1}$ Sustituyendo el valor de A y B

$= -\int \frac{dx}{x} + \frac{7}{7}\int \frac{dx}{7x-1}$ Completando la integral

$= -In\langle x| + In|7x - 1\rangle + c$ Integrando

4.- $\int \dfrac{dx}{x^2-7x+12}=?$ Factorizando el trinomio

Descomponiendo en fracciones

$x^2 - 7x + 12 = (x-4)(x-3)$

$\dfrac{dx}{x^2-7x+12} = \dfrac{A}{x-4} + \dfrac{B}{x-3}$ Multiplicando por (x-4)(x-3)

$1 = A(x-3) + B(x-4)$ Efectuando los productos

$= Ax - 4A + Bx - 4B$ Factorizando x

$= x(A+B) - 3A - 4B$

$A + B = 0 \ldots\ldots 1$ Estableciendo el sistema de ecuaciones lineales

$-3A - 4B = 1 \ldots\ldots 2$

$3A + 3B = 0 \ldots\ldots 3$ Multiplicando (1) por 3

$-3A - 4B = 1 \ldots\ldots 2$ Resolvioendo el sistema

$-B = 1$

$B = -1$ Despejando B

$A = 1$ Sustituyendo B en (1)

$= 1\int \dfrac{dx}{x-4} - 1\int \dfrac{dx}{x-3}$ Sustituyendo el valor de A y B

$= In\langle x-3|-In|x-4\rangle + c$ Integrando

$= In\left(\dfrac{x-3}{x-4}\right) + c$ Propiedad de $\left(\dfrac{A}{B}\right) = logA - logB$

5.- $\int \dfrac{(x+16)dx}{x^2+2x-8}$

$x^2 + 2x - 8 = (x-2)(x+4)$ Factorizando el trinomio

$\dfrac{(x+16)dx}{x^2+2x-8} = \dfrac{A}{x-2} + \dfrac{B}{x+4}$ Estableciendo las fracciones

$x + 16 = A(x + 4) + B(x - 2)$ Multiplicando por $x^2 + 2x - 8$

$= Ax + 4A + Bx - 2B$ Efectuando los productos

$= x(A + B) + 4A - 2B$ Factorizando x

$A + B = 1 \dots \dots 1$ Estableciendo el sistema de ecuaciones lineales

$4A - 2B = 16 \dots \dots 2$

$2A + 2B = 2 \dots \dots 3$ Multiplicando (1) por 2

4A – 2B = 16 2   Resolviendo el sistema

6A=18   Despejando A

A=18/6=3   Sustituyendo A en (1)

B= -2   Sustituyendo el valor de A y B

$=3 \int \frac{dx}{(x-2)} - 2\int \frac{dx}{(x+4)}$ Integrando

$=3 \, In \, \langle x - 2|-2In|x + 4\rangle +c$

$= In\langle(x - 2)^3|-In|(x + 4)^2\rangle$

$= In \, \langle\frac{(x-2)^3}{(x+4)2}\rangle + c$ Propiedad $\log (A^n) = n \log A$

$\log(\frac{A}{B}) = \log A - \log B$

$6.-\int \frac{(4x^2+3x-1)dx}{x^3-x^2} =?$

$x^3 - x^2 = x^2(x - 1)$ Factorizando x^2

Estableciendo las fracciones

$\frac{(4x^2+3x-1)}{x^3-x^2} = \frac{A}{x} + \frac{B}{x^2} + \frac{c}{x-1}$

$4x^2 + 3x - 1 = A(x^2 - x) + B(x - 1) + c(x^2)$ Multiplicando por $x^3 - x^2$

$Ax^2 - Ax + Bx - B + cx^2$ Efectuando los productos

$= x^2(A + c) + x(-A + B) - B$ Factorizando x² y x

$A + B = 4 \dots \dots 1$ Estableciendo el sistema de ecuaciones

$-A + B = 3 \dots \dots 2$

multiplicando por (-1)

$-B = -1 \quad => B = 1$

Sustituyendo B en (2)

$A = -2$

Sustituyendo A en (1)

$c = 6$

$= -2 \int \frac{dx}{x} + \int \frac{dx}{x^2} + 6 \int \frac{dx}{(x-1)}$ Sustituyendo el valor de A, B y C

$= -2 \int \frac{dx}{x} + \int x^{-2} dx + 6 \int \frac{dx}{(x-1)}$ Exponente negativo

$= -2 In\langle x| - x^{-1} + 6In|x - 1\rangle + c$ Integrando

$= -2In\left\langle x\left| - \frac{1}{x} + 6In\right|x - 1\right\rangle + c$ Exponente negativo

7.- $\int \frac{x\, dx}{(x+1)^2} = ?$

$\frac{x}{(x+1)^2} = \frac{A}{x+1} + \frac{B}{(x+1)^2}$ Estableciendo las fracciones

$x = A(x + 1) + B$ Multiplicando por (x+1)²

$= Ax + A + B$ Efectuando el producto

$A + B = 0 \dots \dots 1$

$A = 1 \dots \dots 2$ Estableciendo el sistema de ecuaciones

$A = 1$
$B = -1$ Sustituyendo A en (1)

$\int \frac{dx}{x+1} - \int \frac{dx}{(x+1)^{-2}}$ Sustituyendo el valor de A y B

$\int \frac{dx}{x+1} - \int (x+1)^{-2} \, dx$ Exponente negativo

$= In\langle x + 1\rangle + (x+1)^{-1} + c$ Integrando

$= In\langle x + 1\rangle + \frac{1}{(x+1)} + c$ Exponente negativo

8.- $\int \frac{(x^3+x^2)dx}{x^2-3x+2} = ?$

NOTA.- Cuando el numerador es mayor que el denominador se divide primero

$x^3 - 3x + 2 \div x^3 + x^2 + 0x = x + 4$

$-x^3 + 3x^2 - 2x$

$4x^2 - 2x$

$-4x^2 + 12x - 8$

Se ordena de forma decreciente y se efectúa la división de polinomios

$= \int (x + 4 + \frac{10x-8}{x^2-3x+2}) \, dx$ Sustituyendo

Integral de una suma

$= \int (x + 4)dx + \int \frac{(10x-8)dx}{x^2-3x+2}$

$x^2 - 3x + 2 = (x-1)(x-2)$ Trabajando con el segundo termino

$\frac{10x-8}{(x-1)(x-2)} = \frac{A}{x-2} + \frac{B}{x-1}$ Estableciendo las fracciones

$10x - 8 = A(X-1) + B(X-2)$ Multiplicando por x²– 3x + 2

$= Ax - A + Bx - 2B$ Efectuando los productos

$= x(A+B) - A - 2B$ Factorizando x

$A + B = 10 \ldots\ldots\ldots\ldots\ldots 1$ Estableciendo el sistema de ecuaciones

$-2A - 2B = -8 \ldots\ldots\ldots\ldots .2$

$-B = 2$ $\quad\Rightarrow\quad$ $B = -2$ $\qquad$ Despejando B

$\qquad\qquad A = 12$ $\qquad$ Sustituyendo B en (1)

$= \int (X + 4)dx + 12 \int \frac{dx}{x-2} - 2 \frac{dx}{x-1}$ $\quad$ Sustituyendo el valor de A, B y C

$= \int x\,dx + 4 \int dx + 12 \int \frac{dx}{x-2} - 2 \int \frac{dx}{x-1}$ $\quad$ Integral de una suma

$= \frac{1}{2}x^2 + 4x + 12in\langle x - 2| - 2in|x - 1\rangle + c$ Integrando

9.- $\int \frac{x\,dx}{2x^2+5x+2} =?$

$\qquad\qquad\qquad\qquad\qquad\qquad$ Factorizando el
$2x^2 + 5x + 2 = (2x + 4)(2x + 1) = (x + 2)(2x + 1)$ $\quad$ denominador

$\frac{x}{(x+2)(2x-1)} = \frac{A}{x+2} + \frac{B}{2x+1}$

$\qquad\qquad\qquad\qquad$ Estableciendo las fracciones

$x = A(2x + 19 + B(x + 2)$

$\qquad\qquad\qquad\qquad$ Multiplicando por (x + 2)(2x+1)
$= 2Ax + A + Bx - 2B$

$= x(2A + B) + A + 2B$ $\qquad$ Efectuando los productos

$2A + B = 1 \ldots \ldots \ldots .1$ $\qquad$ Factorizando x

$A + 2B = 0 \ldots \ldots \ldots .2$ $\qquad$ Estableciendo el sistema de ecuaciones

$2A + B = 1 \ldots \ldots \ldots .1$ $\qquad$ lineales

$-2A - 4B = 0 \ldots \ldots \ldots 3$ $\qquad$ Multiplicando (2) por -2

$-3B = 1$ $\qquad$ Resolviendo el sistema

$B = {}^1\!/_3$ $\qquad$ Despejando B

$B = {}^2\!/_3$ $\qquad$ Sustituyendo B en (1)

$= \frac{2}{3} \int \frac{dx}{x+2} - \frac{1}{3} \int \frac{dx}{2x+}$ $\qquad$ Sustituyendo el valor de A y B

$= \frac{2}{3} \int \frac{dx}{x+2} - \frac{1}{6} \int \frac{dx}{2x+1}$ Completando la integral

$= \frac{2}{3} in \left(x + 2 \Big| - \frac{1}{6} \Big| 2x + 1 \right) + c$ Integrando

10.- $\int \frac{(5x^2 - 10x + 8)dx}{x^3 - 4x} = ?$

$x^3 4x = x(x^2 - 4) = x(x - 2)(x + 2)$ Factorizando el denominador

$\frac{5x^2 - 10x + 8}{x^3 - 4x} - \frac{A}{x-2} + \frac{B}{x} + \frac{c}{x+2}$ Estableciendo fracciones

$5x^2 - 10x + 8 = A(x^2 - 2x) + B(X^2 - 4) + c(x^2 - 2x)$

$= Ax^2 + 2A + Bx^2 - 4B + cx^2 - 2cx$ Multiplicando por x³ - 4x

$= x^2(A + B + c) + x(2A - 2c) - 4B$ Efectuando los productos

$A + B + c = 5 \dots \dots \dots .1$

   Factorizando x² y x

$2A - 2c = -10 \dots \dots \dots \dots .2$

   Estableciendo el sistema de ecuaciones

$-4B = 8 \dots \dots \dots .3$ lineales

$B = -2$ Despejando B de (3)

$A + c = 7 \dots \dots \dots \dots .4$ Sustituyendo B en (1)

$2A + 2c = 14 \dots \dots \dots \dots 5$ Multiplicando la (4) por 2

$2A + 2c = -10 \dots \dots \dots .2$

   Resolviendo el sistema

$4A = 4$

   Despejando A

$A = 1$

$c = 6$ Sustituyendo A en (4)

$\int \frac{dx}{x-2} - 2 \int \frac{dx}{x} + 6 \int \frac{dx}{x+2}$ Sustituyendo el valor de A, B y C

$= in\langle x - 2| - 2in|x| + 6in|x + 2\rangle + c$ Integrando

9.3.- EJERCICIOS PROPUESTOS

Resolver y comprobar el resultado que se indica

1.- $\int \dfrac{dx}{x^2-36} = \dfrac{1}{12} in \left|\dfrac{x-6}{x+6}\right| + c$

2.- $\int \dfrac{dx}{x(x-2)} = \dfrac{1}{2} in \left|\dfrac{x-2}{x}\right| + c$

3.- $\int \dfrac{dx}{2x^2-x} = \dfrac{1}{2} in|2x - 1|-2in|x| + c$

4.- $\int \dfrac{(x+2)dx}{x^2+x} = in \left|\dfrac{x^2}{x+1}\right| + c$

5.- $\int \dfrac{(5x-12)dx}{x(x-4)} = 3in|x| + 2in|x - 4| + c$

6.- $\int \dfrac{(x^3+3x-12)dx}{x^2-x} = \dfrac{1}{2}x^2 + x + 2in|x| + 2in|x - 1| + c$

7.- $\int \dfrac{(x^2+2x-6)dx}{x^3-x} = 6in|x| - \dfrac{7}{2}in|x - 1| - \dfrac{3}{2}in|x - 1| + c$

8.- $\int \dfrac{dx}{x^2-6x+5} = -\dfrac{1}{6} in \left|x - 5\right|-\dfrac{1}{6} in\left|x + 5\right| + c$

9.- $\int \dfrac{dx}{x^3+2x^2+c} = in|x|-in|x - 1| + \dfrac{1}{x+1} + c$

10.- $\int \dfrac{(6x-11)dx}{(x-1)^2} = 6in|x - 1| + \dfrac{5}{x-1} + c$

DECIMA UNIDAD APLICACIONES DEL CÁLCULO INTEGRAL

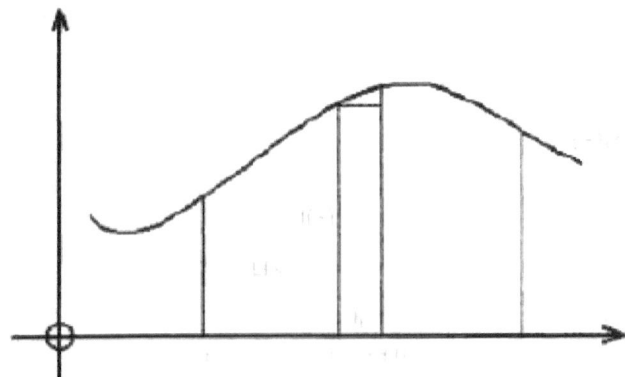

Figura 3: calculo integral

El cálculo del área bajo la curva es un ejemplo clásico del uso del cálculo integral. En esta figura, el área entre la curva y el eje x desde x=a hasta x=b es aproximadamente igual a la suma de un gran numero de rectángulos como el dibujado. El área de uno de estos es f(x) veces h. cuando h se reduce los rectángulos son mas estrechos y su numero crece, con lo que el área total se aproxima cada vez mas al área buscada. El calculo integral es capaz de hallar este valor si se conoce la función, y= f(x), que describe la curva.

APLICACIONES DE LA INTEGRAL

Aplicando el teorema fundamental del cálculo elevar las siguientes integrales definidas.

Para cada caso elaborar la grafica correspondiente.

1.- $\int_{1}^{4}(x^2 - 4x - 3)dx =?$

a.- Se traza la grafica usando el procedimiento de tabulación

	A	B	C	D	E	F	G	H
X	-3	-2	-1	0	1	2	3	4
Y	18	9	2	-3	-6	-7	-6	-3

1.- Se seleccionan los valores para la x pegados al cero, en ambos sentidos.

2.- Para cada valor de x le corresponde un valor a y

b. Se aplica la integración

$\int_1^4 (x^2 - 4x - 3)dx =?$

$= \int_1^4 x^2 dx - 4\int_1^4 x\, dx - 3\int_1^4 dx$

$[\frac{1}{3}x^3 - 2x^2 - 3x]_1^4$

$= \frac{1}{3}(4^3 - 1^3) - 2(4^2 - 1^2) - 3(4 - 1)$

$= \frac{1}{3}(64 - 1) - 2(15) - 3(3)$

$= \frac{63}{3} - 30 - 9$

$= 21 - 39$

$= -18$

$\therefore |-18| = 18u^2$

2.- $\int_6^1 (2x - 3)(5x - 1)\, dx =?$

$\int_0^1 (10x^2 - 13x - 3)dx =?$

a. Trazo la grafica

	A	B	C	D
X	.1	0	1	2
Y	20	-3	-6	11

$\int_{0}^{1}(10x^2 - 13x - 3)dx =?$

$= 10\int_{0}^{1}x^2dx - 13\int_{0}^{1}x\, dx - 3\int_{0}^{1}dx$ Integral de una suma

$= [\frac{10}{3}x^3 - \frac{13}{2}x^2 - 3x]_{0}^{1}$ Integrando

Sustituyendo los límites

$= \frac{10}{3}(1^3 - 0) - \frac{13}{2}(1^2 - 0) - 3(1 - 0)$ Efectuando los productos

$= \frac{10}{3} - \frac{13}{2} - 3$ Buscando un común denominador

$= \frac{20-39-18}{6} = \frac{-57+20}{6}$ Es negativo por que esta abajo del eje x

$= -\frac{37}{6}$

$\therefore \left|-\frac{37}{6}\right| = \frac{37}{6}u^2$

3.- $\int_{0}^{2}(2 + x)dx =?$

a. Trazo de la grafica

Observación como es una función lineal, tendremos una recta

	A	B	C	D	E
X	-2	-1	0	1	2
Y	0	1	2	3	4

$\int_{0}^{2}(2 + x)dx =?$

$= 2\int_{0}^{2}dx + \int_{0}^{2}x\, d$

Integral de una suma

$= [2x + \frac{1}{2}x^2]_{0}^{2}$

Integrando

$= 2(2 - 0) + \frac{1}{2}(4 - 0)$ Tomando los intervalos

$= 4 + 2 = 6u^2$ Positivo arriba del eje x

4.- Dada $y = f(x) = 9 - x^2$ para $x = 0$ y $x = 3$

a) Trazo de la grafica

	A	B	C	D	E	F	G	H
X	-4	-3	-2	-1	0	1	2	3
Y	-7	0	5	8	9	8	5	0

b) Aplicando la integración

$\int_0^3 (9 - x^2)dx =?$

$= 9\int_0^3 dx - \int_0^3 x^2\, dx$ Integral de una suma

$= [9x - \frac{1}{3}x^3]_0^3$ Integrando

      Tomando los límites

$= 9(3 - 0) - \frac{1}{3}(3^3 - 0)$

$=27-9$

$= 18\ u^2$ Positivo por arriba del eje de las x

5.- Encontrar el área limitada por las curvas $y^2 = 9\,x$, $y = 3\,x$

a) Se busca la intersección para determinar los límites

$9x^2 = 9x \Rightarrow 9x^2 - 9x = 0$ Elevando y^2 e igualando

$9x(x - 1) = 0$ Factorizando

$x1 = 0 \quad x2 = 1$

      Igualando a cero

b) Trazo de las funciones

c) para $\pm\sqrt{9x}$ $para\ y = 3x$

	A	B
X	0	1
Y	0	± 3

	C	D
X	0	1
Y	0	3

d) Integrando

$$\int_0^1 (9x - 9x^2)dx =?$$

$$= 9\int_0^1 x\, dx - 9\int_0^1 x^2\, dx \qquad \text{Integral de una suma}$$

$$= [\tfrac{9}{2}x^2 - 3x^3]_0^1 \qquad \text{Integrando}$$

$$= \tfrac{9}{2} - 3 = \tfrac{3}{2}u^2 \qquad \text{Tomando límites}$$

BIBLIOGRAFÍA

1. SWOKOWSKI   Earl W. Calculo con geometría analítica.

Segunda Edición

Editorial Iberoamericana

2. DENNIS   G. Zil. Calculo con geometría analítica.

Editorial Iberoamericana

3. THOMRS/FINNEY   et. Al. Calculo con geometría analítica

Sexta Edición

Editorial Addison Wesley

4. AYRES   Jr. Frank Et. Al. Calculo Diferencial e Integral

Tercera Edición

Editorial Mc. Graw Hill schaum

5. GRANVILLE   William Anthony. Calculo Diferencial e Integral

Séptima Edición

Editorial Limusa

6. LEITHOLD   Louis et. Al. Calculo con geometría analítica

Cuarta Edición

Editorial Prentice Hall

CURRÍCULO VITAE

I.- DATOS PERSONALES
Nombre: VITALIANO ACEVEDO SILVA.
Domicilio: Paricutin mza. 236 lote 20. Cd. Azteca 2da. Sección.
Municipio de Ecatepec. Edo. De México. C.P. 55120.
TEL: 26461901   Cel. 5533204254 5542793516
Estado Civil: Casado.
R.F.C.: AESV480123.
Lugar de nacimiento: Valle de Juárez, Jalisco.
Fecha de nacimiento: 23 de enero de 1948.

II.- ESCOLARIDAD
Primaria: 1°.- De mayo.	1958 1963
Secundaria: Prevocacional No. 4	1964 1966
Bachillerato: Vocacional No. 1	1967 1968
Licenciatura en Matemáticas: Esc. Normal Superior de Mex.	1973 1977
Doctorado en Pedagogía: Esc. Normal Superior de Mex.	1983 1985

III.- ESTUDIOS CONCLUIDOS
Licenciatura en Matemáticas: Titulado Cedula Profesional No. 732452.
Doctorado en Pedagogía: Pasante.

IV.- PRODUCCIÓN ACADÉMICA
Aritmética y álgebra: Autor Editorial Mc. Graw. Hill.
Geometría y Trigonometría: Autor Editorial Mc. Graw. Hill.
Matemáticas II: Autor Colegio de Bachillerato de Querétaro. Autor Edit. Mc. Graw. Hill.
Matemáticas I: Álgebra Grupo Icel. Edit. Publicaciones Culturales.
Álgebra: Revisor Técnico Publicaciones Culturales.
Cálculo Diferencial e integral. Autor Ejercicios resueltos paso a paso.

V.- EXPERIENCIA LABORAL
Educación secundaria en el D.F.	1976 1990
Vocacional No. 11	1986 1990
Escuela Normal Superior de México.	1985........
Escuela Nacional Preparatoria No 8 UNAM	1985........

www.ingramcontent.com/pod-product-compliance
Lightning Source LLC
Chambersburg PA
CBHW030002190526
45157CB00014B/92